高职高专机电类专业基础课规划教材

电工技能训练

马国伟　贺应和　主　编

谢志勇　罗继军　赵爱良　副主编

清华大学出版社

北　京

内 容 简 介

本书是为适应电工技能实训课程的教学改革要求而编写的。内容面向实践与应用，注重技能培养。

全书共分为七个模块，包括电工基本知识、电工基本技能、室内线路安装、电动机与变压器的检修、典型电动机控制线路的装调与检修、电气控制线路的设计与制作、典型机床电气控制线路的分析与故障排除。书中每个模块开始均提出了教学目标和引导问题，并在最后配有思考与练习，供读者复习巩固。

本书可作为应用型人才培养院校及高职高专院校机电、数控、模具等专业的实训教材，也可作为相关专业、工程技术人员的参考用书。

图书在版编目(CIP)数据

电工技能训练/马国伟，贺应和主编；谢志勇，罗继军，赵爱良副主编. --北京：清华大学出版社，2013(2019.7 重印)

(高职高专机电类专业基础课规划教材)

ISBN 978-7-302-31813-2

Ⅰ. ①电… Ⅱ. ①马… ②贺… ③谢… ④罗… ⑤赵… Ⅲ. ①电工技术—高等职业教育—教材 Ⅳ. ①TM

中国版本图书馆 CIP 数据核字(2013)第 062983 号

责任编辑：李玉萍
装帧设计：杨玉兰
责任校对：陆卫民
责任印制：李红英

出版发行：清华大学出版社

    网 址：http://www.tup.com.cn, http://www.wqbook.com

    地 址：北京清华大学学研大厦 A 座   邮 编：100084

    社 总 机：010-62770175   邮 购：010-62786544

    投稿与读者服务：010-62776969, c-service@tup.tsinghua.edu.cn

    质量反馈：010-62772015, zhiliang@tup.tsinghua.edu.cn

    课件下载：http://www.tup.com.cn, 010-62791865

印 装 者：北京九州迅驰传媒文化有限公司

经 销：全国新华书店

开 本：185mm×260mm   印 张：17   字 数：410 千字

版 次：2013 年 5 月第 1 版   印 次：2019 年 7 月第 3 次印刷

定 价：46.00 元

产品编号：048748-02

前　　言

本书是根据高职院校电工技能实训课程的教学改革要求，由一批长期从事专业技能教学、具有丰富经验的教师编写而成的实训教材。本书参照职业标准，根据职业能力要求选择实训教学内容，实例内容贴近生产实际，具有较高的可操作性和一定的实用价值，既可作为高职高专机电一体化、电气自动化、数控维修等专业的电工技能实训教材，也可作为维修电工技术人员和操作人员的培训教材，还可供其他相关技术人员参考。

本书在编写上具有以下特点。

(1) 编写始终贯穿"以国家职业标准为依据，以企业需求为导向，以职业能力为核心"的理念，把提高学生能力放在突出的位置，明确职业岗位对职业核心能力的要求，重点培养学生的技术运用能力和岗位工作能力，注重创新能力和综合素质培养。

(2) 在编写结构上，以现代社会要求电工必须掌握的几类主要技术能力为分类标准，按模块化教学分类，每个模块中设计了若干项目来逐步完成模块教学目标，这样分类思路更清晰，更具有内容的独立性。每个项目的内容统一编排成知识链接、技能考核、思考与练习三部分，便于老师安排教学及学生自学。

(3) 在理论教学上，以"够用"为原则，对理论知识的介绍以简明、扼要为特点，重点讲解基本理论，注重涉及新元件、新技术、新标准的介绍。

(4) 在实训内容上，除注重电工传统的基本技术能力训练外，还突出新技术的学习和训练，力求实现与现代先进技术相结合，与时俱进，不断适应和满足现代社会对电工人才的需求。

全书共分为七个模块，包括电工基本知识、电工基本技能、室内线路安装、电动机与变压器的检修、典型电动机控制线路的装调与检修、电气控制线路的设计与制作、典型机床电气控制线路的分析与故障排除。各专业可根据具体情况分段实施：第一阶段可结合"电工电子技术"类课程实施基本电工实训(包括模块一～模块三等)；第二阶段可结合"电气控制与 PLC"类课程及中高级维修电工考证培训进行集中实训(包括模块四～模块七)。本书共需五周左右的教学时间，各专业可根据相关专业课的开设情况作适当的删减。

本书由娄底职业技术学院马国伟、贺应和担任主编，娄底职业技术学院谢志勇、罗继军、赵爱良担任副主编。具体分工为：马国伟编写模块四、模块五及附录，贺应和编写模块三与模块七，谢志勇编写模块一，罗继军编写模块二，赵爱良编写模块六。

由于编者水平有限，书中难免存在一些不足之处，恳请读者批评指正。

编　者

目　　录

模块一　电工基本知识

教学目标

1. 熟悉电工安全用电基本知识和电工安全操作规程。
2. 能处理一般安全事故并学会触电急救方法。
3. 熟悉各种电工材料的主要特性及其用途。
4. 能正确选择合适的电工材料。

项目 1.1　电工安全用电知识

学习目标

1. 掌握电工安全用电基本知识。
2. 能处理一般安全事故。
3. 正确掌握电工安全操作规程。
4. 掌握触电急救方法。

一、知识链接

(一)电工安全操作常识

(1) 上岗前必须穿戴好规定的防护用品。一般不允许带电作业。

(2) 工作前应详细检查所用工具是否安全可靠，了解场地、环境情况，选好安全位置工作。

(3) 各项电气工作要认真严格执行"装得安全、拆得彻底、检查经常、修理及时"的规定。

(4) 在线路、电气设备上工作时要切断电源，并挂上警告牌，验明无电后才能进行工作。

(5) 不准无故拆除电器设备上的熔丝、过负荷继电器或限位开关等安全保护装置。

(6) 机电设备安装或修理完工后，在正式送电前必须仔细检查绝缘电阻及接地装置和传动部分防护装置，以确保其符合安全要求。

(7) 发生触电事故时应立即切断电源，并采用安全、正确的方法立即对触电者进行抢救。

(8) 装接灯头时开关必须控制相线(即开关应装在火线上)；临时线敷设时应先接地线，拆除时应先拆相线。

(9) 在使用电压高于 36V 的手电钻时，必须戴好绝缘手套，穿好绝缘鞋。使用电烙铁时，安放位置不得有易燃物或靠近电气设备，用完后要及时拔掉插头。

(10) 工作中拆除的电线要及时处理好，带电的线头须用绝缘带包扎好。

(11) 高空作业时应系好安全带。

(12) 登高作业时，工具、物品不准随便向下扔，须装入工具袋内吊送或传递。地面上的人员应戴好安全帽，并离开施工区 2m 以外。

(13) 雷雨或大风天气，严禁在架空线路上工作。

(14) 低压架空线路上带电作业时，应有专人监护，使用专用绝缘工具，穿戴好专用防护用品。

(15) 低压架空带电作业时，人体不得同时接触两根线头，不得穿越未采取绝缘措施的导线之间。

(16) 在带电的低压开关柜(箱)上工作时，应采取防止相间短路及接地等安全措施。

(17) 当电器发生火警时，应立即切断电源。在未断电前应用四氯化碳、二氧化碳或干粉灭火，严禁用水或普通酸碱泡沫灭火器灭火。

(18) 配电间严禁无关人员入内。外来单位参观时必须经有关部门批准，由电气工作人员带入。倒闸操作必须由专职电工进行，复杂的操作应由两人进行：一人操作，一人监护。

(二)电工安全操作技术措施

1. 停电检修安全操作技术措施

在电气设备上进行工作，一般情况下均应停电后进行，停电工作应采取以下安全措施。

(1) 停电。检修电气设备时，首先应根据工作内容，做好全部停电的倒闸操作，断开被检修设备的电源。对于多回路的线路，特别要防止向被检修设备反送电。

(2) 验电。断开电源后，必须用符合电压等级的验电器(试电笔)，对被停电的设备进出线两侧各相分别进行验电，确证该设备已无电压存在后，方可开始工作。

(3) 装设临时短路接地线。对于可能送电到被检修设备的各个电源方向，以及可能产生感应电压的地方，都要装设临时短路接地线。

装设临时短路接地线时，必须先接接地端，后接导体端，且接触必须良好。拆除临时短路接地线的顺序与装设时相反。在装拆临时短路接地线时，应使用绝缘杆，戴绝缘手套，且应有专人监护。

(4) 悬挂警告牌和装设遮拦。在已断开的开关和闸刀的操作手柄上挂上"禁止合闸，有人工作"的标示牌，必要时要加锁，以防止误合闸。

2. 带电检修安全操作技术措施

如因特殊原因，设备或线路不能停电而又必须进行设备或线路的检修工作，就必须带电工作，带电工作应注意以下安全事项。

(1) 在 380/220V 的电气设备或线路上进行带电工作时，必须使用有绝缘手柄而且经耐压试验合格的工具，穿绝缘鞋，戴绝缘手套，站在干燥的绝缘物上进行操作，且应有专人进行监护。

(2) 将在工作中可能触及的其他带电体及接地物体，用绝缘物或网状遮拦隔离，以防造成相间短路或对地短路。

(3) 在 380/220V 的设备或线路上带电工作时，应分清相线和零线。工作时任何情况下只准接触一根导线，不准同时接触两根导线。在进行连接或搭接导线时，要先连接中性线(地线)，后连接相线(火线)；在断开导线时，要先断开相线，后断开中性线。

(三)电气火灾消防知识

一旦发生电气火灾，应立即组织人员采用正确方法进行扑救，同时拨打 119 火警电话，向公安消防部门报警，并且应通知电力部门用电监察机构派人到现场指导和监护扑救工作。

(1) 电气设备发生火警时，要首先切断电源，以防火势蔓延和灭火时造成触电。

(2) 灭火时，灭火人员不可使身体或手持的灭火工具触及导线和电气设备，以防止触电。

(3) 灭火时要采用黄沙、干粉、二氧化碳或 1211 灭火剂等不导电的灭火材料，不可用水或泡沫灭火器进行灭火。

(4) 带电灭火要注意灭火器的本体、喷嘴及人体与带电体之间的距离。对电压在 10kV 及以下的电气设备，距离应不小于 0.4m；35kV 不小于 0.6m。

(5) 若只能用普通水枪进行带电灭火，则应先做好预防触电的安全措施，如将水枪喷嘴接地，灭火人员戴手套，穿绝缘靴等。

(6) 对架空电力线路或其他处于高处的电气设备进行灭火时，灭火人员的位置与带电体之间的仰角应不超过 45°，以防导线断落或设备倒下伤人。如遇带电导线断落地面，灭火人员须离开导线落地点 20m 以外，以防跨步电压触电。

(四)电器设备安全知识

1. 保护接地和保护接零的作用

1) 保护接地

将电气设备正常运行下不带电的金属外壳和架构通过接地装置与大地进行连接，称为保护接地。

保护接地的作用：在中性点不接地的三相三线制电网中，当电气设备因一相绝缘损坏而使金属外壳带电时，如果设备上没有采取接地保护，则设备外壳存在着一个危险的对地电压，这个电压的数值接近于相电压，此时如果有人触及设备外壳，就会有电流通过人体，造成触电事故。

2) 保护接零

将电气设备正常运行下不带电的金属外壳和架构与配电系统的零线直接进行电气连接，称为保护接零。

保护接零的作用：采用保护接零时，电气设备的金属外壳直接与低压配电系统的零线连接在一起，当其中任一相的绝缘损坏而外壳带电时，形成相线和零线短路，短路电流很大，促使线路上的保护装置(如熔断器、自动空气断路器等)迅速动作，切断故障设备的电源，从而起到防止人身触电的保护作用及减少设备损坏的机会。

2. 接地和接零的注意事项

(1) 在中性点直接接地的低压电网中，电力装置宜采用接零保护；在中性点不接地的低压电网中，电力装置应采用接地保护。

(2) 在同一配电线路中，不允许一部分电气设备接地，另一部分电气设备接零，以免接地设备一相碰壳短路时，可能由于接地电阻较大，而使保护电器不动作，造成中性点电位升高，使所有接零的设备外壳都带电，反而增加了触电的危险性。

(3) 由低压公用电网供电的电气设备，只能采用保护接地，不能采用保护接零，以免接零的电气设备一相碰壳短路时，造成电网的严重不平衡。

(4) 为防止触电危险，在低压电网中，严禁利用大地作相线或零线。

(5) 用于接零保护的零线上不得装设开关或熔断器，单相开关应装在相线上。

(五)触电与急救

在意外情况下，当人体与带电体相接触或在进行带电操作时发生强烈电弧，电流通过人的身体，使人体受到伤害，称为触电。触电对人体的伤害主要有电击和电伤两种。

1. 电流对人体的危害

电流对人体的危害程度与通过人体电流的大小、人体电阻的大小、作用于人体电压的高低、流过人体电流的频率、电流通过人体的途径、电流通过人体持续时间的长短及触电者身体的健康状况等因素有关。

1) 通过人体电流的大小

通过人体的电流越大，伤害越严重。通过人体的电流达到 100mA 以上时，人就会因呼吸困难、心脏停止跳动而死亡。

2) 人体电阻的大小

人体电阻的变化很大。当人体皮肤干燥、洁净而又无损伤时，电阻可高达 1~100kΩ；但当皮肤潮湿、出汗、破损或附着有导电的粉尘时，电阻就会降低，可能降低到 1kΩ 以下，这时通过人体的电流就会随之增大。

3) 作用于人体电压的高低

外加于人体的电压越高，触电伤害的危险性越大。

为防止因触电而造成的人体直接伤害，在工作条件恶劣的场所(如特别潮湿的场所和金属容器或管道)内工作时，应采用安全电压供电。我国规定的安全电压额定值的等级为 42V、36V、24V、12V、6V。安全电压的使用规定如下。

(1) 在没有高度触电危险的建筑物中为 50V。如仪表厂的装配大楼、纺织厂的车间、住宅、公共建筑物和生活建筑物等。

(2) 在有高度触电危险的建筑物中为 36V。如机械厂的金工车间及锻工车间、拉丝车间、变电所、车库和食堂的厨房等。

(3) 在有特别容易触电危险的建筑物中为 12V。如铸工车间、锅炉房、电镀车间、化工厂的大多数车间以及室外配电装置等。

4) 流过人体电流的频率

在相同的电流强度下，不同的电流频率对人体影响程度不同。一般 28～300Hz 的电流频率对人体影响较大，最为严重的是 40～60Hz 的电流。当电流频率大于 20000Hz 时，所产生的损害作用明显减小。

5) 电流通过人体的途径

当电流通过人体的途径为从手到脚，或从一手到另一手，或通过心脏时，伤害的危险性最严重。

6) 电流通过人体持续时间的长短

电流通过人体时持续时间越长，对生命的危害就越大。

7) 触电者身体的健康状况

触电者身体的健康状况和精神状态对于触电伤害后果有很大影响。如有心脏病、结核病的人，触电后的伤害程度就较为严重。

2. 触电的形式

触电的形式有单相触电、两相触电、跨步电压触电等。

1) 单相触电

人体接触电气设备或线路中任意一根带电导线(相线)，电流通过人体流入地下，称为单相触电。

(1) 中性点直接接地电网的单相触电。

如图 1-1 所示，人体承受 220V 的相电压，电流经过人体、大地和中性点的接地装置，形成闭合回路。该触电形式发生较多，后果往往很严重。

(2) 中性点不接地电网的单相触电。

如图 1-2 所示，人碰到任一相带电体时，该相电流通过人体经另外两根相线对地绝缘电阻和分布电容而形成回路。如果绝缘阻抗非常大，则通过人体的电流较小，对人体伤害的危险性也较低；如果线路的绝缘不良，则通过人体的电流就较大，对人体伤害的危险性也就较高。

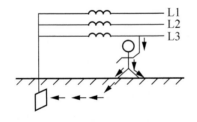

图 1-1 中性点直接接地系统单相触电

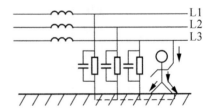

图 1-2 中性点不接地系统单相触电

2) 两相触电

人体同时接触带电的两根相线(火线)，电流就会从一根相线通过人体，再流到另一根相线，形成回路，称为两相触电，如图 1-3 所示。两相触电时，人体承受的电压是线电压(380V)，通过人体的电流基本上取决于人体的电阻，因此，两相触电的危害性是很严重的。

3) 跨步电压触电

当架空电力线路的一根带电导线断落在地上时，就会形成一个以落地点为圆心的电位分布区。落地点的电位就是导线的电位，离落地点越远，地面的电位就越低，在落地点20m以外，地面电位近似为零；离落地点越近，地面电位越高，如果人的两脚(或牲畜的前后蹄)站在离落地电线远近不同的位置上，两脚之间就有电位差，此电位差称为跨步电压，如图 1-4 所示。此时，电流就会从一脚经胯部再到另一脚流入地下，形成回路，称为跨步电压触电。前后脚距离越大，所受跨步电压也就越大，触电的危险性也就越大。

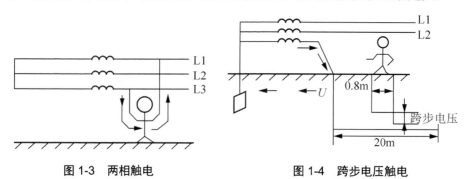

图 1-3　两相触电　　　　　　　图 1-4　跨步电压触电

3. 触电急救

触电急救的要点是：动作迅速，救护得法。当发现有人触电时，切不可惊慌失措，束手无策，更不可借故逃离。应尽快使触电者脱离电源，然后根据触电者的具体情况，进行相应的救治。

1) 使触电者迅速脱离电源

使触电者脱离电源的方法是，立即断开电源开关或拔掉电源插头。若无法及时断开电源开关，则可用有良好绝缘钳柄的钢丝钳剪断电线，或用有干燥木柄的斧头或其他工具将电线砍断。如身边什么工具都没有，可用干衣服、围巾等衣物，多层地、厚厚地把一只手严密包裹起来，拉触电者的衣服使其脱离电源。

2) 简单诊断

触电者脱离电源后，要根据触电者的情况迅速进行救治。

(1) 触电者伤势不重，神志清醒，但心慌、四肢发麻、全身无力，或曾一度昏迷，但已清醒过来。此时应使触电者安静休息，不要走动，并请医生诊治或送往医院治疗。

(2) 触电者伤势较重，已失去知觉，但还有心脏跳动和呼吸存在。此时应使触电者舒适安静地平卧，周围不要围人观看，并应让空气流通。解开触电者衣服以利呼吸，如天气寒冷，要注意保暖，并请医生诊治或送医院治疗。如触电者呼吸困难或发生痉挛，应准备一旦呼吸停止立即作进一步的抢救。

(3) 触电者伤势严重，呼吸停止或心脏跳动停止，或二者都已停止。此时应立即施行人工呼吸法和胸外心脏按压法进行抢救，并速请医生或送医院抢救。

3) 现场急救方法

(1) 口对口人工呼吸法。

口对口人工呼吸法是在触电者呼吸停止后应用的急救方法，是用人工的力量，促使肺部膨胀和收缩，达到恢复呼吸的目的。

①　使触电者仰卧，颈部伸直，解开触电者身上妨碍呼吸的衣服扣结、上衣、裤带等；掰开触电者的嘴，清除口腔内妨碍呼吸的呕吐物、黏液、活动假牙等；如果舌头后缩要把舌头拉出来，使呼吸道畅通。如果触电者牙关紧闭，可用木片、金属片等从嘴角伸入牙缝慢慢撬开，然后使触电者头部尽量后仰，如图 1-5(a)所示。

②　救护人在触电者头部旁边，一手捏紧触电者的鼻孔不让漏气，另一手扶着触电者的下颌，使嘴张开，如图 1-5(b)所示。

③　救护人做深呼吸后，紧贴触电者的嘴(要防止漏气)吹气，同时观察触电者胸部膨胀情况，以胸部略有起伏为宜。吹气用力大小要根据不同的触电者而有区别。吹气情况如图 1-5(c)所示。

④　吹气人吹气完毕准备换气时，应立即离开触电者的嘴，并放开捏紧的触电者鼻孔，让触电者自行呼气，如图 1-5(d)所示。

按以上步骤连续不断地进行。对成年触电者每分钟吹气 14～16 次，每次吹气约 2s，呼气约 3s；对儿童触电者每分钟吹气 18～24 次，不用捏紧鼻子，任其自然漏气。

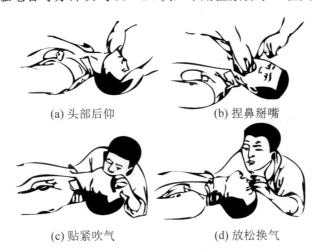

(a) 头部后仰　　　　　　　　(b) 捏鼻掰嘴

(c) 贴紧吹气　　　　　　　　(d) 放松换气

图 1-5　口对口吹气法

(2)　胸外心脏按压法。

胸外心脏按压法是用人工的方法在胸外挤压心脏，使触电者心脏恢复跳动。这种方法适用于抢救心脏跳动停止或心脏跳动不规则的触电者，具体做法如下。

①　使触电者仰卧，清除嘴里痰液，取下活动假牙，不使舌根后缩，使其呼吸道畅通。背部着地处应平整稳固，以保证挤压效果。

②　按图 1-6(a)所示选好正确压点以后，救护人肘关节伸直，左手掌复压在右手背上，适当用力，带有冲击性地压触电者的胸骨(压胸骨时要对准脊椎骨，从上向下用力)，如图 1-6(b)和图 1-6(c)所示。对成年人，可压下 3～4cm；对儿童应只用一只手，并且用力要小些，压下深度要浅些。

③　挤压后，掌根要迅速放松(但不要离开胸膛)，使触电者的胸骨复位，如图 1-6(d)所示。

挤压的次数为：成年人每分钟约 60 次，儿童每分钟 90～100 次。挤压的部位要找准，压力要适当，不可用力过大过猛，防止把胃里食物压出堵住气管或造成肋骨折断；但用力也不能太小，以免起不到挤压作用。

(3) 口对口吹气法和胸外心脏按压法并用。

如果触电者的呼吸和心脏跳动都已停止，应同时采取口对口吹气法和胸外心脏按压法来进行救护。救护可以单人进行，也可双人进行，如图 1-7 所示。

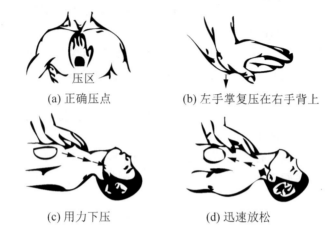

(a) 正确压点　　　　　　　(b) 左手掌复压在右手背上

(c) 用力下压　　　　　　　(d) 迅速放松

图 1-6　胸外心脏按压法

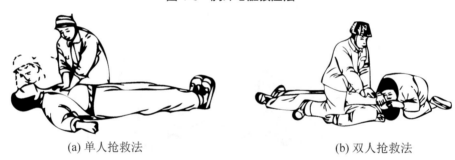

(a) 单人抢救法　　　　　　　　(b) 双人抢救法

图 1-7　呼吸和心脏跳动都已停止的抢救方法

二、技能实训

1. 实训器材

(1) 常用电工工具，1 套。

(2) 成套电器设备，1 套。

2. 实训内容及要求

(1) 教师讲解电工安全知识，结合实习室设备和成套配电设备演示触电情景及急救方法。

(2) 将实习设备的电源断开，模拟触电情景，学生分组分别互救和自救。

(3) 情景演示，请学生指出情景中的触电原因，并给出解决方案。

(4) 教师介绍并让学生练习使用各种常见灭火器。

3. 技能考核

学生分组进行触电急救处理，考核其操作规范性。

三、思考与练习

1. 什么是触电？触电有哪几种形式？
2. 触电对人体的损害程度及危险性与哪些因素有关？
3. 触电急救的要点是什么？触电的急救方法有哪些？如何操作？
4. 防止触电事故的技术措施有哪些？
5. 简要叙述接零和接地的注意事项。
6. 电气火灾有什么特点？进行带电灭火时应注意什么？

项目 1.2　电 工 材 料

学习目标

1. 能分辨各种常用电工材料。
2. 熟悉各种电工材料的主要特性及其用途。
3. 能根据应用场合选择合适的电工材料。

一、知识链接

(一)导电材料

金属中导电性能最好的是银，其次是铜、铝。但由于银的价格比较昂贵，因此在特殊场合和电子电路中才使用银作导电材料。

铜和铝是常用的导电材料，它们具有良好的导电性能，有一定的机械强度，防腐蚀性好，塑性好，便于加工和焊接，常用这些导电材料制成线材使用。影响铜和铝性能的因素主要有杂质、冷变形、温度和耐蚀性等。

在产品型号中，铜线的标志是 T，铝线的标志是 L。为了简化型号，对于铜的电线电缆，T 有时可以省略。所以，有些产品型号没有标明 T 或 L 的，材料就是铜。另外，根据材料的软硬程度，在 T 或 L 后面还标志 R(表示软的)或 Y(表示硬的)。所以，TR 与 TY 分别表示软铜与硬铜，LR 与 LY 分别表示软铝与硬铝。

1. 裸导线和裸导体制品

裸导线和裸导体制品是指仅有导体部分，没有绝缘层和保护层的产品，如架空输电用的绞丝、软接线、型线和圆单线等。

软接线是由多股铜线或镀锡铜线绞合、编织而成的。它具有柔软、耐弯曲、耐振动等特点，其常用品种如表 1-1 所示。型线是指为适应不同用途的电缆和电气设备元件要求而制成的矩形、梯形等非圆形截面的裸导线，其常用品种如表 1-2 所示。

表 1-1 常用软接线品种

名　　称	型　号	主要用途
裸铜电刷线	TS	供电机、电气线路连接电刷用
软裸铜电刷线	TSR	
裸铜软绞线	TRJ	供移动式电气设备连接线用，如开关等
	TRJ-3	供要求较柔软的电气设备连接线用，如接地线等
	TRJ-4	供要求特别柔软的电气设备连接线用，如可控硅连线等
软裸铜编织线	TRZ-1	供移动电气设备和小型电炉连接线用
	TRZ-2	

注：表中的 S 表示电刷线；J 表示绞线，Z 表示编织线。

表 1-2 常用型线品种

类　别	名　　称	型　号	主要用途
扁线	硬扁铜线	TBY	适用于电机电器、安装配电设备及其他电工制品
	软扁铜线	TBR	
	硬扁铝线	LBY	
	软扁铝线	LBR	
母线	硬铜母线	TMY	适用于电机电器、安装配电设备及其他电工制品，也可作输配电的汇流排
	软铜母线	TMR	
	硬铝母线	LMY	
	软铝母线	LMR	
钢带	硬铜带	TDY	适用于电机电器、安装配电设备及其他电工制品
	软铜带	TDR	
铜排	梯形铜排	TPT	供制造直流电机换向器用

　　裸绞线主要用于电力线路中，与电力电缆和绝缘电线相比，它具有结构简单、制造方便、容易架设和维修、线路造价低等特点，因此得到广泛应用。但裸绞线用作架空线时，具有容易受外界气候的影响以及不能隐蔽等缺点。常用的裸绞线有三种：LJ 型铝绞线、LGJ 型钢芯铝绞线和 HLJ 型铝合金绞线。

　　常用裸导线的名称、型号、截面积(或线径)范围及主要用途如表 1-3 所示。

表 1-3 裸导线的常用数据

名　　称	型　号	截面积(或线径)范围	主要用途
圆铜线	TR	0.02～14mm	用作架空线
	TY	0.02～14mm	
	TYT	1.5～5mm	
圆铝线	LR	0.3～10mm	
	LY4、LY6	0.3～10mm	
	LY8、LY9	0.3～5mm	

续表

名　称	型　号	截面积(或线径)范围	主要用途
铝绞线	LJ	10～600mm²	用于 10kV 以下，挡距小于 100m 的架空线
钢芯铝绞线	LGJ	10～400mm²	用于 35kV 以上较高电压或挡距较大的线路上
软型钢芯铝绞线	LGJR	150～700mm²	
加强型钢芯铝绞线	LGJJ	150～400mm²	
硬铜绞线	TJ	16～400mm²	用于机械强度高、耐腐蚀的高、低压输电线路

2. 绝缘电线

绝缘电线是配电、动力与照明线路常用的材料，其型号、名称、主要用途如表 1-4 所示。

表 1-4　500V 以下配电、动力及照明用绝缘电线的型号、名称与主要用途

型　号	名　称	主要用途
BV	聚氯乙烯绝缘铜芯线	用于交流电压 500V 及以下的电气设备和照明装置的场合
BVR	聚氯乙烯绝缘铜芯软线	
BVV	聚氯乙烯绝缘、聚氯乙烯护套铜芯线	
BLV	聚氯乙烯绝缘铝芯线	
BLVR	聚氯乙烯绝缘铝芯软线	
BLLV	聚氯乙烯绝缘、聚氯乙烯护套铝芯线	
BLVV	聚氯乙烯绝缘护套铝芯圆形电线	
BVVB	聚氯乙烯绝缘、聚氯乙烯护套平型铜芯线	
BLVVB	聚氯乙烯绝缘护套铝芯平型电线	
RVB	聚氯乙烯绝缘平行连接铜芯软线	用于交流电压 250V 及以下的移动式日用电器的连接
RVS	聚氯乙烯绝缘双绞连接铜芯软线	
RVV	聚氯乙烯绝缘、聚氯乙烯护套连接铜芯软线	
RFB	丁腈聚氯乙烯复合物绝缘线(平型软线)	用于交流电压 250V 或直流电压 500V 及以下的各种日用电器照明灯座和无线电设备等的连接
RFS	丁腈聚氯乙烯复合物绞型线	
AV	聚氯乙烯绝缘铜芯安装电线	用于交流额定电压 500V 以下的电器、仪表和电子设备及自动化装置
AVR	聚氯乙烯绝缘铜芯安装软电线	
AVRB	聚氯乙烯绝缘铜芯安装绞型软电线	
AVRS	聚氯乙烯绝缘铜芯安装平型软电线	
AVVR	聚氯乙烯绝缘铜芯护套安装软电线	
AVP	聚氯乙烯绝缘铜芯屏蔽电线	
RVP	聚氯乙烯绝缘铜芯屏蔽软电线	
RVVP	聚氯乙烯绝缘铜芯屏蔽护套软电线	

续表

型　号	名　称	主要用途
BX	铜芯橡皮线	用于交流电压 500V 以下、直流电压 1000V 及以下的农村和城市户内外架空、穿管固定的照明及电气设备电路
BLX	铝芯橡皮线	
BXR	铜芯橡皮软线	
BXF	铜芯氯丁橡皮线	
BLXF	铝芯氯丁橡皮绝缘电线	

BV、BLV、BVR、BX、BLX、BXR 型单芯电线单根空气敷设载流量如表 1-5 所示。

表 1-5　BV、BLV、BVR、BX、BLX、BXR 型单芯电线单根空气敷设载流量

标称截面/mm²	长期连续负荷允许载流量/A				相应电缆表面温度/℃	
	铜　芯		铝　芯			
	BV BVR	BX BXR	BLV	BLX	BV BLV BVR	BX BLX BXR
0.75	16	18	—	—	60	60
1.0	19	21	—	—	60	60
1.5	24	27	18	19	60	60
2.5	32	35	25	27	60	61
4	42	45	32	35	60	61
6	55	58	42	45	60	61
10	75	85	55	65	60	61
16	105	110	80	85	60	61
25	138	145	105	110	60	61
35	170	180	130	138	60	61
50	215	230	165	175	60	61
70	260	285	205	220	60	61
95	325	345	250	265	60	61
120	375	400	285	310	60	61
150	430	470	325	360	60	61
185	490	540	380	420	60	61
240	—	660	—	510		61
300	—	770	—	600		61
400	—	940	—	730		61
500	—	1100	—	850		61
630	—	1250	—	980		61

注：导线最高允许工作温度 65℃、环境温度 25℃。

RV、RVV、RVB、RVS、BVV、BLVV 型塑料软线和护套线单根空气敷设载流量如表 1-6 所示。

表 1-6 RV、RVV、RVB、RVS、BVV、BLVV 型塑料软线和护套线单根空气敷设载流量

标称截面/mm²	长期连续负荷允许载流量/A					
	1 芯		2 芯		3 芯	
	铜芯	铝芯	铜芯	铝芯	铜芯	铝芯
0.12	5	—	4	—	3	—
0.2	7	—	5.5	—	4	—
0.3	9	—	7	—	5	—
0.4	11	—	8.5	—	6	—
0.5	12.5	—	9.5	—	7	—
0.75	16	—	12.5	—	9	—
1.0	19	—	15	—	11	—
1.5	24		19		12	
2	28	—	22	—	17	
2.5	32	25	26	20	20	16
4	42	34	36	26	26	22
6	55	43	47	33	32	25
10	75	59	65	51	52	40

注：导线最高允许工作温度 65℃、环境温度 25℃。

BX、BLX 型单芯电线穿塑料管敷设载流量如表 1-7 所示。

表 1-7 BX、BLX 型单芯电线穿塑料管敷设载流量

标称截面/mm²	长期连续负荷允许载流量/A					
	穿 2 根		穿 3 根		穿 4 根	
	铜芯	铝芯	铜芯	铝芯	铜芯	铝芯
1.0	13	—	12	—	—	—
1.5	17	14	16	12	11	11
2.5	25	19	22	17	15	15
4	33	25	30	23	20	20
6	43	33	38	29	26	26
10	59	44	52	40	35	35
16	76	58	68	52	46	46
25	100	77	90	68	60	60
35	125	95	110	84	74	74
50	160	120	140	108	95	95
70	195	153	175	135	120	120
95	240	184	215	165	150	150
120	278	210	250	190	170	170
150	320	250	290	227	205	205
185	360	282	330	255	232	232

注：导线最高允许工作温度 65℃、环境温度 25℃。

BV、BLV 型单芯电线穿塑料管敷设载流量如表 1-8 所示。

表 1-8　BV、BLV 型单芯电线穿塑料管敷设载流量

| 标称截面/mm² | 长期连续负荷允许载流量/A | | | | | |
| | 穿 2 根 | | 穿 3 根 | | 穿 4 根 | |
	铜芯	铝芯	铜芯	铝芯	铜芯	铝芯
1.0	12	—	11	—	10	—
1.5	16	13	15	11.5	13	10
2.5	24	18	21	16	19	14
4	31	24	28	22	25	19
6	41	31	36	27	32	25
10	56	42	49	38	44	33
16	72	55	65	49	57	44
25	95	73	85	65	75	57
35	120	90	105	80	93	70
50	150	114	132	102	117	90
70	185	145	167	130	148	115
95	230	175	205	158	185	140
120	270	200	24	180	215	160
150	305	230	275	207	250	185
185	355	265	310	235	280	212

注：导线最高允许工作温度 65℃、环境温度 25℃。

3. 电磁线

电磁线是一种具有绝缘层的导电金属线，用于绕制电工产品的绕组或线圈。常用电磁线有漆包线和绕包线两种，其导电线芯有圆线和扁线两种。

1) 漆包线

漆包线是将绝缘漆涂在导电线芯的表面，经烘干后形成以漆膜为绝缘层的电磁线。其特点是漆膜均匀、光滑，且较薄。它广泛应用于中小型电机、微电机、干式变压器及其他电工产品中。其常用参数如表 1-9 所示。

普通漆包线是指长期使用温度在 155℃及以下的漆包线，如聚酯亚胺漆包线等；耐高温漆包线是指长期使用温度在 180℃及以上的漆包线，常用的有聚酰亚胺漆包线、聚酰胺酰亚胺漆包线等；特种漆包线是指具有某些特殊性能的漆包线，如自黏性漆包线，其在线圈绕制后，可不必经过浸渍，只需给以适当温度就能互相粘牢。

漆包线有圆漆包线和扁漆包线两类，圆漆包线的规格以直径表示，扁漆包线的规格以窄边×宽边尺寸表示。

2) 绕包线

绕包线是以绝缘纸、天然丝、玻璃丝等纤维材料或合成薄膜材料等密绕制包在导电线芯上，以形成绝缘层的电磁线，也有在漆包线上再绕包绝缘层的。除薄膜绕包线外，其他绕包线都还要经过浸渍处理，以提高其电气性能、机械性能和防潮性能。绕包线一般用于

大中型电工产品中。其中丝包线的常用参数如表 1-9 所示。

表 1-9　漆包线和丝包线的常用参数

钢导线规格		聚酯漆包线最大外径/mm	丝 包 线				
线径/mm	标称截面/mm^2		单丝包线最大外径/mm		双丝包线最大外径/mm		
		QZ	SQ	SQZ	SZ	SEQ	SEQZ
0.05	0.001964	0.065	0.14	0.14	0.16	0.18	0.18
0.06	0.00283	0.080	0.15	0.16	0.17	0.19	0.20
0.07	0.00385	0.090	0.16	0.17	0.18	0.20	0.21
0.08	0.00503	0.100	0.17	0.18	0.19	0.21	0.22
0.09	0.00636	0.110	0.18	0.19	0.20	0.22	0.23
0.10	0.00785	0.125	0.19	0.20	0.21	0.23	0.24
0.11	0.00950	0.135	0.20	0.21	0.22	0.24	0.25
0.12	0.01131	0.145	0.21	0.22	0.23	0.25	0.26
0.13	0.01327	0.155	0.22	0.23	0.24	0.26	0.27
0.14	0.01539	0.165	0.23	0.24	0.25	0.27	0.28
0.15	0.01767	0.180	0.24	0.25	0.26	0.28	0.29
0.16	0.0201	0.190	0.26	0.28	0.28	0.30	0.32
0.17	0.0227	0.200	0.27	0.29	0.29	0.31	0.33
0.18	0.0254	0.210	0.28	0.30	0.30	0.32	0.34
0.19	0.0284	0.220	0.29	0.31	0.31	0.33	0.35
0.20	0.0341	0.230	0.30	0.32	0.32	0.35	0.36
0.21	0.0346	0.240	0.32	0.33	0.33	0.36	0.37
0.23	0.0415	0.265	0.35	0.36	0.36	0.39	0.41
0.25	0.0491	0.290	0.37	0.38	0.38	0.42	0.43
0.28	0.0616	0.320	0.40	0.41	0.41	0.45	0.46
0.31	0.0755	0.35	0.43	0.44	0.44	0.48	0.49
0.33	0.0855	0.37	0.46	0.48	0.47	0.51	0.53
0.35	0.0962	0.39	0.48	0.51	0.49	0.53	0.55
0.38	0.1134	0.42	0.51	0.53	0.52	0.56	0.58
0.40	0.1257	0.44	0.53	0.55	0.54	0.58	0.60
0.42	0.1835	0.46	0.55	0.57	0.56	0.60	0.62
0.45	0.1590	0.49	0.58	0.60	0.59	0.63	0.65
0.47	0.1735	0.51	0.60	0.62	0.61	0.65	0.67
0.50	0.1964	0.54	0.63	0.65	0.64	0.68	0.70
0.53	0.221	0.58	0.67	0.69	0.67	0.72	0.74
0.56	0.246	0.61	0.70	0.72	0.70	0.75	0.77
0.60	0.283	0.65	0.74	0.76	0.74	0.79	0.81
0.63	0.312	0.68	0.77	0.79	0.77	0.83	0.84
0.67	0.353	0.72	0.82	0.85	0.82	0.87	0.90

续表

钢导线规格		聚酯漆包线最大外径/mm	丝 包 线				
			单丝包线最大外径/mm		双丝包线最大外径/mm		
线径/mm	标称截面/mm²	QZ	SQ	SQZ	SZ	SEQ	SEQZ
0.71	0.396	0.76	0.86	0.89	0.86	0.91	0.94
0.75	0.442	0.81	0.91	0.94	0.91	0.97	1.00
0.80	0.503	0.86	0.96	0.99	0.96	1.02	1.05
0.85	0.567	0.91	1.01	1.04	1.01	1.07	1.10
0.90	0.636	0.96	1.06	1.09	1.06	1.12	1.15
0.95	0.709	1.01	1.11	1.14	1.11	1.17	1.2
1.00	0.785	1.07	1.18	1.22	1.17	1.24	1.28
1.06	0.882	1.14	1.25	1.28	1.23	1.31	1.34
1.12	0.958	1.20	1.32	1.34	1.29	1.37	1.40
1.18	1.094	1.26	1.37	1.40	1.35	1.43	1.46
1.25	1.227	1.33	1.44	1.47	1.42	1.50	1.53
1.30	1.327	1.38	1.49	1.52	1.47	1.55	1.58
1.35	1.431	1.43	—	—	—	—	—
1.40	1.539	1.48	1.59	1.62	1.57	1.65	1.68
1.50	1.767	1.58	1.69	1.72	1.67	1.75	1.78
1.60	2.01	1.69	1.80	1.83	1.78	1.87	1.90
1.70	2.27	1.79	1.90	1.93	1.88	1.97	2.00
1.80	2.54	1.89	2.00	2.03	1.98	2.07	2.10
1.90	2.84	1.99	2.10	2.13	2.08	2.17	2.20
2.00	3.14	2.09	2.20	2.23	2.18	2.27	2.30
2.12	3.53	2.21	2.32	2.35	2.30	2.39	2.42
2.24	3.94	2.33	2.44	2.47	2.42	2.51	2.54
2.36	4.37	2.45	2.56	2.50	2.54	2.63	2.66

电磁线型号由类别、导体和派生三部分组成。电磁线型号中各部分的代号及其含义如表 1-10 所示。

表 1-10　电磁线型号中各部分的代号及其含义

类别(以绝缘层区分)				导 体		派 生
绝缘漆	绝缘纤维	其他绝缘层	绝缘特征	导体材料	导体特征	
Q—油性绝缘	M—棉纱	BM—玻璃膜	B—编织	L—铝线	B—扁线	1—第一种
QA—聚氨酯漆	SB—玻璃丝	V—聚氯乙烯	C—醇酸浸渍		D—带箔	2—第二种
QG—有机硅漆	SR—人造丝	YM—氧化膜	E—双层	TWC—无磁性	J—绞线	3—第一种
QH—环氧漆	ST—天然丝		G—有机硅浸渍		R—柔软	
QQ—缩醛漆	Z—纸		J—加厚			
QXY—聚酰胺亚胺漆			N—自黏性			
QY—聚酰亚胺漆			NF—耐冷性			
QZ—聚酯漆			S—三层			

4. 电缆线

电机电器用电缆线指修理电机时常用的引接线、电焊机用电缆以及潜水电机用的防水橡套电缆三种系列。这类电缆线是由线芯、绝缘层和护层三部分组成。

YH 系列电焊机用电缆是供电焊机二次侧接线及连接电焊钳用的。这种电缆有 YH 型铜芯电缆和 YHL 型铝芯电缆，其工作电压均在 200V 以下，长期最高温度为 65℃。它具有良好的耐热性、柔软、耐弯曲，有足够的机械强度和保护层，有一定耐油、耐腐蚀性及耐气候性。YH 型的规格为 $10 \sim 150 \text{mm}^2$，YHL 型的规格为 $16 \sim 185 \text{mm}^2$。

YHS 系列潜水电机用防水橡套电缆采用铜芯，工作电压为 500V，长期最高温度为 65℃。它具有良好的电气和密封性能，能长期浸泡在水中使用，还具有柔软、耐弯曲、重量轻的特点。

(二)绝缘材料

绝缘材料又称电介质，它在外加电压作用下，只有微小的电流通过，绝缘材料的电阻率大于 $10^7 \Omega \cdot \text{m}$。

1. 绝缘材料的用途

在电工产品的结构中，绝缘材料占有极其重要的地位，它对于提高产品质量、减小产品体积、降低产品成本、提高电工产品工作的准确性和安全程度起着显著作用。其主要作用是隔离不同电位的导体，使电流按一定的方向流动；其次是在不同的电工产品中，根据电工产品技术要求的需要，起着散热冷却、灭弧、储能、机械支撑、防晕、防潮、防霉以及保护导体等不同作用。

2. 绝缘材料的主要性能

绝缘材料的好坏一般是以它的电气、机械、物理和化学性能来衡量的。电工产品的质量和使用寿命在很大程度上取决于绝缘材料的这些性能，因为绝缘材料的耐热性、机械强度和寿命都比金属材料低，因此，绝缘材料是电工产品最薄弱的环节，许多故障发生在绝缘部分。各种绝缘材料都具有不同的特性，这些特性主要如下。

1) 电介质的击穿强度

绝缘材料在高于某一极限数值的电场强度作用下，通过电介质的电流与施加在介质上的电压关系就不符合欧姆定律，电流将突然猛增，这时绝缘材料会因被破坏而失去绝缘性能，这种现象称为电介质的击穿。电介质发生击穿时的电压称为击穿电压，电介质被击穿时的电场强度称为击穿强度，单位为 kV/mm。固体绝缘的击穿常发生在电极边缘，一般分为热击穿、电击穿和局部放电击穿三种形式。

(1) 热击穿是指由于电介质内部介质损耗而发出热量，如果热量来不及散发出去，就会使电介质内部温度增高，导致分子结构破坏而击穿。热击穿是电器设备中绝缘破坏最常见的一种击穿形式，运行维护人员必须经常注意检查运动着的电器设备的温度情况。

(2) 电击穿是指在强电场作用下，电介质内部带电质点剧烈运行，发生碰撞电离，破坏了分子结构，结果使绝缘材料击穿。

(3) 放电击穿是指强电场作用下，电介质内部的气泡首先发生碰撞电离而放电，杂质也因受电场加热而气化，产生气泡，于是气泡放电进一步发展，导致裂解、分解、腐蚀破坏而击穿。

实际上，绝缘结构发生击穿时，常常是电击穿、热击穿、局部放电击穿等多种击穿形式同时存在，很难截然分开。

2）绝缘电阻

绝缘材料并不是绝对不导电的材料，在一定的直流电压作用下，绝缘材料中会流过极微小的电流，并随时间增长而渐渐减小，最后趋于一稳定值。一般认为，在加上电压一分钟后所测得的电流为漏导电流，依此计算出的电阻即为绝缘电阻。

影响绝缘材料绝缘电阻的主要因素有温度、湿度和杂质等。同一种绝缘材料，由于受环境条件的影响，绝缘电阻有很大的差异。工程上常以绝缘电阻值的大小来判断电机电器、变压器等设备的受潮程度，决定其能否运行。在检查低压电动机绕组对机座绝缘时，如果测出的绝缘电阻在 0.5MΩ 以上，说明该电动机的绝缘尚好，可以继续使用；如果在 0.5MΩ 以下，则说明该电动机已受潮，或绕组绝缘很差。

3）耐热性

电气设备在运行时，导体和磁性材料都会发热，并传到电介质中；电介质本身由于存在介质损耗也要发热；或者整个电气设备本身就处在高温环境中工作，所以电气设备的绝缘材料长期在热态下工作。耐热性是指绝缘材料承受高温而不改变介质、机械、理化等特性的能力。对于低压电机电器而言，耐热性是决定绝缘性能的主要因素。

绝缘材料在高温作用下，性能往往在短时间内就会发生显著的恶化。例如，绝缘材料发生软化，绝缘塑料因增塑剂挥发而变硬变脆，绝缘油气化而带来危险性等。电气设备有时在低温环境下工作，寒冷也会使材料的机械性能变坏，甚至于不能使用。

低压电机、电器的额定功率实际上取决于绝缘材料在运行中所能承受的最热点的温度。使用耐热性较好的绝缘材料，可使电机电器的体积和重量都大大减小，技术经济指标和使用寿命得到提高。绝缘材料允许最高温度分为 7 个耐热等级，如表 1-11 所示。

表 1-11　绝缘材料的耐热等级

耐热等级	O	A	E	B	F	H	C
允许长期使用的最高温度/℃	90	105	120	130	155	180	>180

促使绝缘材料老化的主要原因：在低压设备中是过热，在高压设备中是局部放电。

4）机械性能

机械性能主要包括硬度和强度。硬度表示绝缘材料表面层受压后不变形的能力；强度包括抗拉强度、抗压强度、抗弯强度及抗冲击强度等。由绝缘材料构成的各种绝缘零件和绝缘结构，在使用时都要承受一种或同时承受几种形式的负荷，如拉伸、扭曲、弯折、振动等多种形式力的作用，因此，要求绝缘材料本身应具有一定的机械性能。

除上述基本性能外，在实际选择应用时，绝缘材料的极化、损耗、老化、吸湿性，液体绝缘材料的黏度、酸值和干燥时间等也很重要，选用时也应考虑。

3. 绝缘材料的分类和型号

绝缘材料的种类很多，按照我国机械工业部的标准，其分类办法是：先按材料的应用或工艺特征分大类，各大类中再按使用范围及形态分小类，在小类中又按其主要组成成分和基本工艺分为品种，品种中划分规格。其中各大类名称如表 1-12 所示。

表 1-12 绝缘材料型号中的大类代号及产品大类名称

大类代号	产品大类名称	大类代号	产品大类名称
1	漆、聚酯和胶类	4	塑料类
2	浸渍纤维制品类	5	云母制品类
3	层压制品类	6	薄膜、黏带和复合制品类

为了全面表示固体电工绝缘材料的类别品种和耐热等级，用四位数字表示绝缘材料的型号，必要时增加一位数字。表示绝缘材料产品型号的方法如下：第一位数字为大类代号，以表 1-12 中数字代号表示；第二位数字表示同一分类中的不同品种；第三位数字为耐热等级代号；第四位数字为同一品种的顺序号，用以表示配方、成分或性能上的区别。例如，1031 与 1032 同属 B 级浸渍漆，但 1031 为丁基酚醛醇酸树脂漆，而 1032 为三聚氯胺醇的浸渍漆。

4. 绝缘材料产品

1) 绝缘漆

绝缘漆主要由漆基、溶剂、稀释剂、催干剂、增塑剂等材料组成。按用途可分为浸渍漆、涂覆漆、胶粘漆三大类。但在实际使用时，一种漆往往兼有多种用途。

2) 绝缘胶

绝缘胶和绝缘漆的区别在于：绝缘胶中不含有挥发性的溶剂，黏度较大，一般加有填料。绝缘胶广泛用于浇注电缆接头和套管，以及密封电子元件和零部件等。

3) 熔敷粉末

熔敷粉末是一种粉末状的绝缘材料。它属于无溶剂涂料，主要用来涂敷小电机、微电机的定、转子铁芯，作为槽绝缘和导线绝缘，也可用于小型变压器和电器外壳的涂敷。

4) 浸渍纤维制品

浸渍纤维制品是以绝缘纤维制品为底材，浸渍绝缘漆制成的产品。产品有漆布(绸)、漆管和绑扎带三类。主要用于电机电器、仪表、电线电缆及无线电的制造和安装中，用作槽部、匝间、线圈和相间绝缘，连接和引出线的包扎，以及变压器铁芯、电机转子绕组绑扎等。

5) 绝缘层压制品

绝缘层压制品是以纸或布作底材，浸涂不同的胶粘剂，经热压而成的层状结构绝缘材料。一般作为绝缘材料和结构材料应用于电气与电子工业中。

6) 电工塑料

电工塑料品种很多，主要用于加工成各种规格形状电工设备的绝缘零部件、结构件，以及作为电线电缆的绝缘层、保护套等。

7) 云母及其制品

云母具有很强的理解性、很好的耐热性、极好的介电性，其化学稳定性好，吸湿性也很小。由云母片或粉云母、胶粘剂和补强材料可制成云母板、云母带、云母箔、云母玻璃等各种制品。主要用作电机电器绝缘，如垫圈、垫片、阀型避雷器的零件等。

8) 电工薄膜、复合制品和黏带

电工薄膜是由高分子化合物制成的一种薄而软的材料，主要用于电机电器线圈和电线电缆的线包绝缘，以及作电容器的介质。复合制品主要用作相间绝缘和线圈端部绝缘。黏带是指在常温或一定温度下，能自粘成型的带状材料，使用方便，适用于作电机及电器线圈绝缘、包扎固定和电线接头的包扎绝缘等。

9) 绝缘油

绝缘油有天然矿物油、天然植物油和合成油。天然矿物油有变压器油 DB 系列、开关油 DV 系列、电容器油 DD 系列、电缆油 DL 系列等。天然植物油有蓖麻油、大豆油等。合成油有氯化联苯、甲基硅油等。实践证明，空气中的氧和温度是引起绝缘油老化的主要因素，而许多金属对绝缘油的老化起催化作用。

(三)磁性材料

1. 电工硅钢薄板

电工硅钢薄板属于软磁材料，是制造电机变压器及电器的主要磁性材料。

2. 铁氧体软磁材料

铁氧体软磁材料又称铁淦氧，是采用粉末烧结工艺制成的非金属磁性材料，其电阻率较高，通常在 $10^2 \sim 10^9 \Omega \cdot cm$ 之间，涡流损耗小，所以适用于几千赫和几百赫的频率之间。

3. 电工用纯铁

纯铁具有高的饱和磁感应强度、高的磁导率和低的矫顽力。它的纯度越高，磁性能越好。最常用的电工用纯铁为电磁纯铁。

4. 合金硬磁材料

合金硬磁材料具有优良的磁性能、良好的稳定性和较低的温度系数，是电机电器产品中常用的永磁材料。

5. 铁氧体硬磁材料

铁氧体硬磁材料与合金硬磁材料相比，具有高矫顽力、高电阻率、小密度、低价格等优点，其缺点是剩磁感应强度较低，温度系数较大。

(四)电气安装材料

电气安装材料有电线管、有缝钢管、聚氯乙烯(PVC)硬管及半硬管、塑料胀锚螺栓管、包塑金属软管及金属软管接头等。

(五)电机用电刷

电刷是用在电机的换向器或集电环上传导电流的滑动接触件。

1. 石墨电刷(S 型)

石墨电刷以天然石墨为主要材料，采用沥青或树脂作黏结剂，经烘焙或在约 1000℃高温烧结而成。石墨电刷质地较软，用于一般整流条件正常、负载均匀的电机上。

2. 电化石墨电刷(D 型)

电化石墨电刷由石墨、焦炭、炭黑经高温 2500℃以上而制成。电化石墨电刷耐磨，对换向器磨损小，广泛用于各类交直流电机。

3. 金属石墨电刷(J 型)

金属石墨电刷由铜及少量的锡、铅等金属粉末渗入石墨混合制成。金属石墨电刷既有石墨的润滑特性，又有金属的高导电性，故适用于高负荷和对换向要求不高的低压电机。

二、技能实训

1. 实训器材

(1) 常用的电工材料，若干。
(2) 电工实训柜，1 套。
(3) 常用电工工具，1 套。

2. 实训内容及要求

(1) 教师简要讲授常用的电工材料知识。
(2) 学生根据给出的情景选用合适的电工材料。
(3) 指出电工实训场所中各种电器设备上的导电材料和绝缘材料。

3. 技能考核

技能考核评价标准与评分细则如表 1-13 所示。

表 1-13　常用电工材料的认识实训评价标准与评分细则

评价内容	配分	考 核 点	评分细则	得分
工作准备	10	清点电工材料、工具，并摆放整齐	少一项材料扣 3 分，工具摆放不整齐扣 5 分	
操作规范	10	① 行为文明，有良好的职业操守。 ② 实训完后清理、清扫工作现场	① 迟到、做其他事酌情扣 10 分以内。 ② 未清理、清扫工作现场扣 5 分	
工作内容	80	① 选用的电工材料符合情景要求。 ② 选用的电工材料型号符合情景要求	① 选用的电工材料不符合情景要求，每次扣 10 分。 ② 选用的电工材料型号不符合情景要求，每处扣 10 分	
工时	90 分钟			

三、思考与练习

(1) 常用的导电材料有哪些？各有什么用途？

(2) 绝缘材料的用途是什么？有哪些主要性能和特点？

(3) 电缆线一般由哪几部分组成？

(4) 在低压设备和高压设备中，促使绝缘材料老化的主要原因分别是什么？

(5) 硬铜与软铜有何区别？怎样表示？

模块二　电工基本技能

1. 能熟练使用常用电工工具。
2. 会正确使用电工仪表进行测量。
3. 能利用常用电工工具对绝缘导线的绝缘层进行剖削。
4. 能对直线电路、分支电路等进行正确的连接。
5. 会对绝缘导线进行绝缘层的恢复。
6. 能正确识别常用电子元器件。
7. 能对晶体管元件进行简易测试。
8. 熟悉焊接工艺并能熟练焊接电子线路。

项目 2.1　常用电工工具的使用

学习目标

1. 熟练掌握常用电工工具的结构、使用方法。
2. 能用钢丝钳、电工刀、剥线钳剥离导线的绝缘层。
3. 能熟练使用钢丝钳、尖嘴钳弯绞压接圈。

一、知识链接

常用电工工具主要有验电器、钢丝钳、尖嘴钳、螺钉旋具、电工刀、剥线钳、活络扳手、断线钳、电工工具夹、电烙铁、梯子等。

1. 验电器

验电器是一种检验导线和电气设备是否带电的工具，它分为低压验电器与高压验电器两种。

1) 低压验电器

低压验电器又称电笔或试电笔，从外形上来看又可分为钢笔式和旋具式两种。如图 2-1 所示，电笔由氖管、电阻、弹簧、笔身和笔尖等组成。使用电笔时，必须按图 2-2 所示的方法握妥，即以手指触及笔尾的金属体，使氖管小窗背光对自己。电笔的测量范围为 60～500V。当用电笔测试带电体时，电流经带电体、电笔、人体到大地，形成通电回路。只要带电体与大地之间的电压高于 60V，氖泡就会发光。

使用电笔时的注意事项如下。

(1) 使用电笔前，一定要在有电的电源上检查氖泡能否正常发光。

(2) 使用电笔时，由于人体与带电体的距离较为接近，因此应防止人体与金属带电体的直接接触，更要防止手指皮肤触及笔尖金属体，以免触电。

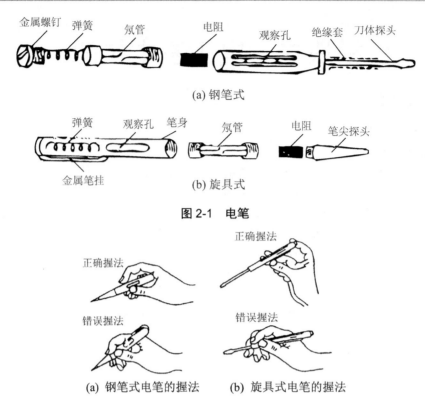

(a) 钢笔式

(b) 旋具式

图 2-1　电笔

(a) 钢笔式电笔的握法　　(b) 旋具式电笔的握法

图 2-2　电笔的握法

2)　高压验电器

高压验电器又称高压测电器，一般由金属钩、氖管、氖管窗、固紧螺钉、护环和握柄等组成。使用高压验电器时，应注意手握部位不得超过护环，如图 2-3 所示。使用时，应逐渐靠近被测物，直至氖管亮(说明被测物带电)，只有氖管不亮时才可与被测物直接接触。

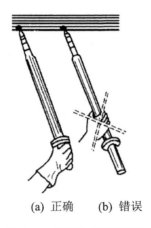

(a) 正确　　(b) 错误

图 2-3　高压验电器的握法

2. 钢丝钳

钢丝钳是钳夹和剪切工具。其功能有：钳口用来弯绞或钳夹导线线头；齿口用来固紧或起松螺母；刀口用来剪切导线或剖切软导线的绝缘层；铡口用来铡切钢丝与铅丝等较硬的金属线材。其结构和用途如图 2-4 所示。常用的规格有 150mm、175mm 和 200mm 三种。电工所用的钢丝钳，在钳柄上须套有交流耐压值不低于 500V 的绝缘管。另外，在使用时，切勿用刀口去钳断钢丝，以免刀口损伤；钳头不可代替手锤作敲打工具用；平时应防锈，轴销上应经常加机油润滑；破损了的绝缘套管应及时更换。

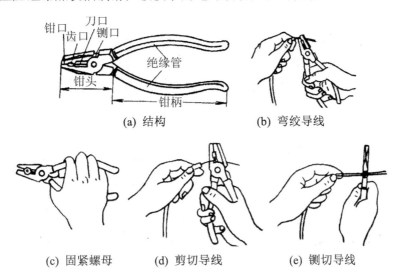

图 2-4　钢丝钳的结构及用途

3. 尖嘴钳

尖嘴钳如图 2-5 所示，其头部尖细，适于在狭小的工作空间操作，用来夹持较小的螺钉、垫圈、导线等。带绝缘柄的尖嘴钳的工作电压为 500V，其规格有 130mm、160mm、180mm 和 200mm 四种。

尖嘴钳的用途如下。

(1) 有刃口的尖嘴钳能剪断细小金属丝。

(2) 嘴钳能夹持较小螺钉、垫圈、导线等元件。

(3) 在装接控制电路板时，尖嘴钳能将单股导线弯成有一定圆弧的接线鼻子。

图 2-5　尖嘴钳

4. 螺钉旋具

螺钉旋具俗称起子、螺丝刀、改锥等。螺丝刀按其头部形状可分为一字螺丝刀和十字螺丝刀，如图 2-6 所示。

(a) 一字螺丝刀　　　　　　　　　　(b) 十字螺丝刀

图 2-6　螺丝刀

　　大螺丝刀用来拧旋较大的螺钉，其握法如图 2-7(a)所示；小螺丝刀用来拧旋电气装置接线桩上的小螺钉及较小的木螺钉，其握法如图 2-7(b)所示。电工不可使用金属杆直通柄顶的螺钉旋具。

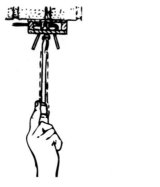

(a) 大螺丝刀的握法　　　　　(b) 小螺丝刀的握法

图 2-7　螺丝刀的握法

5. 电工刀

　　电工刀是一种切削工具，如图 2-8 所示。

图 2-8　电工刀

　　电工刀主要用来切削电线、电缆绝缘，及切割绳索、木桩和软金属材料。电工刀有普通型和多用型两种，普通型电工刀的结构和普通用的小刀相似；多用型电工刀除具有刀片外，还有可收式锯片和锥针，可用来锯割电线、槽板、胶木管，及锥钻木螺钉底孔。电工刀的刀口磨制很讲究，应在单面上磨出圆弧状的刃口，刀刃部分要磨得锋利一些。在剖削电线绝缘层时，切忌把刀刃垂直对着导线切割绝缘。使用电工刀时，刀口应朝外进行操作，用毕应随机把刀身折入刀柄内。电工刀的刀柄是没有绝缘的，不能在带电体上进行操作。电工刀剖削塑料层的方法如图 2-9 所示。

(a) 握刀姿势　　(b) 刀口以 45°倾斜切入　(c) 刀口以 45°倾角剖削　(d) 扳转塑料层并在根部切去

图 2-9　电工刀剖削塑料层的方法

6. 剥线钳

剥线钳是用来剥除小直径电线、电缆端部橡皮或塑料绝缘的专用工具。它由钳头和手柄两部分组成，如图 2-10 所示。钳头部分由压线口和切口组成，分有直径 0.5～3mm 的多个切口，以适应不同规格的线芯。使用时，电线必须放在大于其线芯直径的切口上切剥，否则会损伤线芯。

图 2-10　剥线钳

7. 活络扳手

活络扳手是一种用于旋紧或起松有角螺栓或螺母的工具。活络扳手由头部和手柄部两部分组成，其中头部由活络扳唇、固定反唇、扳口、蜗轮和轴销等构成，如图 2-11(a)所示。旋动蜗轮可调节扳口的大小。活路扳手的握法如图 2-11(b)和图 2-11(c)所示。使用时切忌反用或当手锤用。

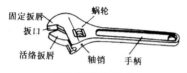
(a) 活络扳手的构造

(b) 扳较大螺母时的握法

(c) 扳较小螺母时的握法

图 2-11　活络扳手

8. 断线钳

断线钳又称斜口钳，其头部扁斜，钳柄有铁柄、管柄和绝缘柄三种形式，其中电工用的绝缘柄断线钳的外形如图 2-12 所示，其耐压为 1000V。断线钳专供剪断较粗的金属丝、线材及电缆等用。

9. 电工工具夹

电工工具夹是电工用来盛装随身携带的最常用工具的器具，如图 2-13 所示。电工工具夹分有插装一件、三件和五件工具多种。使用时用皮带系结在腰间，将工具夹置于右侧臀部处，以便随手取用。

图 2-12　绝缘柄断线钳

图 2-13　电工工具夹

10. 电烙铁

1) 规格

电烙铁是烙铁钎焊的热源，通常以电热丝作为热元件，分外热式和内热式两种，其外形如图 2-14 所示。常用的规格有 25W、45W、75W、100W 和 300W 等多种。

2) 使用注意事项

(1) 使用之前应检查电源电压与电烙铁上的额定电压是否相符，一般为 220 V。

(2) 新烙铁在使用前应先用砂纸把烙铁头打磨干净，然后在焊接时和松香一起在烙铁头上沾上一层锡(称为搪锡)。

(a) 外热式电烙铁　　　　　　　　(b) 内热式电烙铁

图 2-14　电烙铁

(3) 电烙铁不能在易爆场所或腐蚀性气体中使用。

(4) 电烙铁在使用中一般用松香作为焊剂，特别是电线接头、电子元器件的焊接，一定要用松香作焊剂，严禁用含有盐酸等腐蚀性物质的焊锡膏焊接，以免腐蚀印制电路板或使电气线路短路。

(5) 电烙铁在焊接金属铁、锌等物质时，可用焊锡膏焊接。

(6) 如果在焊接中发现紫铜制的烙铁头氧化不易沾锡，可用锉刀锉去氧化层，在酒精内浸泡后再使用，切勿在酸内浸泡，以免腐蚀烙铁头。

(7) 焊接电子元器件时，最好选用低温焊丝，头部涂上一层薄锡后再焊接。焊接场效应晶体管时，应将电烙铁电源线插头拔下，利用余热去焊接，以免损坏管子。

11. 梯子

电工常用的梯子有直梯和人字梯两种，如图 2-15(a)和图 2-15(b)所示。前者用于户外作业，后者通常用于户内作业。直梯的两脚应各绑扎胶皮之类的防滑材料；人字梯在中间绑扎两道防自动滑开的安全绳。梯子上的站立姿势如图 2-15(c)所示。登在人字梯上操作时，切忌采用骑马的方式站立，以防人字梯滑开而造成事故。

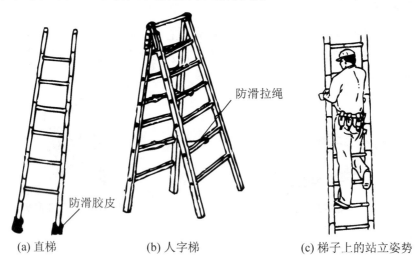

防滑拉绳

防滑胶皮

(a) 直梯　　　　　　　(b) 人字梯　　　　　　　(c) 梯子上的站立姿势

图 2-15　梯子

二、技能训练

1. 实训器材

(1) 钢丝钳、电工刀、电笔、活络扳手，各1件。

(2) 大螺丝刀和小螺丝刀、剥线钳、电工工具夹，各1件。

(3) 铝芯绝缘导线(BLV2.5 和 BLV6)，各 1m。

(4) 两芯护套线(BVV2×1.0)，1m。

(5) 钢丝，0.2m。

2. 实训内容及要求

(1) 熟悉钢丝钳的结构和握法。明确钢丝钳刀口、钳口、齿口、铡口的位置，并了解其用途。

(2) 用钢丝钳的刀口剪去一段导线线头的一小段，并将余下的导线线头的绝缘层除去，即用刀口轻切塑料层，不可切着芯线，然后右手握住钳头部用力向外勒去塑料层；与此同时，左手把紧电线反向用力配合进行。

(3) 用钢丝钳钳口弯绞和钳夹导线线头，将第(2)步中已剥去绝缘层的线头用钢丝钳弯成一个压接圈，如图 2-16 所示。

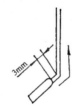

(a) 离绝缘层根部 3mm 处向外侧折角

(b) 按略大于螺钉直径弯曲圆弧

(c) 剪去多余线芯

(d) 修正圆圈至圆

图 2-16　单股线芯压接圈的弯法

(4) 用钢丝钳的铡口将一段较硬的钢丝切断。

(5) 用钢丝钳的齿口将一紧固螺丝拧松。

(6) 用电工刀剖削 6mm² 塑料绝缘层时，注意不要切着线芯，让刀面与线芯保持约 15°的角度，用力向外削一条缺口，然后将绝缘层剥离线芯，反方向扳转，用电工刀切齐。

(7) 用电工刀剖削护套线绝缘层。

① 按所需长度用刀尖在线芯缝隙间划开护套层，接着扳转，用刀口切齐。

② 按与第(6)步相同的方法将塑料线绝缘层剥离。但应注意：绝缘层的切口与护套层

的切口间应留有 5～10mm 的距离。

(8) 拆装电笔，掌握电笔的结构。

用电笔测试某一线路中的一个两孔插座或三孔插座，判断火线与零线位置。测试中一定要注意电笔的正确握法。

(9) 熟悉活络扳手的握法，并用活络扳手分别拧松一个大螺丝帽和一个小螺丝帽，然后拧紧。

(10) 熟悉大螺丝刀的用法和小螺丝刀的用法：分别用大螺丝刀和小螺丝刀将一个较大的螺钉和一个较小的螺钉拧松，然后拧紧。

(11) 用剥线钳将一段截面为 $2.5mm^2$ 导线的塑料绝缘层剥离。

(12) 将以上工具插入电工工具夹内。

3. 技能考核

技能考核评价标准与评分细则如表 2-1 所示。

表 2-1　常用电工工具使用实训评价标准与评分细则

评价内容	配　分	考核点	评分细则	得分
工作准备	10	清点器件、电工工具，并摆放整齐	工具准备少一项扣 2 分，工具摆放不整齐扣 5 分	
操作规范	10	① 行为文明，有良好的职业操守。 ② 安全用电，操作符合规范。 ③ 实训完后清理、清扫工作现场	① 迟到、做其他事酌情扣 10 分以内。 ② 违反安全用电规范，每处扣 2 分。 ③ 未清理、清扫工作现场扣 5 分	
工作内容	80	① 相线、零线的区别。 ② 电压高低区别。 ③ 相线碰壳识别。 ④ 电工刀剖削单股导线绝缘层。 ⑤ 螺旋工具的使用。 ⑥ 钢丝钳的使用。 ⑦ 尖嘴钳的使用。 ⑧ 压接圈的弯制	① 握笔错误扣4分，判断错误扣6分。 ② 判断错误扣 5 分。 ③ 判断错误扣 5 分。 ④ 方法错误扣 6～10 分。 ⑤ 使用不正确扣 5 分。 ⑥ 使用不正确扣 5 分。 ⑦ 使用不正确扣 5 分。 ⑧ 压接圈质量不合格扣 8～15 分	
工时	120 分钟			

三、思考与练习

(1) 钢丝钳有哪些用途？

(2) 剥离截面为 $2.5mm^2$ 塑料线的绝缘层有哪几种方法？

(3) 电笔的基本结构是怎样的？使用时应注意哪些事项？

(4) 螺钉旋具有哪两大类？使用时应注意什么？

(5)　电工刀的主要用途是什么？怎样用电工刀剥离导线的绝缘层？

项目 2.2　常用电工仪表的使用

学习目标

1. 能熟练掌握电工测量的基本方法。
2. 能掌握万用表、兆欧表、钳形电流表等仪表的使用方法。
3. 能熟悉电工仪表的结构与原理。

一、知识链接

(一)电工测量基本知识

通常把对各种电量和磁量的测量称为电工测量，而用于测量电量或磁量的仪器仪表称为电工仪表。

1. 测量方法

测量的过程就是把被测量(未知量)与已知的标准量进行比较，以求得被测量的值的过程。

在电工测量过程中，为了准确得到被测量的大小，选择合适的仪表是一个重要方面，而正确的测量方法是获得准确测量结果的重要基础。常用的测量方法有直接测量、间接测量、比较测量等。

1)　直接测量

直接测量即用经过标准校准或标定的测量仪表直接对被测量进行测定，从而获得测量值的方法。

这种方法的优点是设备简单、操作方便；缺点是准确度低。

2)　间接测量

有些情况下被测量不便于直接测定，或直接测量被测量的仪器不够准确，那么就可以利用被测量与某种中间量之间的函数关系，先测出中间量，然后通过计算公式算出被测量，这种测量方法称为间接测量。

间接测量的误差比直接测量大，但在某些场合又不得不采用间接测量。

3)　比较测量

把被测量和已知的标准量直接进行比较，或者将被测量产生的效应与同一类标准量产生的效应进行比较，从而求得被测量的值，这种测量方法称为比较测量。

这种方法的优点是准确度和灵敏度高；缺点是设备复杂，价格昂贵，操作麻烦。

2. 测量误差及其处理

不论采用什么测量方法，使用何种测量仪器，由于仪器本身制造工艺上的限制、测量方法的不够完善，以及感应器官的不够灵敏，都会使测量结果与被测量的实际数值存在差别，这种差别称为测量误差。

1) 测量误差产生的原因

测量误差来自测量时选用的仪器设备、测量方法和方式、工作环境条件以及个人技术等，主要有系统误差、偶然误差、疏忽误差等。

2) 减小或消除误差的措施

实验中的测量误差虽然是不可避免的，但可以采取某些措施来减小或消除它们。

(1) 从仪表和仪器设备本身考虑。要经常校正仪表，避免用大量程测小被测量，仪器、仪表安置方法要正确等。

(2) 从测量线路和测量方法上来考虑。要选择合理的测量线路，采用正确的测量方法等。

(二)电工测量仪表基本知识

1. 测量仪表的准确度等级

仪表的最大绝对误差与仪表量限比值的百分数(有时称为最大引用误差)即为仪表的准确度。

根据国家标准 GB776—1976《电气测量指示仪表通用技术条件》规定，仪表的准确度等级有七个，即 0.1、0.2、0.5、1.0、1.5、2.5 和 5.0 级。仪表在正常条件下应用时，各等级仪表的基本误差不超过表 2-2 中的值。

表 2-2　仪表的准确度等级和基本误差

准确度等级	0.1	0.2	0.5	1.0	1.5	2.5	5.0
基本误差	$\pm0.1\%$	$\pm0.2\%$	$\pm0.5\%$	$\pm1.0\%$	$\pm1.5\%$	$\pm2.5\%$	$\pm5.0\%$

2. 测量仪表的主要技术要求

为保证测量结果的准确和可靠，要求电工测量仪表有足够的准确度，有合适的灵敏度，要便于读数，要有良好的阻尼，有较高的过载能力，有较好的绝缘强度，有较小的功率损耗等。

3. 测量仪表的分类

(1) 根据仪表的工作原理分为磁电系仪表、电磁系仪表、电动系仪表、感应系仪表、整流系仪表等。

(2) 根据仪表测量对象的名称(或单位)分为 电流表(安培表、毫安表、微安表)、电压表(伏特表、毫伏表)、功率表(瓦特表)、高阻表(兆欧表)、欧姆表、电度表(千瓦小时表)、万用表等。

(3) 根据仪表使用的方式分为开关板式仪表和便携式仪。前者安装于开关板上或仪器的外壳上，准确度较低；后者便于携带，常在实验室使用，准确度较前者高。

(4) 根据被测电流的种类分为直流表、交流表和交直流两用表。

(5) 根据仪表取得读数的方法分为指针式仪表、数字式仪表和记录式仪表等。

(三)常用电工测量仪表

1. 电压表

测量电路中电压的仪表称为电压表，它必须并联在被测电路的两端，如图 2-17 所示。

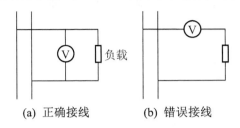

(a) 正确接线　　　　(b) 错误接线

图 2-17　电压表的接线

1)　直流电压的测量

测量直流电压，如选用磁电系仪表，要注意接线端钮的极性，电压表的"+"极接入被测电路的高电位端，以免指针反偏损坏仪表。如图 2-18(a)所示，把电压表并联在被测电路上，流过电压表的电流随被测电压大小而变化，便可获得读数。

2)　交流电压的测量

测量交流电压，可将适当量程的交流电压表直接并联在被测电压两端，如图 2-18(b)所示。在附加电阻的情况下，电压表和附加电阻先串联，再与被测电路并联。

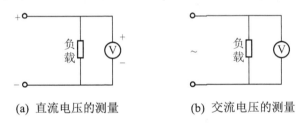

(a) 直流电压的测量　　　　(b) 交流电压的测量

图 2-18　测量电压接线图

2. 电流表

测量电路中电流的仪表称为电流表，它必须串联在被测电路的两端。

1)　直流电流的测量

测量直流电流时，要将电流表串联在被测电路中，要注意电流表的量程和极性，如图 2-19(a)所示。

2)　交流电流的测量

在测量交流电流时，应选用电磁系仪表，如图 2-19(b)所示。当被测电流大于电流表量程时，可借助电流互感器来扩大仪表的量程，其接线图如图 2-20 所示。测量时电路电流通过电流互感器的一次绕组，电流表串联在二次绕组中，电流表的读数乘以电流互感器的变比才是实际电流值。

3. 电桥

电阻除了可以用万用表的电阻挡测量以外，还可以用直流单臂电桥或直流双臂电桥测量。

1) 直流单臂电桥

(1) 主要技术指标。

国产直流单臂电桥的型号用 QJ 表示，其中 Q 表示电桥，J 表示直流。

电桥的主要技术指标是准确度和测量范围，电桥的准确度很高。

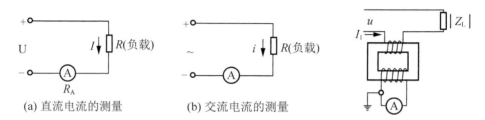

(a) 直流电流的测量　　　(b) 交流电流的测量

图 2-19　测量电流接线图　　　图 2-20　扩大电流表量程接线图

(2) 测量精度。

直流电桥的准确度等级分为 0.02、0.05、0.1、0.2、1.0、1.5、2.0 共七个级别。它表示电桥在正常的工作状态下，其规定测量范围内误差不超过的百分数。如 2.0 级的 QJ23 型电桥的测量范围为 $1\sim10^5\Omega$，但只是在 $10\sim99999\Omega$ 的基本量限范围内的误差不超过±0.2%。

(3) 使用步骤。

使用前先把检流计锁扣或短路开关打开，调节调零器使指针或光点置于零位。

将被测电阻接在电桥 R_X 的接线柱上，根据被测电阻 R_X 的估算值，选择合理的比例臂数值。

测量时先按电源按钮，再按检流计按钮，调比较臂电阻，待检流计指零后读取电桥上的数字。

被测电阻值等于比例臂读数与比较臂读数的乘积。

(4) 注意事项。

接通电桥线路后，如果检流计指针向"+"方向偏转，则需要增加比较臂的数值；反之若指针向"−"方向偏转时，则应减小比较臂的数值。

电桥使用完毕后，必须先拆除或切断电源，然后拆除被测电阻，将检流计的锁扣上，以防止搬动过程中检流计被损坏。

2) 直流双臂电桥

(1) 使用说明。

电桥的桥臂 R_1、R_2 为固定比率臂，R_n 为可变电阻。面板上有相应的刻度。测量时调节比率臂和电阻 R_n，至检流计指零，则

$$被测电阻=倍率数×刻度盘读数=(R_2/R_1)R_n$$

双臂电桥测量范围为 $0.001\sim11\Omega$，测量误差为±2%。

(2) 注意事项。

使用双臂电桥应注意的问题，除了与单臂电桥相同外，还要考虑以下几点：被测电阻必须按规定连接，即电桥电位接头 P_1、P_2 所引出的接线应比电流接头 C_1、C_2 所引出的接线更靠近被测电阻，如图 2-21 所示；若被测电阻本身具有电位和电流接头，则只要将对应点相连即可，如图 2-21 所示。

4. 兆欧表

兆欧表是一种专门用来测量电气设备绝缘电阻的便携式仪表。

1) 兆欧表的结构

常用的兆欧表在结构上是由磁电系比率表、高压直流电源(包括手摇发电机或晶体管直流变换器两种)和测量线路等组成的。高压直流电源在测量时向仪表与被测绝缘电阻提供测量用直流高电压，一般有 500V、1000V、2500V、5000V 几种。使用时要求与被测电气设备的工作电压相适应。

兆欧表有三个接线柱，其中两个较大的接线柱上标有"接地 E"和"线路 L"，另一个较小的接线柱上标有"保护环"或"屏蔽 G"。兆欧表外形如图 2-22 所示。

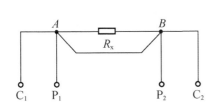

图 2-21　被测电阻应按规定连接

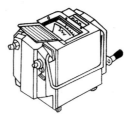

图 2-22　兆欧表外形

2) 兆欧表的接线和测量方法

(1) 照明及动力线路对地绝缘电阻的测量：测量时的接线方法如图 2-23(a)所示。将兆欧表接线柱 E 可靠接地，接线柱 L 与被测电路连接。按顺时针方向由慢到快摇动兆欧表的发电机手柄，大约 1 分钟，待兆欧表指针稳定后读数。这时兆欧表指示的数值就是被测线路的对地绝缘电阻值，单位是 MΩ。

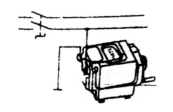

(a) 测量线路的绝缘电阻

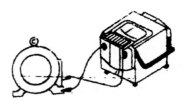

(b) 测量电动机的绝缘电阻

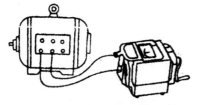

(c) 测量电动机绕组间的绝缘电阻

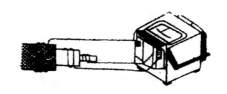

(d) 测量电缆的绝缘电阻

图 2-23　兆欧表的接线图

(2) 电动机绝缘电阻的测量：电动机绕组对地绝缘电阻的测量接线如图 2-23(b)所示。接线柱 E 接电动机机壳(应清除机壳上接触处的漆或锈等)，接线柱 L 接电动机绕组。摇动兆欧表的发电机手柄读数，测量出电动机对地绝缘电阻。拆开电动机绕组的 Y 或△形连接的连线，用兆欧表的两接线柱 E 和 L 分别接电动机的两相绕组，如图 2-23(c)所示，再摇动兆欧表的发电机手柄读数。此接法测出的是电动机绕组的相间绝缘电阻。

(3) 电缆绝缘电阻的测量：测量时的接线方法如图 2-23(d)所示。将兆欧表接线柱 E 接电缆外壳，接线柱 G 接电缆线芯与外壳之间的绝缘层上，接线柱 L 接电缆线芯，摇动兆欧表的发电机手柄读数。测量结果是电缆线芯与电缆外壳的绝缘电阻值。

3) 兆欧表的选用

选用兆欧表时，其额定电压一定要与被测电器设备或线路的工作电压相适应，测量范围也应与被测绝缘电阻的范围相适合。

表 2-3 列举了一些不同情况下兆欧表的选用要求。

表 2-3　不同情况下兆欧表的选用要求

测量对象	被测绝缘的额定电压/V	所选兆欧表的额定电压/V
线圈绝缘电阻	500 以下	500
	500 以下	1000
电机及电力变压器 线圈绝缘电阻	500 以下	1000～2500
发电机线圈绝缘电阻	380 以下	1000
电气设备绝缘	500 以下	500～1000
	500 以上	2500
绝缘子	—	2500～5000

4) 使用兆欧表的注意事项

测量电气设备绝缘电阻时，必须先断电，经短路放电后才能测量。

测量时兆欧表应放在水平位置上，未接线前先转动兆欧表做开路试验，看指针是否指在"∞"处；再把 L 和 E 短接，轻摇发电机，看指针是否为"0"。若开路指"∞"，短路指"0"，则说明兆欧表是好的。

兆欧表接线柱的引线应采用绝缘良好的多股软线，同时各软线不能绞在一起。

兆欧表测完后应立即使被测物放电，在兆欧表摇把未停止转动和被测物未放电前，不可用手去触及被测物的测量部分或拆除导线，以防触电。

测量时，摇动手柄的速度应由慢逐渐加快，并保持每分钟 120 转左右的转速一分钟左右，这时读数较为准确。如果被测物短路，指针指零，应立即停止摇动手柄，以防表内线圈发热烧坏。

在测量了电容器、较长的电缆等设备的绝缘电阻后，应先将"线路 L"的连接线断开，再停止摇动，以避免被测设备向兆欧表倒充电而损坏仪表。

测量电解电容的介质绝缘电阻时，应按电容器耐压的高低选用兆欧表。接线时，使 L 端与电容器的正极相连接，E 端与负极相连接，切不可反接，否则会使电容器击穿。

5. 万用表

万用表又称多用表、三用表和复用表，是一种多功能、多量程的测量仪器。一般的万用表可以测量直流电压、直流电流、交流电压、电阻和音频电平等电学量，有些万用表还可以测量交流电流、电容量和电感量、晶体管的共发射极直流放大系数 h_{FE} 等参数。

1) MF500 型机械式万用表

(1) 基本结构。

MF500 型机械式万用表如图 2-24 所示。

① 表头：表头是一只高灵敏度的磁电系电流表，是万用表的"心脏"。表头灵敏度和表头内阻是表头的两个主要参数。表头灵敏度是指表头指针满刻度偏转时流过表头的直流电流值。此值越小，说明表头灵敏度越高，如高档万用表可达几个微安。表头内阻是指表头线圈的直流电阻。此值越大越好，大多在数百欧至数千欧之间。

② 测量路线：万用表的测量线路是由多量程的直流电流表、直流电压表、整流式交流电压表和欧姆表等测量线路组合而成的，经过转换开关来选择所需的测量模块和量程。

图 2-24 MF500 型机械式万用表

③ 表盘：表盘上有与各种测量模块相对应的标尺，还有各种符号、字母。MF500 型万用表表盘符号或字母的意义如表 2-4 所示。

表 2-4 MF500 型万用表表盘符号、字母的意义

符号或字母	意 义
MF500	M—仪表；F—多用式；500—型号
20000Ω/VD.C	用 2.5V、10V、50V、250V、500V 挡测直流电压时，输入电阻为 20kΩ/V，相应灵敏度为 50μA
V～2.5kV 4000Ω/V	测交流电压和用 2500V 挡测直流电压时，输入电阻为 4 k Ω/V，相应灵敏度为 250μA
Ω 标度尺	专供测量电阻用(注意刻度不均匀)
～标度尺	供测量交流电压、直流电压和直流电流用
10V 标度尺	专供测量 10V 以下的交流电压用
db 标度尺	以分贝为单位测量电路增益或衰减
-2.5	测量直流电压和直流电流时的准确度是标度尺满刻度偏转的 2.5%
～5	测量交流电压时的准确度是标度尺满刻度偏转的 5.0%
Ω2.5	测量直流电阻时的准确度是读数值的 2.5%
0db=1mW600Ω	分贝标度尺以 600Ω 负载上得到 1mW 功率为 0dB
—	万用表应水平放置使用

④ 转换开关：一般转换开关都是由多个固定触点和活动触点构成，当固定触点和某个活动触点接触时就接通这对触点所控制的线路，从而接通不同的测量线路，以选择所需的测量模块和量程。可见，转换开关是万用表的关键部件。因此，要求转换开关的触点必

须紧密可靠，导电良好；活动触点定位准确，拨动后不允许停留在两个挡之间；一旦确定，稍用力再旋转不应有左右松动感；拨动时应干脆，具有弹性，手感舒适。

⑤ 面板结构：MF500 型万用表的面板上半部是表头，表头正下方是表头指针机械调零旋钮，右下角标有"+"的插孔插红色表笔，标有"*"的插孔插黑色表笔，面板左下方还有两个供测量 2500V 以内的交直流电压和电路增益或衰减 dB 值的专用插孔，使用时，将红色表笔从"+"插孔拔出，插入对应的插孔，黑色表笔不动，即可测量对应的值。在插孔的正中间有一零欧姆调整旋钮。除此以外，还有两个挡位选择转换开关。

另外，MF500-B 和 MF500-C 还有专供测量三极管直流放大系数 h_{FE} 的插孔。

(2) 使用方法。

① 零位调整：使用之前应注意指针是否在左边零位，如不在零位，可用起子旋转机械调零旋钮，使指针指示在零位。

② 直流电压测量：先将右边转换开关旋至"<u>V</u>"位置、左边转换开关旋至相应的直流电压挡，再将测试表笔跨接在被测电压两端。

注意红色表笔接高电位端，黑色表笔接低电位端；如不能确定被测电压的大约数值，应先选大量程挡，再根据实测值选择合适挡位。

读数视第二条刻度线，读数方法为

满刻度数据/挡位数据=指针指示值/被测电压实际值(X)

③ 直流电流测量：先将左边转换开关旋至"<u>A</u>"的位置、右边转换开关旋至相应的直流电流挡，再将测试表笔串在电路中。其他内容与直流电压的测量方法相似。

④ 交流电压测量：测量方法与测量直流电压相似(注意，左边转换开关应旋至相应的交流电压挡)。交流 10V 挡在标度尺盘上有专用刻度线，其他挡位的读数应视第二条刻度线。

说明：在测量直流和交流电压时，若被测电压大于 500V，可将红表笔插入"2500V"孔，其他按前述相同的方法进行测量；读数同样视第二条刻度线，即为

满刻度数据/2500=指针指示值/被测电压实测值(X)

当被测电压大于 2500V 时，则须应用其他方法进行测量。

---

⑤ 电阻测量：测量电阻之前应将电阻的电源断开、电路中电容进行放电；然后将万用表左边选择开关旋至"Ω"位置，右边选择开关旋至相应的欧姆挡，短路测试棒，指针即向右偏转，调节零欧姆调整旋钮，使指针指向右边的"0"；接着就可用测试棒去测未知电阻值。

如短路测试棒时指针调不到"0"，说明表内电池不足，应更换新电池。若万用表长期不用，应将电池取出，防止电池腐蚀而影响其他零件。

读数视第一条刻度线，其方法为

被测电阻值=指针指示值×挡位的倍数

⑥ 三极管共发射极直流放大系数 h_{FE} 的测量：先将右边转换开关旋转到"h_{FE}"位置，再把晶体管 c、b、e 三极分别插入万用表上的 c、b、e 插座内，这时就可以在 h_{FE} 刻度线上读出三极管直流放大系数 h_{FE} 的大小。但应注意，PNP 管和 NPN 管应插在不同的三个孔内。(此值为参考值，仅供小功率管测定。)

（3）　机械式万用表的使用注意事项。

①　仪表在测试时，不能旋转转换开关旋钮。

②　仪表切忌放在振动很大的桌子上，严防剧烈振动，并应保持桌面的清洁和干净。

③　在测量过程中，读数时眼睛应位于指针的正上方，以减少读数误差。

④　选择量程时，应尽量使指针偏转到标度尺满刻度偏转的三分之二左右，如事先无法估计被测量值的大小，可从最大量程挡逐渐减少到合适的挡位。

⑤　测量直流电流时，仪表应与被测电路串联，禁止将仪表直接跨接在被测电路的电压两端，以防损坏仪表。

⑥　测量电阻时，应将被测电路中的电源断开，如果电路中有电容器，应先将其放电后才能测量。

⑦　测量完毕，应将两个转换开关都拨到"."位置上，防止因误置转换开关旋钮位置进行测量而使仪表损坏。

⑧　为了确保安全，测量交直流高电压时，应严格执行高压操作规程，双手必须戴高压绝缘手套，地板上应铺置高压绝缘橡胶板，测量时应小心谨慎。

2）　数字万用表

数字万用表如图 2-25 所示。数字万用表类型很多，其使用方法大同小异。

图 2-25　数字万用表

（1）　交直流电压测量。

将红色表笔插入"V/Ω"插孔，黑色表笔插入"COM"插孔；将功能/量程选择开关置于 DCV(直流电压)或 ACV(交流电压)相应的位置上；将两表笔跨接在被测电压两端即可测出电压值。

> **注意：**如果显示器出现最高位"1"，说明量程不够，此时应将量程改高一挡，直至得到合适的读数。

（2）　直流和交流电流测量。

将红色表笔插入"A"插孔(最大电流 200mA)或"10A"插孔(最大电流 10A)；将功能/量程选择开关转到 DCA(直流电流)或 ACA(交流电流)相应的位置上；将测试表笔串入被测电路中，直接读出被测值的大小。

> **注意：**电流测量有保险丝保护，如果误插入该插孔测量其他参数，保险丝会熔断而保护内部电路，更换时应换同一规格的保险丝。

(3) 电阻测量。

将红色表笔插入"V/Ω"插孔，黑色表笔插入"COM"插孔；将功能/量程选择开关置于 OHM(欧姆)相应的位置上；将两表笔跨接在被测电阻两端，即可得电阻值。

> **注意：** 当用 200MΩ 量程测量时，两表笔短路时读数为 1.0，这是正常的，此读数是一个固定偏移值，因此被测电阻的值应是显示读数减去 1.0。另外，为了减少感应干扰信号对读数的影响，在测量高电阻值时，应尽可能将电阻直接插入"V/Ω"插孔。

(4) 电容测量。

将被测电容插入电容插座中，将功能/量程选择开关置于 CAP(电容)相应量程上，即得电容值。

> **注意：** 在未插入电容时，显示值可能不为零，这是正常的，可不必理会。

(5) 晶体管测量。

将功能/量程选择开关转到 h_{FE} 位置，将被测晶体管(PNP 型或 NPN 型)的发射极、基极和集电极管脚分别插入相应的 E、B、C 插座中，即得 h_{FE} 参数。

(6) 二极管的通断测量。

将红色和黑色表笔分别插入"V/Ω"和"COM"插孔，将功能/量程选择开关转到"→⊢"位置上，用红色表笔接二极管的正极、黑色表笔接二极管的负极，显示器即显示二极管的正向导通压降(单位为 mV)；如测试笔反接，显示器应显示过量程状态"1"，否则表明此二极管的反向漏电大。如蜂鸣器发出声音，表示二极管处于导通状态。

(7) 使用注意事项。

① 若测量电流时没有读数，说明内部保险丝已断，应更换同规格的保险丝。

② 当显示器出现"LOW BAT"或"- +"时，表明电池容量不足，应更换。

③ 用完仪表后，应记住将电源断开。

6. 转速表

转速表是用来测量电机转速和线速度的仪表，常用的有离心式转速表和数字式转速表。使用时应使转速表的测试轴与被测轴中心在同一水平线上，表头与转轴顶住。测量时手要平稳，用力合适，要避免滑动丢转，发生误差。

使用转速表时应注意以下几个问题。

(1) 选择合适的量限。转速表在使用时，若对欲测转速心中无数，量程选择应由高到低，逐挡减小，直到合适为止。不允许用低速挡测量高转速，以免损坏表头。

(2) 选择合适的连接件。要根据被测旋转物的具体情况，选择合适的连接件(如橡皮接头等)，并让转速表测试轴与被测轴中心在同一中心线上，且保持一定的压力。

(3) 使用前，转速表应加润滑油(钟表油)，可由外壳和调速盘的油孔注入。

(4) 数字式转速表中的电池应保持电压充足，显示屏不得长期受到紫外线辐射，以免加速其老化。

(5) 测量线速度时，应使用转轮测试头。测得的读数可按下述公式进行换算：

线速度=测轮周长×转速表读数

7. 钳形电流表

钳形电流表是一种不需要断开电路即可测量电流的电工用仪表,如图 2-26 所示。

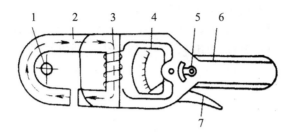

图 2-26　钳形电流表

1—被测导线;2—铁芯;3—二次绕组;4—表头;5—量程转换开关;6—胶木手柄;7—铁芯开关

1)　钳形电流表的使用方法

使用前,首先将其量程转换开关转到合适的挡位,手持胶木手柄,用食指等四指勾住铁芯开关,用力一握,打开铁芯开关,将被测导线从铁芯开口处引入铁心中央,松开铁芯开关使铁芯闭合,钳形电流表指针偏转,读取测量值。再打开铁芯开关,取出被测导线,即完成测量工作。

2)　钳形电流表使用时的注意事项

(1)　被测线路电压不得超过钳形电流表所规定的使用电压。以防止绝缘击穿,导致触电事故的发生。

(2)　若不清楚被测电流大小,应由大到小逐级选择合适挡位进行测量。不能用小量程挡测大电流。

(3)　测量过程中,不得转动量程转换开关。需要转换量程时,应先脱离被测线路,再转换量程。

(4)　为提高测量值的准确度,被测导线应置于铁芯中央。

二、技能实训

1. 实训器材

(1)　交、直流电压表,各 1 只。

(2)　交、直流电流表,各 1 只。

(3)　单、双臂电桥,各 1 只。

(4)　MF500 型万用表、数字万用表,各 1 只。

(5)　兆欧表,1 块。

(6)　钳形电流表,1 只。

(7)　不同阻值的电阻器,3～4 个。

(8)　干电池,1 节。

(9)　常用电工工具,1 套。

2. 实训内容及要求

(1) 练习用电压表、电流表测量直、交流电压及电流。

(2) 练习用 MF500 型万用表的正确挡位测量交直流电。

(3) 练习用数字万用表的正确挡位测量交直流电。

(4) 练习用 MF500 型万用表欧姆挡、数字万用表、单臂电桥和双臂电桥测量电阻。

(5) 练习用兆欧表测量单相照明线路、三相异步电动机绕组对外壳的绝缘电阻。

(6) 练习用钳形电流表测量三相异步电动机的线电流。

3. 技能考核

技能考核评价标准与评分细则如表 2-5 所示。

表 2-5　常用电工测量仪表的使用实训评价标准与评分细则

评价内容	配分	考核点	评分细则	得分
工作准备	10	清点仪表、工具，并摆放整齐	未清点扣 5 分，摆放不整齐扣 5 分	
操作规范	10	① 行为文明，有良好的职业操守。 ② 安全用电，操作符合规范。 ③ 实训完后清理、清扫工作现场	① 迟到、做其他事酌情扣 10 分以内。 ② 违反安全用电规范，每处扣 2 分。 ③ 未清理、清扫工作现场扣 5 分	
工作内容	80	① 电压表测直流电压。 ② 电压表测交流电压。 ③ 电流表测直流电流。 ④ 电流表测交流电流。 ⑤ MF500 型万用表测电流、交直流电压、电阻。 ⑥ 数字万用表测交直流电压、电流和电阻。 ⑦ 单臂电桥测电阻。 ⑧ 双臂电桥测电阻。 ⑨ 兆欧表测绝缘电阻	① 接线错误扣 5 分，读数错误扣 5 分。 ② 接线错误扣 5 分，读数错误扣 5 分。 ③ 接线错误扣 5 分，读数错误扣 5 分。 ④ 接线错误扣 5 分，读数错误扣 5 分。 ⑤ 测量步骤错误，每处扣 5 分，读数错误每处扣 5 分。 ⑥ 测量步骤错误，每处扣 5 分，读数错误每处扣 5 分。 ⑦ 步骤错误扣 5 分，读数错误扣 5 分。 ⑧ 步骤错误扣 5 分，读数错误扣 5 分。 ⑨ 步骤错误扣 5 分，读数错误扣 5 分	
工时	120 分钟			

三、思考与练习

(1) 电源电压的实际值为 220V，用准确度为 1.5 级、满称值为 250V 和准确度为 1.0 级、满称值为 500V 的两个电压表去测量，试问哪个读数比较准确？

(2) 兆欧表的作用是什么？使用兆欧表应注意哪些问题？

(3) 测量误差有哪几类？怎样减小这些误差？

(4) 机械式万用表和数字万用表在测电压、电流时读数有什么区别？

(5) MF500 型万用表测电阻时应怎样操作？数字万用表怎样测电阻？

项目 2.3 导线连接和绝缘层的恢复

学习目标

1. 能熟练掌握导线绝缘层的去除方法。
2. 能正确连接单股绝缘导线的直接接头和 T 字分支连接接头。
3. 能正确连接多股绝缘导线的直接接头和 T 字分支连接接头。
4. 会对绝缘导线接头进行绝缘层的恢复。

一、知识链接

在供电系统中，导线连接点的故障率最高，为使电气设备和线路能安全可靠地运行，必须保证连接接头的质量。导线连接的基本要求如下。

(1) 接触紧密，接触电阻小。
(2) 接头的机械强度不应小于该导线机械强度的 80%。
(3) 接头应耐腐蚀。
(4) 接头的绝缘电阻应与该导线的绝缘电阻相同。

(一)导线绝缘层的去除

线头要进行电连接，就要去除线头的绝缘层。导线线头的连接处要有良好的导电性能，不能产生较大的接触电阻，否则通电后连接处将会发热。因此，线头绝缘层要消除得彻底干净，使线头与线头间有良好的接触。

1. 电磁线绝缘层的去除方法

1) 漆包线线头绝缘层的去除

直径为 0.1mm 以上的线头，宜用细砂纸(布)擦去漆层；直径在 0.6mm 以上的线头，可用薄刀片刮削漆层；直径在 0.1mm 以下的线头，也可用细砂纸(布)擦除，但线芯易折断，要细心查看，也可将线头浸沾熔化的松香液，等松香凝固后剥去松香时，将漆层一并剥落。

2) 丝包线线头绝缘层的去除

对于丝径较小的丝包线，只要把丝包层向后推即可露出线芯；对于线径较大的丝包线，要松散一些丝包层，然后再向后推露出线芯；对于线径过大的线头，松散后的丝线头要打结扎住。去除了丝包层的线芯需用细砂布擦去氧化层。

3) 丝漆包线、纸包线、玻璃丝包线和纱包线线头绝缘层的去除

丝漆包线、纸包线、玻璃丝包线和纱包线线头绝缘层的去除方法与丝包线线头绝缘层的去除方法基本类似。

2. 电力线绝缘层的去除方法

1) 塑料线绝缘层的去除

塑料线绝缘层的去除方法主要有以下三种。

（1）用剥线钳剥离塑料层：具体方法如图 2-27 所示。

（2）用钢丝钳剥离塑料层：用钢丝钳剥离的方法，适用于线芯截面积为 2.5mm² 及以下的塑料线。用左手捏住导线，根据线头所需长度用钢丝钳刀口轻切塑料层，但不可切入线芯，然后用右手握住钢丝钳头部向外勒去塑料层，如图 2-28 所示。

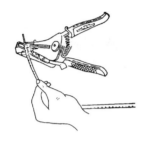 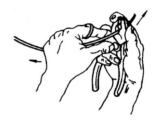

图 2-27　用剥线钳剥离塑料层　　　　图 2-28　用钢丝钳剥离塑料层

（3）用电工刀剥离塑料层：具体方法如图 2-9 所示。注意，塑料软线不能用电工刀来剖削塑料层。

2）塑料护套线绝缘层的去除

按照所需的长度用刀尖在线芯缝隙间划开护套层，接着扳转，用刀口切齐，如图 2-29 所示。绝缘层的剖削方法与塑料线绝缘层的剖削方法相同，但绝缘层的切口与护套层的切口间应留 5～10mm 的距离。

(a) 在两线芯中间划破护套层　　(b) 扳转护套层并在根部切去　　(c) 剖削芯线绝缘层长度

图 2-29　护套线剥离方法

3）橡皮线绝缘层的去除

先把编织保护层用电工刀尖划开(与剥离护套层方法类同)，然后用与剥离塑料线绝缘层相同的方法剥去橡胶层，最后松散棉纱层至根部，用电工刀切去。

4）花线绝缘层的去除

花线绝缘层分外层和内层，外层是柔韧的棉纱编织物，内层是橡胶绝缘层和棉纱层。其剖削方法如下。

（1）在所需线头长度处用电工刀在棉纱织物保护层四周割切一圈，将棉纱织物拉去。

（2）在距棉纱织物保护层 10mm 处，用钢丝钳的刀口切割橡胶绝缘层，注意不可损伤芯线，方法与图 2-28 所示相同。

（3）将露出的棉纱层松开，用电工刀割断，如图 2-30 所示。

5）铅包线绝缘层的去除

铅包线绝缘层由外部铅包层和内部芯线绝缘层组成，内部芯线绝缘层用塑料(塑料护套)或橡胶(橡胶护套)制成。其剖削方法如下。

(1)　先用电工刀将铅包层切割一刀，如图 2-31(a)所示。

(2)　用双手来回扳动切口处，使铅包层沿切口折断，把铅包层拉出来，如图 2-31(b)所示。

(3)　内部绝缘层的剖削方法与塑料线绝缘层或橡胶绝缘层的剖削方法相同，如图 2-31(c)所示。

(a)　将棉纱层散开　　　　　　　　(b)　割断棉纱层

图 2-30　花线绝缘层的剖削

(a)　按所需长度切除　　(b)　折扳切口拉出铅包层　　(c)　剖削绝缘层

图 2-31　铅包层的剖削

6)　橡套软电缆绝缘层的去除

橡套软线外包橡胶护套层，内部每根芯线上又有各自的橡胶绝缘层。其剖削方法如下。

(1)　用电工刀从端头任意两芯线缝隙中割破部分护套层，如图 2-32(a)所示。

(2)　把割破已可分成两片的护套层连同芯线一起进行反向分拉来撕破护套层，当撕拉难以破开护套层时，再用电工刀补割，直到所需长度时为止，如图 2-32(b)所示。

(3)　翻扳已被分割的护套层，在根部分别切断，如图 2-32(c)所示。

(4)　拉开护套层以后部分的剖削与花线绝缘层的剖削方法大体相同。

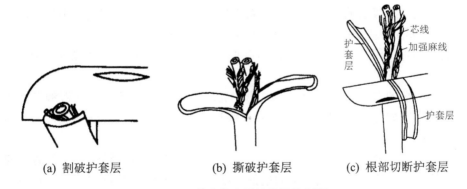

(a)　割破护套层　　　　(b)　撕破护套层　　　　(c)　根部切断护套层

图 2-32　橡套软电缆绝缘层的剖削

(二)导线的连接

常用绝缘导线有单股、7 股和 19 股等多种，连接方法随线芯材质与股数不同而不同。

1. 铜芯线线头的连接

1) 单股线芯的直接连接

先把两导线的芯线 X 形相交，如图 2-33(a)所示；互相绞绕 2～3 圈，然后扳直线头，如图 2-33(b)所示；将每个线头在芯线上紧贴并绕 6 圈，用钢丝钳切去余下的芯线，并钳平芯线的末端，如图 2-33(c)所示。

(a) 两线芯 X 形相交 (b) 互绞 2～3 圈后扳直线头 (c) 两线头在芯线上并绕 6 圈

图 2-33 单股铜芯线的直接连接

2) 单股线芯的 T 字分支连接

把支线线芯与干线线芯十字相交，按如图 2-34 所示的方法，环绕成结状；再把支线线头抽紧扳直，紧密地并缠在线芯上，缠绕长度为线芯直径的 8～10 倍。对于面积较大的线芯，还要进行搪锡加固。

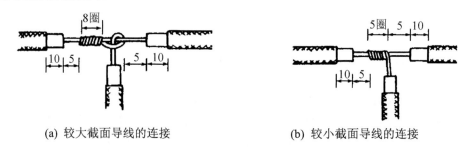

(a) 较大截面导线的连接 (b) 较小截面导线的连接

图 2-34 单股铜芯线的 T 字分支连接

3) 7 股线芯的直接连接

(1) 先将剖去绝缘层的线头拉直，接着把线芯全长的 1/3 根部进一步绞紧，然后把余下的 2/3 部分的线芯头按图 2-35(a)所示的方法分散成伞骨状，并把每股线芯拉直。

(2) 把两伞骨状线芯头隔股对叉，然后捏平两端每股线芯，如图 2-35(b)和图 2-35(c)所示。

(3) 先把一端的 7 股线芯按 2、2、3 股分成三组，接着把第一组 2 股线芯扳起，使其垂直于其他线芯，如图 2-35(d)所示，然后按顺时针方向紧贴线芯并缠两圈，再扳成与线芯平行的直角，如图 2-35(e)所示。

(4) 按照上述方法继续紧缠第二组和第三组线芯。但在后一组线芯扳起时，应把扳起的线芯紧贴住前一组线芯已弯成直角的根部，如图 2-35(f)和图 2-35(g)所示。第三组线芯应紧缠三圈，在缠到第二圈时，应把前两组多余的线芯端剪去，线端切口应刚好被第三圈缠好后全部压没，不应有伸出第三圈的余端。当缠到两圈半时，把三股线芯的多余端头剪去，使之刚好缠满三圈，如图 2-35(h)所示。

用同样的方法再缠绕另一侧线芯。

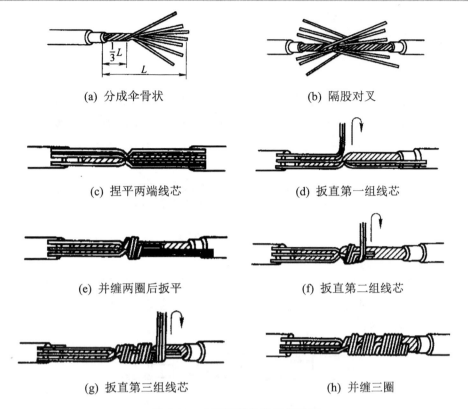

(a) 分成伞骨状　　　　　　　　　(b) 隔股对叉

(c) 捏平两端线芯　　　　　　　　(d) 扳直第一组线芯

(e) 并缠两圈后扳平　　　　　　　(f) 扳直第二组线芯

(g) 扳直第三组线芯　　　　　　　(h) 并缠三圈

图 2-35　7 股铜芯线的直接连接

4)　7 股线芯的 T 字分支连接

把分支线芯头的 1/8 处根部进一步绞紧，然后把 7/8 处部分的 7 股线芯分成两组。接着，把干线芯线用螺钉旋具撬分成两组，把支线 4 股线芯的一组插入干线的两组线芯中间，如图 2-36(a)所示。然后把 3 股线芯的一组往干线一边按顺时针方向缠绕 3～4 圈，去余端并钳平切口，如图 2-36(b)所示。另一组 4 股线芯按相同的方法缠绕 4～5 圈后，剪去多余部分并钳平切口，如图 2-36(c)所示。

(a) 分组后将其中一组插入　　(b) 3 股线芯的一组并缠 3～4 圈　　(c) 4 股线芯的一组并缠 4～5 圈
　　　干线的两组线芯中间

图 2-36　7 股铜芯线的 T 字分支连接

5)　19 股线芯的直接连接

19 股线芯的直接连接方法与 7 股线芯的直接连接方法类同。在连接时，由于股数较多，可剪去中间几股。

6) 19 股线芯的 T 字分支连接

19 股线芯的 T 字分支连接方法与 7 股线芯的 T 字分支连接方法类同。其中支路芯线按 9 根和 10 根分成两组。

7) 双股线的对接

将两根双芯线线头剖削成图 2-37 所示的形式。连接时，将两根待连接的线头中颜色一致的芯线按小截面直线连接方式连接。用相同的方法将另一颜色的芯线连接在一起。

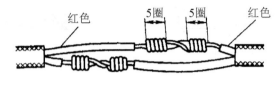

图 2-37 双股线的对接

8) 不等径铜导线的连接

如果要连接的两根铜导线的直径不同，可把细导线线头在粗导线线头上紧密缠绕 5～6 圈，弯折粗线头端部，使它压在缠绕层上，再把细线头缠绕 3～4 圈，剪去余端，钳平切口即可，如图 2-38 所示。

图 2-38 不等径铜导线的连接

9) 软线与单股硬导线的连接

连接软线和单股硬导线时，可先将软线拧成单股导线，再在单股硬导线上缠绕 7～8 圈，最后将单股硬导线向后弯曲，以防止绑线脱落，如图 2-39 所示。

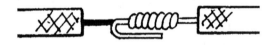

图 2-39 软线与单股硬导线的连接

10) 铜芯导线接头的锡焊

(1) 电烙铁锡焊。

通常，对于截面为 $10mm^2$ 及以下的铜芯导线接头，可用 150W 电烙铁进行锡焊。焊接前先清除接头上的污物，然后在接头处涂上一层无酸焊锡膏，待电烙铁烧热后，即可锡焊。

(2) 浇焊。

对于截面为 $16mm^2$ 及以上的铜芯导线接头，应实行浇焊。浇焊时，先将焊锡放在化锡锅内，用喷灯或在电炉上熔化。当熔化的锡液表面呈磷黄色时，表明锡液已到高温。此时可将导线接头放在锡锅上面，用勺盛上锡液，从接头上浇下，如图 2-40 所示，直到完全焊牢为止。最后用清洁的抹布轻轻擦去焊渣，使接头表面光滑。

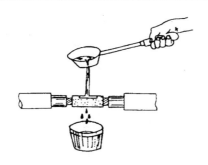

图 2-40 铜芯导线接头浇焊法

2. 铝芯线线头的连接

铝极易氧化，而氧化铝膜电阻率高，所以铝芯导线不采用直接连接，主要采用压接管压接和沟线夹螺栓压接。

3. 铜芯线与铝芯线线头的连接

铜导线与铝导线连接时，要采取防电化腐蚀的措施。

4. 线头与接线端子的连接

通常，各种电气设备、电气装置和电器用具均设有供连接导线用的接线端子。常见的接线端子有柱形端子和螺钉端子两种。

1) 线头与柱形端子的连接

(1) 单股线芯的连接方法。

在通常情况下，线芯直径都小于孔径，且多数可插入两股线芯，因此必须把线头的线芯对折成双股后插入孔内，并应使压紧螺钉顶住双股线芯的中间，如图 2-41 所示。如果线芯直径较大，无法插入双股线芯，则应在单股芯线插入孔前把线芯端子略折一下，转折的端头翘向孔上部。

图 2-41 单股线芯与柱形端子的连接法

(2) 多股线芯的连接方法。

多股线芯与柱形端子的连接方法如图 2-42 所示。在线芯直径与孔大小较匹配时，把线芯进一步绞紧后装入孔中即可；孔过大时，可用一根单股线芯在绞紧后的线芯上紧密地排绕一层；孔过小时，可把多股线芯处于中心部位的线芯剪去几股，重新绞紧进行连接。

注意： 不论是单股线芯或多股线芯，其线头在插入孔时必须插到底，同时绝缘层不得插入孔内，孔外的裸线头长度不得超过 3mm。

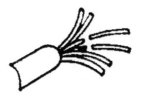

(a) 孔大小合适的连接　　(b) 孔过大时线头的处理　　(c) 孔过小时线头的处理

图 2-42　多股线芯与柱形端子的连接法

2)　线头与螺钉平压式接线柱的连接

线头与螺钉端子的连接，通常是把线芯弯成压接圈(俗称羊眼圈)来进行连接。单股导线压接圈的弯法和步骤如图 2-16 所示。7 股导线压接圈的弯法如图 2-43 所示。

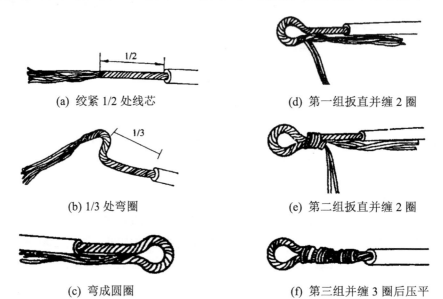

(a) 绞紧 1/2 处线芯　　　　　　　(d) 第一组扳直并缠 2 圈

(b) 1/3 处弯圈　　　　　　　　　(e) 第二组扳直并缠 2 圈

(c) 弯成圆圈　　　　　　　　　　(f) 第三组并缠 3 圈后压平

图 2-43　7 股导线压接圈的弯法

软导线线头与螺钉平压式接线柱的连接方法如图 2-44 所示，其工艺要求与上述多股线芯的压接相同。

(a) 围绕螺钉后再自缠　　　　(b) 自缠一圈后，端头压入螺钉

图 2-44　软导线线头与螺钉平压式接线柱的连接方法

注意：压接圈和接线耳必须压在垫圈下边；压接圈的弯曲方向必须与螺钉拧紧方向保持一致；导线绝缘层不可压入垫圈内；螺钉应拧得足够紧，但不得用弹簧垫圈来防止松动。

3)　线头与瓦形接线柱的连接

瓦形接线柱的垫圈为瓦形。为了保证线头不从瓦形接线柱内滑出，压接前应先将已去除氧化层和污物的线头弯成 U 形，然后将其卡入瓦形接线柱内进行压接，如图 2-45(a)所示。如果需要把两个线头接入一个瓦形接线柱内，则应使两个弯成 U 形的线头重合，然后将其卡入瓦形垫圈下方进行压接，如图 2-45(b)所示。

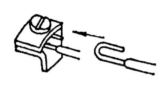
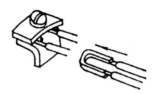

(a) 一个线头的连接方法　　　　　　(b) 两个线头的连接方法

图 2-45　单股线芯与瓦形接线柱的连接

(三)导线绝缘层的恢复

1. 绝缘带的包缠方法

导线的绝缘层破损后必须恢复，导线连接后也必须恢复绝缘。恢复后的绝缘强度不应低于原有的绝缘层。通常用黄蜡带、涤纶薄膜带和黑胶布作为恢复绝缘层的材料，黄蜡带和黑胶布一般选用 20mm 宽较适中，包缠也方便。

将黄蜡带从导线左边完整的绝缘层上开始包缠，包缠两个带宽后方可进入无绝缘层的芯线部分，如图 2-46(a)所示；包缠时，黄腊带与导线保持 55°的倾斜角，每圈压叠带宽的 1/2，如图 2-46(b)所示；包缠一层黄蜡带后，将黑胶布在黄蜡带的尾端按另一斜叠方向包缠一层胶布，每圈也应压叠带宽的 1/2，如图 2-46(c)和图 2-46(d)所示。

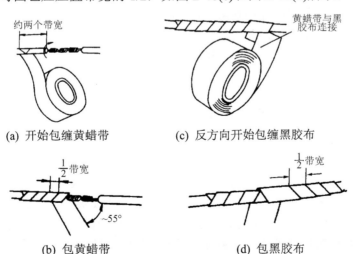

(a) 开始包缠黄蜡带　　　　　(c) 反方向开始包缠黑胶布

(b) 包黄蜡带　　　　　(d) 包黑胶布

图 2-46　绝缘带的包缠方法

2. 绝缘带包缠注意事项

(1) 恢复 380V 线路上的导线绝缘时，必须先包缠 1～2 层黄蜡带(或涤纶薄膜带)，然后再包缠一层黑胶布。

(2) 恢复 220V 线路上的导线绝缘时，先包缠一层黄蜡带(或涤纶薄膜带)，然后再包缠一层黑胶布，也可只包缠两层黑胶布。

(3) 包缠绝缘带时，不能过疏，更不允许露出芯线，以免发生短路或触电事故。

(4) 绝缘带不可保存在温度很高的地点，也不可被油脂浸染。

二、技能实训

1. 实训器材

(1) BV2.5mm^2(1/1.76mm)塑料单股铜芯线，1 米。

(2) BV16mm^2(7/1.76mm)塑料 7 股铜芯线，1 米。

(3) 黑胶布、黄蜡带，各 1 卷。

(4) 常用电工工具，1 套。

2. 实训内容及要求

1) 实训内容

(1) 练习用电工刀剖削废旧塑料硬线、塑料护套线、橡皮软线和铅包线绝缘层。

(2) 练习用钢丝钳剖削废旧塑料硬线和塑料软线绝缘层。

(3) 用两段 BV2.5mm^2(1/1.76mm)塑料铜芯线作直接连接练习。

(4) 用两根 BV2.5mm^2(1/1.76mm)塑料铜芯线作 T 字分支连接练习。

(5) 用两段 BV16mm^2(7/1.76mm)塑料铜芯线作直接连接练习。

(6) 用两根 BV16mm^2(1/1.76mm)塑料铜芯线作 T 字分支连接练习。

(7) 恢复各接头导线的绝缘层。

2) 实训要求

(1) 剖削导线绝缘层时不能损伤芯线。

(2) 导线缠绕方法要正确。

(3) 导线缠绕后要平直、整齐和紧密。

3. 技能考核

技能考核评价标准与评分细则如表 2-6 所示。

三、思考与练习

(1) 恢复导线绝缘层应掌握哪些基本方法？380V 线路导线的绝缘层应怎样恢复？

(2) 铝芯线能否采用与铜芯线一样的方法连接导线的线头，为什么？

(3) 简要写出 19 股铜芯硬线线头直接连接的方法与步骤。

(4) 导线与圆形垫片端子和瓦形垫片端子连接时的方法有什么不同？

表2-6 导线连接和绝缘恢复实训评价标准与评分细则

评价内容	配分	考核点	评分细则	得分
工作准备	10	清点器材、工具,并摆放整齐	未清点扣5分,摆放不整齐扣5分。	
操作规范	10	① 行为文明、良好的职业操守。 ② 安全用电,操作符合规范。 ③ 实训完后清理、清扫工作现场	① 迟到、做其他事酌情扣10分以内。 ② 违反安全用电规范,每处扣2分。 ③ 未清理、清扫工作现场扣5分	
工作内容	80	① 绝缘层的剖削。 ② 单股铜芯线的直接连接。 ③ 单股铜芯线的T字分支连接。 ④ 多股铜芯线的直接连接。 ⑤ 多股铜芯线的T字分支连接。 ⑥ 导线与平压式接线柱的连接。 ⑦ 线头绝缘层的恢复	① 绝缘层剖削方法错误扣5分,导线损伤、刀伤扣5分,钳伤扣5分。 ② 缠绕方法错误扣10分,缠绕不整齐扣5分,连接不紧、不平整扣5分。 ③ 与②相同。 ④ 与②相同。 ⑤ 与②相同。 ⑥ 羊角圈不合要求扣10分,接线反圈扣5分。 ⑦ 包缠方法不正确扣10分,包缠不整齐、不紧密扣5分	
工时	120分钟			

项目2.4 常用电子元器件的识别与检测

学习目标

1. 能正确识别电阻器、电感器、电容器、晶体管等常用元器件。
2. 能熟练查询晶体管器件手册。
3. 能对常用电子元器件进行简易测试。

一、知识链接

常用电子元器件包括电阻器、电容器、电感器、晶体二极管、晶体三极管、晶闸管等,下面介绍其识别与检测方法。

1. 电阻器

电阻器是一种消耗电能的元件,在电路中用于控制电压、电流的大小或与电容器和电感器组成具有特殊功能的电路。在电器设备中,电阻器是应用最多的基本元件之一,约占电子设备中元件总数的40%。按制造材料不同,普通电阻器可分为膜式(碳膜、金属膜等)和金属绕线式两大类。

1) 电阻器的主要参数

电阻器的主要参数很多，在实际应用中，一般常考虑标称阻值、允许误差和额定功率三项参数。

(1) 电阻器的标称阻值和允许误差。

① 标称阻值系列。

电阻器的标称阻值系列如表 2-7 所示。电阻器的阻值应标志在电阻体上，电阻器的标称电阻值应为国家规定的阻值系列的 10^n 倍，其中 n 为正整数、负整数或零。

表 2-7 电阻器标称阻值系列

系列	允许误差	电阻器的标称值											
E24	±5%(Ⅰ)	1.0	1.1	1.2	1.3	1.5	1.6	1.8	2.0	2.2	2.4	2.7	3.0	3.3
		3.6	3.9	4.3	4.7	5.1	5.6	6.2	6.8	7.5	8.2	9.1		
E12	±10%(Ⅱ)	1.0	1.2	1.5	1.8	2.2	2.7	3.3	3.9	4.7	5.6	6.8	8.2	
E6	±20%(Ⅲ)	1.0	1.5	2.2	3.3	4.7	6.8							

② 允许误差。

国家规定，误差表示方法有两种：一是用阿拉伯数字或罗马数字，二是用文字符号或色标，均直接印在电阻体表面。

常用电阻器的允许误差标志符号的意义如下：M(或Ⅲ)——±20%；K(或Ⅱ)——±10%；J(或Ⅰ)——±5%；G——±2%；F——±1%；D——±0.5%；C——±0.25%。

(2) 电阻器的额定功率。

电阻器在交、直流电路中长期连续工作所允许消耗的最大功率称为电阻器的额定功率。电阻器的额定功率有两种表示方法：一是 2W 以上的电阻，直接用阿拉伯数字印在电阻体上；二是 2W 以下的电阻，其功率以自身体积的大小来表示。

(3) 电阻器的温度系数。

温度每变化 1℃所引起的电阻值的相应变化称为电阻器的温度系数。温度系数越大，电阻器的热稳定性越差。

热敏电阻是用热敏半导体材料制成的。它的特性是电阻值会随温度的变化而发生显著变化。它在电路中用于温度补偿，也可用在温度测量和温度控制电路中作感温元件。

2) 普通电阻器的识读

(1) 直标法。

直标法是在电阻体表面直接标志主要参数和技术性能的一种方法。读数识读如图 2-47 所示。

--- 4.7KΩⅡ ---   ---- 10Ω±20% ----   --- 5.6K±5% ----
4.7kΩ±10%   10Ω±20%   5.6kΩ±5%

图 2-47 电阻参数的直标法

（2）文字符号法。

文字符号法是将需要标志的主要参数和技术性能用字母和符号有规律地结合起来标志在电阻表面上。其规律是：阻值的整数部分和小数部分分别标在阻值单位标志符号的前面和后面，如图 2-48 所示。

```
---│R33F│---        ---│1K8Ⅲ│---        ---│4R7K│---
```

$0.33\Omega\pm1\%$　　　　　　$1.8k\Omega\pm20\%$　　　　　　$4.7\Omega\pm10\%$

图 2-48　电阻参数的文字符号法

（3）色标法。

色标法是用不同颜色在电阻体表面标志主要参数和技术性能的方法。电阻器色标符号意义如表 2-8 所示。色标法在国际上被广泛采用，目前国内应用也很普遍。

表 2-8　电阻器色标符号意义

颜色	有效数字第一位	有效数字第二位	倍数	允许误差/%
棕	1	1	10^1	±1
红	2	2	10^2	±2
橙	3	3	10^3	—
黄	4	4	10^4	—
绿	5	5	10^5	±0.5
蓝	6	6	10^6	±0.25
紫	7	7	10^7	±0.1
灰	8	8	10^8	+20　-50
白	9	9	10^9	±50　-20
黑	0	0	10^0	—
金	—	—	10^{-1}	±5
银	—	—	10^{-2}	±10
无色	—	—	—	±20

各符号的意义可用以下口诀熟记：棕红橙、一二三，黄绿蓝、四五六，紫灰白、七八九，黑金银、五十零。

① 四色环电阻表示。

第一条色环：阻值的第一位数字；第二条色环：阻值的第二位数字；第三条色环：10 的幂数；第四条色环：误差表示。

② 五色环电阻表示。

第一条色环：阻值的第一位数字；第二条色环：阻值的第二位数字；第三条色环：阻值的第三位数字；第四条色环：10 的幂数；第五条色环：误差表示。

色标法举例如图 2-49 所示。

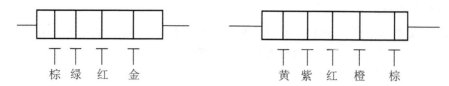

(a) 电阻阻值为 15000Ω=1.5kΩ，误差为±5%   (b) 电阻阻值为 472000Ω=472kΩ，误差为±1%

图 2-49　电阻参数的色标法

3)　普通电阻器的检测和选配

(1)　在路检测电阻器。

在线路板上，用万用表欧姆挡的适当量程直接测量电阻器两端的电阻值；交换表笔，再测一次阻值，取阻值大的作为参考阻值 R。

①　R 大于所测量电阻器的标称阻值，可判定该电阻器开路或阻值增大。

②　R 十分接近所测电阻器的标称阻值，可认为该电阻器正常。

③　R 十分接近 0Ω，不能说明电阻器短路(此现象很小)，需进一步检测证实。

④　R 远小于所测电阻器标称值，但也远大于 0，不能准确说明所测电阻器存在阻值变小现象，需进一步检测证实。

(2)　脱开检测电阻器。

从线路板上拆下电阻器，测量其阻值即为实际值 R。

①　R 等于或十分接近所测电阻器的标称阻值，说明电阻器是好的。

②　$R=0Ω$，说明电阻器存在短路故障(此情况少见)。

③　R 远大于所测电阻器的标称阻值，说明电阻器开路或变值。

④　R 远小于所测电阻器的标称阻值，说明电阻器阻值变小。

注意：开路、短路、变值的电阻器都应更换。

---

(3)　检测的注意事项。

①　在路检测时，一定要切断机器电源，否则测量不准，且易损坏万用表。

②　修理过程中，先用直观法检查所怀疑的电阻器，然后用在路检测法检查，有怀疑时再用脱开检测法。

③　阻值不同的电阻器，应根据其标称值的大小，选择适当的量程。

④　检测时，手指不要同时碰到万用表的两支表笔或电阻器的两根引脚。

⑤　在路检测时，要求对换表笔再测一次，以阻值大者为参考值，以排除外电路晶体管 PN 结正向电阻对测量的影响。

(4)　选配方法。

①　应尽可能选用原规格的电阻器。

②　标称阻值相同，功率大的可以代替功率小的，但安装空间要允许。

③　无法配到标称值相同的电阻时，可采用并联或串联的方法获得。

④　不同材料的电阻器一般可以代用，但功率和阻值要满足。

⑤　熔断电阻器不能用普通电阻器代替。

4) 电位器的检测与选配

(1) 电位器的检测。

① 用万用表欧姆挡适当量程测两定片之间的电阻, 应等于标称阻值; 若为∞, 说明有一定片断路。

② 一根表笔接任一定片引脚, 另一表笔接动片, 调节滑动片, 表中的阻值应均匀变化, 若阻值为∞, 说明有一引脚断路; 若表中的指针出现停顿或跳动现象, 说明动片与碳膜之间接触不良。

(2) 电位器的修理。

① 定片与碳膜之间断路, 一般可不用断路的这个定片。

② 动片与碳膜之间接触不良, 可用纯酒精清洗(想法让酒精流到碳膜上, 不断转动动片, 达到清洗碳膜和触点的目的)。若达不到要求时, 可用尖嘴钳将动片触点的簧片向里侧弯曲一点, 使触点离开原已磨损的轨迹而进入新的轨迹。

(3) 电位器的选配。

① 更换时, 应选标称阻值相同或十分相近的。

② 只要安装条件允许, 卧式、立式的可变电阻器或电位器可以互换。

③ 新换上去的可变电阻器比原来的阻值大也可以用, 但动片调节的范围小了。若新换上去的可变电阻器标称阻值略小些, 可再串一只适当阻值的普通电阻器。

2. 电容器

电容器是一种储存电能的容器。它是组成电器设备的重要元件之一, 其数量也占相当大的比例, 仅次于电阻。电容器在电路中一般用于耦合、滤波、旁路, 或与电感元件组成振荡电路等。按介质材料的不同, 电容器可分为云母电容器、陶瓷电容器、空气电容器、有机薄膜电容器、金属氧化膜电容器和玻璃釉电容器等。

1) 电容器的主要参数

电容器的参数很多, 实际应用中一般常考虑标称容量、允许误差和额定电压等主要参数。

(1) 标称容量和允许误差。

标称容量系列由国家统一规定, 常用的是 E6、E12 系列, 其设置同电阻器一样, 如表 2-7 所示。

电容器的允许误差含义与电阻器相同, 固定电容器允许误差常用的是±5%(J)、±10%(K)和±20%(M)。

(2) 额定直流工作电压(耐压值)。

电容器的耐压值是指电容器在电路中长期可靠地工作允许的最高直流电压, 如电容器工作在交流电路中, 则交流电压的最大值不能超过额定直流工作电压。

(3) 绝缘电阻与漏电电流。

电容器两极之间的电阻称为电容器的绝缘电阻。在一定的电压作用下, 会有微弱的电流流过介质, 此电流称为漏电电流。电容器的绝缘电阻越小, 漏电电流越大, 电能损耗也越大。

2) 电容器的识读

(1) 直标法。

电容器的直标法与电阻器的直标法类似，体积较小的电容器常省略单位，但必须遵照下述原则。

① 凡不带小数点的整数，若无标志单位，表示单位是 pF，如 7500 表示是 7500pF。

② 带小数点的数，若无标志单位，则表示单位是 μF。

③ 许多小型固定电容器的耐压值约为 100V，由于体积较小，工作电压无标志。

(2) 文字符号法。

电容器的文字符号法与电阻器的文字符号法类似。如 0.33pF 标志为 p33，2.2pF 标志为 2p2，1000pF 标志为 1n，6800pF 标志为 6n8，0.01μF 标志为 10n。

电容量允许误差的标志符号与标志方法跟电阻器类似。

注意：对于电容量的单位，$1F=10^3mF=10^6\mu F=10^9nF=10^{12}pF$。

(3) 数码表示法。

数码一般为三位数，第一、二位表示电容器容量值的有效数字，第三位表示有效数字后面零的个数，单位为 pF。

例如，103 表示容量为 $10\times10^3pF=0.01\mu F$。

(4) 色标法。

电容器的色标与电阻器的色标相似。色标通常有三种颜色，沿着引线方向，前两种色标表示有效数字，第三种色标表示有效数字后面零的个数，单位为 pF。有时一、二色标为同色，就涂成一道宽的色标。如橙橙红，两个橙色标就涂成一道宽的色标，表示 3300pF，如图 2-50 所示。

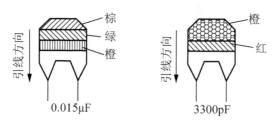

图 2-50　电容量的色标法

3) 电容器的检测

普通电容器的常见故障主要有断路、漏电、容量变值、接触不良等。

(1) 代替检查法。

① 将一只好的电容器并联在被怀疑有开路故障的电容器两端，通电检查，若故障消失，则说明原电路是开路了。

② 若怀疑电路中的电容器短路或漏电，则应断开一个引脚或拆下该电容器，再用好电容代替检查。

(2) 万用表欧姆挡检测法。

① 对于容量为 6800pF～1μF 的电容器，用万用表 R×10k 挡，两表笔分别接电容器两引脚，表针应先向右摆动一下，然后回到"∞"处；交换表笔再测，表针摆动幅度应略

大一些。若上述过程中表针无摆动，说明电容器已开路；若摆动幅度很大，且停在那里不动，说明电容器已击穿或严重漏电。

② 对于容量小于 6800pF 的电容器，用上述方法检测时，应看不到表针偏转，故只能判断是否短路或漏电，而是否开路是无法检测的，可采用代替检测法。

③ 对于电解电容器，用万用表 R×1k 挡，将黑色表笔接正极，红色表笔接负极测电阻，表头指针应先向右偏转一个角度，然后逐渐逆时针复原至"∞"处。如不能复原，则稳定后指针的指示值就为该电容的漏电电阻值。此值越大，电容器的绝缘性能就越好。

检测时，如表头指针指在零点一直不动，说明电容器内部短路；若指针毫无反映，说明电容器内部开路或失效；若漏电阻值只有几十千欧，说明电容漏电严重。

4) 电容器的选配

(1) 尽可能选用同型号电容器。

(2) 作耦合、滤波、旁路等用途的电容器，可选标称容量大致相同的电容器代替。

(3) 耐压要求必须满足，耐压值应大于或等于原来的值。

(4) 容量相同的电容器，额定电压大的可代替额定电压小的电容器，但反过来不可以。

(5) 高频电容器可以代替低频电容器，但反过来不可以。

(6) 标称电容量不能满足要求时，可采用并联或串联的方法来解决，但还应考虑耐压要求。

3. 电感器

电感器又称为线圈，是将绝缘的导线在绝缘的骨架上绕一定的圈数制成。电感器也是一种储能元件，能将电能转换成磁场能。电感器的文字符号用 L 表示。

电感器对直流电的阻抗很少，等于导线本身的电阻；而当交流电通过电感器时，电感器两端将会产生自感电动势，其方向与外加电压的方向相反，所以电感器有通直流阻交流的特性，频率越高，电感器的阻抗越大。

电感器的单位是亨[利]，用 H 表示，小单位有毫亨(mH)和微亨(μH)，其换算关系为

$$1H=10^3mH=10^6\mu H$$

电感器一般有直标法和色标法，其中色标法与电阻器的色标法类似。

电感器一般可用万用表欧姆挡的 R×1 挡或 R×10 挡测量，若测得阻值为无穷大，说明电感器已断路；若测得阻值很小，说明电感器正常。相同电感量的多个电感器中，阻值小的品质因数 Q 高。要正确测量电感器的电感量和品质因数 Q，需要专门仪器。

4. 晶体二极管

1) 国产晶体管的型号标记

晶体管的型号标记由电极数、材料和极型、类型、序号四个部分组成。

(1) 电极数：用数字表示。

2—二极管；3—三极管。

(2) 材料和极性：用字母表示。

A—PNP 型锗材料；B—NPN 型锗材料；C—PNP 型硅材料；D—NPN 型硅材料。

(3) 类型：用字母表示。

P—普通型；W—稳压管；Z—整流管；L—整流堆；U—光电管；K—开关管；

X—低频小功率管；G—高频小功率管；D—低频大功率管；A—高频大功率管。

此处的低频指截止频率 $f<3MHz$，高频指截止频率 $f>3MHz$；小功率指 $P_c<1W$，大功率指 $P_c>1W$。

(4) 序号：用数字表示，其后用字母区分规格。

例如，2AP9 表示 9 号锗材料普通二极管；3AX81 表示 81 号低频小功率锗材料 PNP 型三极管；3DD15 表示 15 号低频大功率硅材料 NPN 型三极管。

2) 晶体二极管的主要参数

晶体二极管的基本结构就是一个 PN 结，它的主要特性是单向导电性。常用的二极管有普通二极管、桥堆、稳压二极管、开关二极管、光电二极管、变容二极管和发光二极管等。

参数是反映质量和特性的，要合理地使用二极管，必须掌握它的主要参数。

(1) 最高工作频率：二极管能正常工作的最高频率。

(2) 最高反向工作电压(V_{RM})：二极管长期正常工作时，所允许加的最高反向电压。若超过此值，PN 结有被击穿的可能。

(3) 最大整流电流 I_{OM}：二极管长期正常工作时，所允许流过的最大正向电流。

(4) 反向电流 I_{CO}：二极管加上规定的反向偏置电压时，通过二极管的反向电流值，此值越小越好。

3) 晶体二极管的极性判别

(1) 看外壳上的符号标记。

(2) 看外壳上标记的色点。在点接触型二极管的外壳上，通常标有色点(白色或红色)，除少数二极管(如 2AP9、2AP10 等)外，一般有标记色点的为正极。

(3) 用万用表判别。用万用表的 R×100 挡或 R×1k 挡，交换表笔测量两次二极管两根引线之间的电阻，其中测出电阻值较小的那一次，黑色表笔所接引线为正极，红色表笔所接引线为负极。

4) 晶体二极管的检测

用万用表 R×100 挡或 R×1k 挡测量二极管的正、反向电阻。锗点接触型的 2AP 型二极管正向电阻应在 1kΩ左右，硅面接触型的 2CP 型二极管正向电阻应在 5kΩ左右，反向电阻都应在 100kΩ以上。总之，正向电阻越小越好(但不能为零)，反向电阻越大越好(但不能为无穷大)。若正向电阻无穷大，说明二极管内部断路；若反向电阻接近于零，说明二极管已击穿。而内部断开或击穿的二极管均不能使用。

注意： 二极管的正向电阻指的是用万用表黑色表笔接二极管的正极、红色表笔接二极管的负极时测得的阻值；反向电阻是指对换表笔后测到的阻值，如图 2-51 所示。

5. 晶体三极管

1) 晶体三极管的结构

晶体三极管在电子电路中起放大、振荡、调制等多种作用。晶体三极管的内部由两个

PN 结和三个电极所构成，两个 PN 结分别称为发射结和集电结，三个电极分别称为发射极 (E)、基极(B)和集电极(C)。按内部半导体极性结构不同，三极管可分为 PNP 和 NPN 两大类型。晶体三极管的结构及图形符号如图 2-52 所示。

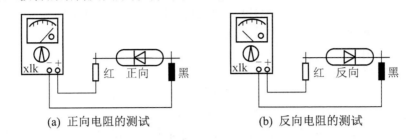

(a) 正向电阻的测试　　　　　　　(b) 反向电阻的测试

图 2-51　二极管的测试

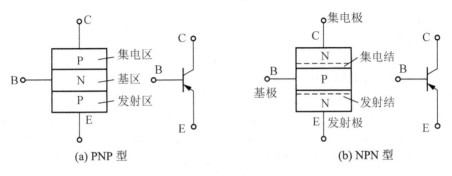

(a) PNP 型　　　　　　　　　　　(b) NPN 型

图 2-52　晶体三极管的结构及图形符号

2)　普通三极管的主要参数

三极管的参数是用来表示它的特性和质量，以方便用户选用的。其参数很多，常用参数如下。

(1)　直流放大系数 β：无交流信号输入时，共发射极电路集电极直流电流 I_C 与其基极直流电流 I_B 的比值。它用来表示晶体三极管的放大能力。其值一般在 10～250 之间。

(2)　集电极最大允许电流 I_{cm}：晶体管的参数不超过允许范围时，晶体管维持正常工作的集电极最大电流 I_{cm}。使用时集电极电流不能超过此值，否则会引起性能变坏和 β 值的下降。

(3)　集电极最大耗散功率 P_{cm}：一般小功率管在 1W 以下，大功率管在 1W 以上。电路不同，对 P_{cm} 值的要求也不同，使用时不能超过这个极限值。

(4)　集电极-发射极反向击穿电压 BV_{ceo}：当基极断开时，允许加在集电极与发射极之间的最高电压。一般应取三极管的 BV_{ceo} 高于电源最高电压的一倍，否则若集电极电压过高，就会击穿三极管。

(5)　反向饱和电流 I_{cbo}：晶体管的发射极断开，而在基极和集电极之间加反向电压时，流过基极的电流。此值一般随温度升高而成指数关系迅速上升。

(6)　穿透饱和电流 I_{ceo}：晶体管的基极断开，在集电极和发射极之间加正常电压时，流过集电极的电流。此值一般为 I_{cbo} 的 β 倍。所以三极管的 I_{cbo} 越大，温度稳定性越差，噪声也越大。

3) 晶体三极管的管脚判别

(1) 查看管脚的标志(此法主要适用于国产小功率三极管)。

三极管管脚摆成等腰三角形，管脚朝上，三角形底边对自己，则顶点为基极，左边为发射极，右边为集电极。3AG1、3AG11、3AX31 等三极管可用此法判别。三极管管脚排成一条直线，其引脚分布可查看实物上的标志。

(2) 万用表判别。

① 管型和基极的判别。

根据 PN 结正向电阻小、反向电阻大的原理。用万用表的 R×1k 挡，红色表笔接一管脚，黑色表笔分别接另外两个管脚，当测得两个电阻值都很小(一般在 1kΩ左右)时，则此三极管就是 PNP 管，红色表笔所接的管脚就是基极。当测得两个阻值都很大(一般在 200kΩ以下)时，对换表笔，再重新测量两次电阻值，若此时两个阻值都很小，则该管为 NPN 管，此时，黑色表笔所接的管脚为基极。

上述测量过程中，当测得的两个阻值一个大、一个小时，则红色表笔所接的管脚不是基极，可以另换一个管脚再试测，直到找出管型和基极为止。

② 集电极和发射级的判别。

若已知是 PNP 型管，找到基极后就可以按下列方法找到集电极和发射极：用手将基极和待判别的一个管脚捏在一起(但不要相碰，这相当于在基极和待测的管脚之间接了一个几十千欧的电阻)，用红色表笔接触与基极捏在一起的这个管脚，用黑色表笔接触另一个待判别的管脚，测量出其电阻值；然后把两只待判别的管脚对调，用相同的方法再测量一次电阻值，两次测量中阻值较小的那次，红色表笔所接的管脚就是集电极。

如果已知是 NPN 型管，应将表笔对换进行测量(即用黑色表笔接触手捏的那根待测管脚)，同样测量两次电阻值，电阻小的那次，红色表笔所接的管脚就是发射级。

4) 普通三极管的检测

三极管的好坏可用晶体管测试仪进行检测试。用万用表简易判别三极管质量的方法如下。

(1) 测发射结与集电结的正、反向电阻。

知道三极管管型后，用万用表 R×100 挡或 R×1k 挡分别测量发射结和集电结的正、反向电阻，正向电阻越小越好，反向电阻越大越好。一般高频小功率管和低频小功率管的正反向电阻参见表 2-9。

表 2-9 晶体三极管的正反向电阻

管 型		反向电阻	正向电阻
高频管	发射结	几十千欧以上	几千欧～几十千欧
	集电结	500 kΩ以上	(发射结正向电阻略小于集电结正向电阻)
低频管	发射结	200 kΩ以上	几百欧～1.5 千欧
	集电结	200 kΩ以上	

(2) 粗测穿透电流 I_{ceo}。

用万用表测集电结反向电阻，此数值越大越好；如电阻值较小，说明三极管的反向饱和电流 I_{cbo} 太大，而穿透电流($I_{ceo}=\beta I_{cbo}$)更大，不宜应用。

(3) 测发射极与集电极电阻。

对 PNP 型三极管，用红色表笔接集电极；若是 NPN 型三极管，则用黑色表笔接集电极测量三极管的发射极与集电极之间的电阻，此值越大，说明管子的穿透电流越小，热稳定性越好。

(4) 估测电流放大系数。

对 PNP 型管来说，将红色表笔接集电极，黑色表笔接发射极，测出其阻值；再将基极和集电极的管脚捏在一起(但不要相碰)，表笔所接管脚不变，再测集电极与发射极间的电阻，其阻值下降越多越好。

两次测得的阻值相差越大，则三极管的电流放大倍数就越高，若其阻值没有差别，说明该管无放大能力，若表针向右缓慢摆动，说明该管不稳定。其测试方法如图 2-53 所示。

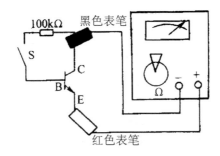

图 2-53　用万用表测量晶体三极管的放大系数

(5) 检测注意事项。

① 若测得某两管脚间阻值为零或很小，说明存在击穿故障。

② 若测得某正向电阻为无穷大，说明存在开路故障。

③ 若测得有一个 PN 结的正、反向电阻相差不大，说明该管的性能变劣，已损坏。

6. 晶闸管

晶闸管具有和二极管相似的单向导电性，但它又具有可以控制的单向导电性，所以又称为可控硅。它属于电力半导体器件，主要用于整流、逆变、调压、开关四个方面。

晶闸管由阻断变为导通的条件是：晶闸管阳极和阴极之间加正向电压，同时控制极加适当的正向电压。一旦晶闸管导通，控制极就失去了控制作用。当阳极电流小于一定值时，晶闸管的导通变为关断，此电流值称为晶闸管的维持电流 I_H。

晶闸管的简易测试：在测量时，万用表的量程应取 R×10 挡或 R×100Ω 挡，以防电压过高将控制极击穿。

晶闸管的控制极与阴极间是一个 PN 结，其正向电阻大约是几欧到几百欧。反向电阻比正向电阻要大，但由于晶闸管的分散性，故有时测得的反向电阻即使比较小，也不能说明控制极的特性不好。用万用表的红色表笔和黑色表笔交替测量晶闸管的阳极和阴极之间、阳极与控制极之间的正、反向电阻，其值都应在几千欧以上。

如出现下述任一情况时，则说明晶闸管已损坏。

(1) 阳极和阴极间的电阻接近于零。

(2) 阴极与控制极间的电阻接近于零。

(3) 控制极与阴极间的反向电阻接近于零。

(4) 控制极与阴极间的电阻为无穷大。

二、技能实训

1. 实训器材

(1) 电阻器、电感器、电容器(不同形状、型号)，各 10 个。

(2) 整流二极管、稳压二极管、发光二极管、光电二极管等，各 5 个。

(3) PNP 型三极管、NPN 型三极管(不同型号)，各 5 个。

(4) 晶闸管及其他电子器件，各 2 个。

(5) 万用表(MF500 型)，1 块。

2. 实训内容及要求

(1) 电阻器的识别(直标法、文字符号法、色标法的识读)与检测练习。

(2) 电感器的识别(形状、参数的认识)与检测练习。

(3) 电容器的识别(主要参数的识读)与检测练习。

(4) 晶体二极管的识别(类型、应用及特性的识别)与检测练习。

(5) 晶体三极管的识别(类型、管脚判别等)与检测练习。

(6) 晶闸管的识别(管脚判别及应用等)与检测练习。

3. 技能考核

技能考核评价标准与评分细则如表 2-10 所示。

表 2-10　常用电子元器件的识别与检测实训评价标准与评分细则

评价内容	配分	考 核 点	评分细则	得分
工作准备	10	清点器材、仪表，并摆放整齐	未清点扣 5 分，摆放不整齐扣 5 分	
操作规范	10	① 行为文明、有良好的职业操守。 ② 安全用电，操作符合规范。 ③ 实训完后清理、清扫工作现场	① 迟到、做其他事酌情扣 10 分以内。 ② 违反安全用电规范，每处扣 2 分。 ③ 未清理、清扫工作现场扣 5 分	
工作内容	80	① 色标电阻的识别与检测。 ② 电感器的认识与检测。 ③ 电容器参数的认识与测量。 ④ 晶体二极管极性的判别与质量检测。 ⑤ 晶体三极管管脚的判别及质量检测。 ⑥ 晶闸管管脚的判别与测试	① 判断不正确扣 5 分。 ② 认识、检测方法错误各扣 5 分。 ③ 参数识别错误每处扣 5 分。 ④ 极性判别错误扣 5 分，检测结果不正确扣 5 分。 ⑤ 管脚判别错误扣 5 分，检测方法不正确扣 5 分。 ⑥ 管脚判别错误扣 5 分	
工时	120 分钟			

三、思考与练习

(1) 四色环电阻和五色环电阻的各条色环分别代表什么意思？

(2) 怎样判别固定电容器的好坏？

(3) 怎样用万用表判别三极管的管脚？

(4) 晶闸管主要用来作什么？

项目 2.5　电子线路的安装与调试

学习目标

1. 能熟练掌握锡焊操作技术。

2. 掌握电子元器件的安装要求及方法。

3. 掌握电子线路的调试方法。

一、知识链接

(一)锡焊技术

焊接点质量的好坏，是电子电器设备各项技术性能能否达到要求的关键。

1. 锡焊的焊接材料

1) 焊料

焊料采用铅锡合金，常用的有锭状和丝状两种，丝状中通常在中心包含着松香，便于使用。

2) 焊剂

焊剂种类很多，常用的有松香、松香混合剂、焊膏和盐酸等，应根据不同的焊接工件选用不同的焊剂。

(1) 松香：适用于印制电路板、集成电路板的焊接，各种电子器材的组合焊接，小线径线头的焊接等，在家电维修过程中应用最多。

(2) 松香混合剂：适用于小线径接头的焊接，及强电领域小容量元件的组合焊接。

(3) 焊膏：适用于大线径绕组线头的焊接、强电领域大容量元件的组合焊接，及大截面积导体连接表面或连接处的加固搪锡。

(4) 盐酸：适用于钢铸件电连接表面搪锡，及钢铸件的连接焊接。

各种焊剂均有不同程度的腐蚀作用，因此焊接完后必须清除残留的焊剂。焊接电子元件时，不准选用具有酸性的焊剂。

2. 烙铁锡焊的操作方法

1) 锡焊的要求

焊点应焊透焊牢，以减少连接点的接触电阻，焊接点上的锡液必须充分渗透，锡结晶颗粒要细而光滑，切不可有虚假焊和夹生焊的焊点存在。

　　虚假焊指的是焊件引脚表面没有充分镀上锡层，焊件没有被锡固住，多因焊件引脚表面清除不干净或焊剂过多引起。

　　夹生焊指的是锡未被充分溶化，焊接表面堆积着粗的锡晶粒，多因烙铁温度不够或烙铁留焊时间太短所引起。

　　2)　电子分立元器件的焊接方法

　　(1)　清除元器件焊脚表面的氧化层，并对焊脚进行搪锡。

> **注意:** 锡液温度不宜过高或过低，过高时，锡液表面因汽化过剧而悬浮的氧化物大量增加，易沾污镀层；过低时，容易造成镀层结晶粗糙。

　　(2)　清除印制电路板表面的氧化层，涂上一层松香酒精溶液，以防继续氧化。

　　(3)　焊接时，焊头先黏附一些焊锡，再黏附些焊剂迅速下焊。当锡液在焊点四周充分熔开后，快速收起焊头，使留在焊点上的锡液收缩成半圆粒状。具体操作步骤如图 2-54 所示。

　　(4)　焊接完毕，用纱布蘸适量酒精揩擦焊点处，把残留的焊剂清除干净。

(a) 准备焊接　　(b) 送烙铁　　(c) 送焊丝　　(d) 移焊丝　　(e) 移烙铁

图 2-54　焊接的操作步骤

　　(5)　注意事项。

　　①　每次下焊时间一般不宜超过 2s。

　　②　使用的电烙铁以 25W 较为适宜，焊头要尖。焊接时，焊头的含锡量要适当，每次以满足一个焊接点需要为度，不可太多。

　　③　要避免焊接时间过长，并切忌采用酸性焊剂，以防降低其介质性能和加剧腐蚀。

　　④　焊头不吃锡时应用纱布或锉刀去除焊头表面的氧化层，沾上焊剂后重新镀上锡使用。

　　⑤　运用烙铁时不准甩动焊头，以免锡珠摔出伤害人体。

　　3)　集成电路(特别是 MOS 集成电路块)的焊接方法

　　焊接集成电路时，除了需掌握分立元器件的焊接方法外，尚须掌握以下几点。

　　(1)　工作台面必须有金属薄板覆盖并进行妥善接地，以避免周围电器所存在的电场对集成电路的影响；暂时不用的集成电路要放置在有屏蔽外壳的盒内。

　　(2)　电烙铁金属外壳要进行可靠接地，否则，焊头的感应电动势或烙铁存在的漏电容易使集成电路块击穿。若烙铁外壳无法接地，也可以先烧热电烙铁，焊头黏附一些焊锡和焊剂，再拔下烙铁插头迅速对准焊点下焊，焊完一个点后再插上插头烧热烙铁，重复以上方法继续一个一个地焊接后面的焊点。

　　(3)　下焊时要防止落锡过多和焊点过大，否则容易出现搭接。

(二)电子元器件的引线成形和插装

1. 电子元器件的引线成形要求

电子元器件的引线成形主要是为了满足安装尺寸与印制电路板的配合等要求。手工插装焊接的元器件引线加工形状如图 2-55 所示。

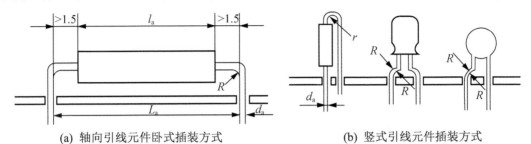

(a) 轴向引线元件卧式插装方式　　　　(b) 竖式引线元件插装方式

图 2-55　元器件引线加工的形状

需要注意以下几点。

(1) 引线不应在根部弯曲，至少要离根部 1.5mm 以上。

(2) 弯曲处的圆角半径 R 要大于两倍的引线直径。

(3) 弯曲后的两根引线要与元件本体垂直，且与元件中心位于同一平面内。

(4) 元器件的标志符号应方向一致，便于观察。

2. 元器件在印制电路板上插装的原则

(1) 电阻、电容、晶体管和集成电路的插装应使标记和色码朝上，易于辨认。

(2) 有极性的元器件由极性标记方向决定插装方向，如电解电容器、晶体二极管等，在插装时要求能看出极性标记。

(3) 插装顺序应该先轻后重、先里后外、先低后高。如先插卧式电阻器、二极管，其次插立式电阻器、电容器和三极管，再插大体积元器件，如大电容器、变压器等。

(4) 印制电路板上元器件的距离不能小于 1mm，引线间的间隔要大于 2mm，当有可能接触时，引线要套绝缘套管。

(5) 特殊元器件的插装方法。

特殊元器件是指较大、较重的元器件，如大电解电容器、变压器、扼流圈及磁棒等，插装时必须用金属固定件或固定架加强固定。

二、技能实训

1. 实训器材

(1) 家用调光台灯控制电路电子元件，1 套。

(2) 电烙铁(30W)，1 把。

(3) 焊锡丝、松香、连接导线，各若干。

(4) 万用表(MF500 型)，1 块。

(5) 镊子、电工刀，各 1 把。

2. 实训内容及要求

1) 家用调光台灯电路原理

图 2-56 所示为家用台灯调光电路，可调节灯泡两端电压在几十伏到两百伏范围内变化，调光显著。电路由 VT、R_2、R_3、R_4、R_P、C 组成单晶体管的张弛振荡器。在接通电源前，电容 C 上电压为零，接通电源后，电容经由 R_4、R_P 充电而电压 V_e 逐渐升高，当 V_e 达到峰点电压时，e-b1 间变成导通，电容上电压经 e-b1 而向电阻 R_3 放电，在 R_3 上输出一个脉冲电压。由于 R_4、R_P 的阻值较大，当电容上的电压降到谷点电压时，经由 R_4、R_P 供给的电流小于谷点电流，不能满足导通要求，于是单结晶体管恢复阻断状态。此后，电容又重新充电，重复上述过程，结果在电容上形成锯齿状电压，在 R_3 上则形成脉冲电压。在交流电压每半个周期内，单结晶体管都将输出一组脉冲，起作用的第一个脉冲去触发 VS 的控制极，使可控硅导通，灯泡发光。改变 R_P 的电阻值，可以改变电容充电的快慢，即改变锯齿波的振荡频率，从而改变可控硅 VS 导通角的大小，即改变整流电路的直流平均输出电压，达到调节灯泡亮度的目的。

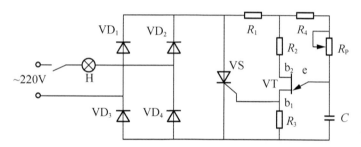

图 2-56　家用调光台灯电路原理图

2) 家用调光台灯电路的 PCB 图

家用调光台灯电路的 PCB 图如图 2-57 所示。

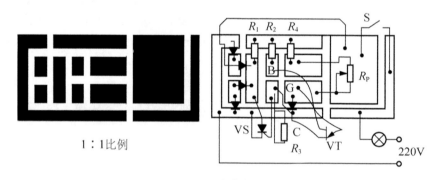

1:1比例

图 2-57　家用调光台灯的 PCB 图

3) 元器件清单

家用台灯调光电路元器件清单如表 2-11 所示。

4) 组装

(1) 按 PCB 图正确安装各元器件。

(2) 带开关电位器用螺母固定在印制电路板 S 开关的孔上，电位器用导线连接到印制电路板上的所在位置。

表 2-11　家用调光台灯电路元器件清单

元件编号	元件名称	标称值	数量
$VD_1 \sim VD_4$	二极管	IN4007	4
VS	可控硅	3CT	1
VT	单结晶体管	BT33	1
R_1	电阻	51kΩ	1
R_2	电阻	300Ω	1
R_3	电阻	100Ω	1
R_4	电阻	18 kΩ	1
R_P	带开关电位器	470kΩ	1
C	涤纶电容	0.022μF	1
H	灯泡	220V、25W	1
	灯座		1
	电源线		若干
	安装线		若干
	印制电路板		1

(3) 若在灯泡位置上改接一个两洞电源插座，就成为一个输出功率 200W 以下的晶闸管调压器，可用来作其他家电的调压装置。

(4) 在散热片上钻孔，并把散热片安装在可控硅 VS 上，作散热用。

(5) 印制电路板四周用螺母固定、支撑，可装在台灯底座中，仅露出 R 的调节柄。

5) 调试与检测

(1) 由于电路直接与市电相连,调试时应注意安全，防止触电。调试前应认真、仔细检查各元器件安装情况，最后接上灯泡，进行调试(若不接灯泡，电路不能工作)。

(2) 插上电源插头，人体各部分远离印制电路板，打开开关，旋转电位器，灯泡应逐渐变亮。

6) 常见故障及原因

(1) 若由 BT33 组成的单结晶体管张弛振荡器停振，则可能造成灯泡不亮，灯泡不可调光。造成停振的原因可能是 BT33 损坏、C 损坏等。

(2) 若发现当电位器顺时针旋转时，灯泡逐渐变暗，可能是电位器中心抽头接错位置所致。

(3) 当调节 R_P 到最小值时，突然发现灯泡熄灭，则应适当增大电阻 R_4 的阻值。

(4) 调压器的输出功率主要由整流二极管 $VD_1 \sim VD_4$ 和晶闸管 VS 决定。要提高输出功率，应更换 $VD_1 \sim VD_4$、VS 及散热片。

3. 技能考核

技能考核评价标准与评分细则如表 2-12 所示。

表 2-12　电子线路安装与调试实训评价标准与评分细则

评价内容	配分	考　核　点	评分细则	得分
工作准备	10	清点器材、仪表，并摆放整齐	未清点扣 5 分，摆放不整齐扣 5 分	
操作规范	10	① 行为文明、有良好的职业操守。 ② 安全用电，操作符合规范。 ③ 实训完后清理、清扫工作现场	① 迟到、做其他事酌情扣 10 分以内。 ② 违反安全用电规范，每处扣 2 分。 ③ 未清理、清扫工作现场扣 5 分	
工作内容	80	① 元器件的识别、检测。 ② PCB 的手工制作。 ③ 元器件的插装。 ④ 元器件的焊接。 ⑤ 线路的调试。 ⑥ 电路检测及故障处理	① 识别错误，每处扣 5 分。 ② PCB 板中不合理的部分，每处扣 5 分。 ③ 插装不合要求，每处扣 5 分。 ④ 不合工艺要求的焊接点，每处扣 5 分。 ⑤ 调试方法不正确扣 10 分。 ⑥ 检测方法不正确扣 10 分，故障不会处理扣 10～20 分	
工时	150 分钟			

三、思考与练习

(1) 在焊接电子元器件时应注意哪些问题？

(2) 插装电子元器件时有什么要求？

(3) 参照图 2-58 和图 2-59 制作震动防盗报警器。

工作原理：震动防盗报警器主要由震动传感电路和语音报警电路两大部分组成。震动传感电路由压电陶瓷片 B_1、三极管 VT_1、VT_2 和可控硅 VS 等组成，语音报警电路由 HL-169 B 语音合成报警集成块 U、三极管 VT_3 及扬声器 B_2 等组成。平时三极管 VT_1、VT_2 均处于截止状态，VS 因无触发电压而处于关断状态，报警集成块 U 不工作，扬声器 B_2 无声。如有人猛烈敲打保险柜或打破玻璃窗，粘贴在保险柜门和玻璃上的压电陶瓷片 B_1 会因震动而感应出相应的电信号。

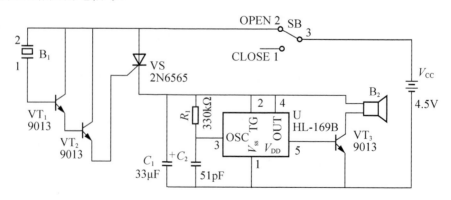

图 2-58　震动防盗报警器原理图

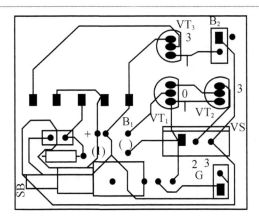

图 2-59 震动防盗报警器 PCB 图

此电信号经 VT_1、VT_2 放大后,加到 VS 的门极作为触发信号使可控硅 VS 开通,集成块 U 得电工作,即输出"抓贼呀"语音报警信号,经 VT_3 功放后推动扬声器 B_2 放音。可控硅 VS 一旦开通后,即使 B_2 停止输出震动信号甚至盗贼破坏压电陶瓷片 B_1,VS 仍保持导通状态,报警声将长鸣不息,直至保安人员按动解警按钮 SB 后,因切断 VS 的阳极电流方才使 VS 关断,报警声才会停止。

震动防盗报警器元器件清单如表 2-13 所示。

表 2-13 震动防盗报警器元器件清单

元件编号	元件名称	标 称 值	数 量
B_1	压电陶瓷片	FT-27	1
B_2	扬声器	YD57-2	1
C_1	有极性电解电容	33μF	1
C_2	无极性电容	51pF	1
G	干电池	4.5V	1 号 3 节
R_1	电阻	330kΩ	1
SB	单刀双掷开关	—	1
U	报警集成块	HL169B	1
VS	单相可控硅	2N6565	1
VT_1、VT_2、VT_3	三极管	9013	1

模块三　室内线路安装

教学目标

1. 能进行室内护套线路的安装配线。
2. 能进行室内明暗线管线路的安装配线。
3. 能根据用电设备的性质、容量，选择常用电气元件、导线。
4. 能设计、安装、检修常用家庭用电线路。
5. 能选择、安装电能表。
6. 会安装配电箱和配电板。

项目 3.1　护套线配线

学习目标

1. 能熟练掌握室内配线基本知识。
2. 能掌握护套线路的配线方法。
3. 能采用护套线进行室内用电线路安装配线。

一、知识链接

(一)室内配线基本知识

1. 室内配线的种类和选用

室内配线有明配线和暗配线两种。导线沿墙壁、天花板、桁架及柱子等明敷设称为明配线；导线穿管埋设在墙内、地坪内或装设在顶棚内称暗配线。

常用线路装置的类型和适用范围如表 3-1 所示。

表 3-1　常用线路装置的类型和适用范围

敷设方法	敷设场所					
	干燥	潮湿	户外	有可燃物质	有腐蚀性物质	有易燃易爆炸物质
绝缘子	适用	适用	适用	适用	适用	
塑料护套线	适用	适用	适用	适用	适用	
明、暗线管	适用	适用	适用	适用	适用	适用
电缆线	适用	适用	适用	适用	适用	适用

原有的木槽板和瓷夹线路，多作为照明线路或小容量的电热和动力线路使用，现在已被塑料护套线路代替，它们的适用范围与护套线路相同。

2. 室内配线的技术要求

室内配线不仅要使电能传送安全、可靠，而且要使线路布置合理、整齐、安装牢固，其技术要求如下。

(1) 所使用导线的额定电压应大于线路的工作电压。

应选用绝缘电线作为敷设用线，导线的绝缘应符合线路的安装方式和敷设环境的要求。线路中绝缘电阻一般规定为：相线对大地或对中性线之间不应小于 0.22MΩ、相线与相线之间不应小于 0.38MΩ，在潮湿、具有腐蚀性气体或水蒸气的场所，导线的绝缘电阻允许降低一些要求。

导线的截面应满足供电安全电流和机械强度的要求，一般的家用照明线路以选用 2.5mm² 的铝芯绝缘导线或 1.5mm² 的铜芯绝缘导线为宜，常用的橡皮、塑料绝缘电线在常温下的安全载流量如表 3-2 所示。

表 3-2　500V 单芯橡皮、塑料绝缘电线在常温下的安全载流量

线芯截面积/mm²	橡皮绝缘电线安全载流量/A		聚氯乙烯绝缘电线安全载流量/A	
	铜芯	铝芯	铜芯	铝芯
0.75	18	—	16	—
1.0	21	—	19	—
1.5	27	19	24	18
2.5	33	27	32	25
4	45	35	42	32
6	58	45	55	42
10	85	65	75	59
16	110	85	105	80

(2) 配线时应尽量避免导线有接头，因为常常会由于导线接头不好而造成事故，必须有接头时应采用压接和焊接的方法进行连接。导线连接和分支处不应受到机械力的作用。穿在管内的导线在任何情况都不能有接头，必要时应把接头放在接线盒或灯头盒内。

(3) 明配线路在建筑物内应水平或垂直敷设。水平敷设时，导线距地面不小于 2.5m；垂直敷设时，导线距地面不小于 2m，否则应将导线穿在管内加以保护，以防机械损伤。配线位置应便于安装和检修。

(4) 当导线穿过楼板时，应设钢管加以保护，钢管长度应从离楼板面 2m 高处到楼板下出口处为止。

导线穿墙要有瓷管保护，瓷管的两端出线口伸出墙面不小于 10mm，这样可防止导线和墙壁接触，以免墙壁潮湿而产生漏电等现象。

当导线沿墙壁或天花板敷设时，导线与建筑物之间的距离一般不小于 10mm。在通过伸缩缝的地方，导线敷设应稍有松弛。

当导线互相交叉时，为避免碰线，应在每根导线上套以塑料或其他绝缘套管，并将套管牢靠地固定，不使其移动。

(5) 为确保安全用电，室内电气管线和配电设备与其他管道、设备间的最小距离都有一定规定，详见表 3-3(表中有两个数字者，分子为电气管线敷设在管道上的距离，分母为电气管线敷设在管道下的距离)。施工时，如不能满足表中所规定的距离，则应采取其他保护措施。

表 3-3　室内电气管线和配电设备与其他管道、设备之间的最小距离

单位：m

类别	管线及设备名称	管内导线	明敷绝缘导线	裸母线	滑触线	配电设备
平行	煤气管	0.1	1.0	1.0	1.5	1.5
	乙炔管	0.1	1.0	2.0	3.0	3.0
	氧气管	0.1	1.0	1.0	1.5	1.5
	蒸气管	1.0/0.5	1.0/0.5	1.0	1.0	0.5
	暖气管	0.3/0.2	0.3/0.2	1.0	1.0	0.1
	通风管	—	0.1	1.0	1.0	0.1
	上、下水管	—	0.1	1.0	1.0	0.1
	压缩气管	—	0.1	1.0	1.0	0.1
	工艺设备	—	—	1.5	1.5	—
交叉	煤气管	0.1	0.3	0.5	0.5	—
	乙炔管	0.1	0.5	0.5	0.5	—
	氧气管	0.1	0.3	0.5	0.5	—
	蒸气管	0.3	0.3	0.5	0.5	—
	暖气管	0.1	0.1	0.5	0.5	—
	通风管	—	0.1	0.5	0.5	—
	上、下水管	—	0.1	0.5	0.5	—
	压缩气管	—	0.1	0.5	0.5	—
	工艺设备	—	—	1.5	1.5	—

(6) 使用不同电价的用电设备，其线路应分开安装，如照明线路、电热线路和动力线路。使用相同电价的用电设备，允许安装在同一线路上，如小型单相电动机和小容量单相电炉，并允许与照明线路共用。具体安排线路时，还应考虑到检修和事故照明等需要。

(7) 不同电压和不同电价的线路应有明显区别。安装在同一块配电板上时，应用文字注明，便于检修。

(8) 低压网路中的线路，严禁利用与大地连接的接地线作为中性线，即禁止采用三线一地、二线一地和一线一地制线路。

3. 室内配线工序

室内配线主要包括以下几道工序。

(1) 按设计图纸确定灯具、插座、开关、配电箱、启动设备等的位置。

(2) 沿建筑物确定导线敷设的路径、穿过墙壁或楼板的位置。

(3) 在土建未抹灰前，将配线所有的固定点打好孔眼，预埋绕有铁丝的木螺钉、螺栓或木砖。

(4) 装设绝缘支持物、线夹或管子、按线盒等。

(5) 敷设导线。

(6) 导线连接、分支和封端，并将导线出线接头和设备连接。

(二)室内护套线配线

塑料护套线是一种具有塑料保护层的双芯或多芯绝缘导线，具有防潮、耐酸和耐腐蚀等性能。塑料护套线可以直接敷设在空心楼板内、墙壁以及建筑物上。以前用铝片卡作为导线的支持物，现在常用塑料卡来支持。

1. 技术要求

(1) 护套线芯线的最小截面积规定为：户内使用时，铜芯的不小于 $1.0mm^2$，铝芯的不小于 $1.5mm^2$；户外使用时，铜芯的不小于 $1.5mm^2$，铝芯的不小于 $2.5mm^2$。

(2) 护套线路的接头要放在开关、灯头和插座等设备内部，以求整齐美观；否则应装设接线盒，将接头放在接线盒内，接线盒也可用木台代替，如图 3-1 所示。

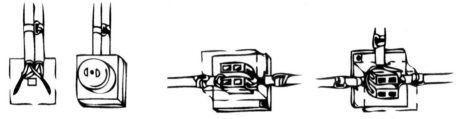

(a) 在电气装置上进行中间或分支接头　(b) 在接线盒上进行中间接头　(c) 在接线盒上进行分支接头

图 3-1　护套线线头的连接方法

(3) 护套线必须采用专用的线卡进行支持。

(4) 护套线支持点的定位：直线部分，两支持点之间的距离为 0.2m；转角部分、转角前后各应安装一个支持点；两根护套线十字交叉时，叉口处的四方各应安装一个支持点，共四个支持点；进入木台前应安装一个支持点；在穿入管子前或穿出管子后，均需各安装一个支持点。护套线路支持点的各种安装位置如图 3-2 所示。

(5) 护套线线路的离地距离不得小于 0.15m；在穿越楼板的一段及在离地 0.15m 以下部分的导线，应加钢管(或硬塑料管)保护，以防导线遭受损伤。

2. 施工步骤

(1) 准备施工所需的器材和工具。

(2) 标画线路走向，同时标出所有线路装置和用电器具的安装位置，以及导线的每个支持点。

(3) 錾打整个线路上的所有木榫安装孔和导线穿越孔，安装好所有木榫。

(4) 安装所有铝片线卡。

(5) 敷设导线。

(6) 安装各种木台。

(7) 安装各种用电装置和线路装置的电气元件。

(8) 检验线路的安装质量。

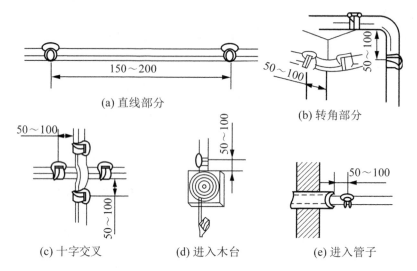

(a) 直线部分

(b) 转角部分

(c) 十字交叉　　　　　(d) 进入木台　　　　　(e) 进入管子

图 3-2　护套线支持点的定位

3. 施工方法

1) 放线

整圈护套线不能搞乱，不可使线的平面产生小半径的扭曲，在冬天放塑料护套线时尤应注意。

2) 敷线

(1) 勒直：在护套线敷设之前，把有弯曲的部分用纱团裹捏后来回勒平，使之挺直，如图 3-3 所示。

临时瓷夹

图 3-3　护套线勒直方法

(2) 直敷：水平方向敷设护套线时，如果线路较短，为便于施工，可按实际需要长度将导线剪断，将它盘起来。敷线时，可先固定牢一端，拉紧护套线使线路平直后固定另一端，最后再固定中间段；如果线路较长，可用瓷夹板先将导线初步固定多处，然后再逐段固定并拆除相应瓷夹板，如图 3-4 所示。

垂直敷线时，应由上而下，以便于操作。平行敷设多根导线时，可逐根固定。

(3) 弯敷：护套线在同一墙面转弯时，必须保持垂直，弯曲导线要均匀，弯曲半径应为护套线宽度的三倍左右。转弯的前后应各固定一个线卡。两交叉处要固定四个线卡。

(a) 长距离护套线敷线方法

(b) 短距离护套线敷方法

图 3-4　护套线敷线方法

二、技能实训

1. 实训器材

(1) 木制线路安装板(900×600×50)，1 块。

(2) 三芯塑料护套线 BVV(3×1.0)，1 米。

(3) 二芯塑料护套线 BVV(2×1.0)，1 米。

(4) 三线瓷接头，1 只。

(5) 圆木，3 只。

(6) 方木，1 只。

(7) 单联平开关或拉线开关，1 只。

(8) 双孔插座，1 只。

(9) 螺口平灯头，1 只。

(10) 瓷插式熔断器 RC1A-5，2 个。

(11) 电工常用工具，1 套。

(12) 线卡、木螺钉、小铁钉，各若干。

2. 实训内容及要求

1) 实训内容

按图 3-5 所示的护套线配线示意图进行护套线路配线。

2) 实训步骤

(1) 准备工具和器材。

(2) 在线路板上标出线路走向，同时标出每个支持点、木台以及瓷接头的安装位置。

(3) 固定线卡。

(4) 敷设护套线，注意护套线应勒直、收紧，把整个线路用线卡卡住。

(5) 剥去伸入木台内线头的护套层以及接瓷接头的线头护套层。

(6) 安装瓷接头和各种木台。

(7) 安装熔断器、开关、灯座、插座。

(8) 装上灯泡。

(9) 检查线路并做通电实验。

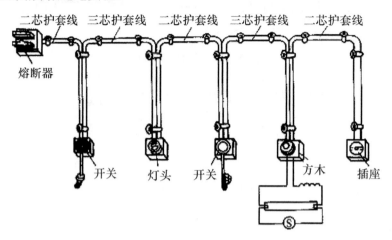

图 3-5 护套线配线示意图

3. 技能考核

技能考核评价标准与评分细则如表 3-4 所示。

表 3-4 护套线路配线评价标准与评分细则

评价内容		配分	考 核 点	评 分 细 则	得分
职业素养	工作准备	10	清点器件、仪表、电工工具、电动机，并摆放整齐	工具准备少一项扣 2 分，工具摆放不整齐扣 5 分	
操作规范	6S 规范	10	① 行为文明，有良好的职业操守。 ② 安全用电，操作符合规范。 ③ 实训完后清理、清扫工作现场	① 迟到、做其他事酌情扣 10 分以内。 ② 违反安全用电规范，每处扣 2 分。 ③ 未清理、清扫工作现场扣 5 分	
实训作品	元器件安装	20	① 按规程正确安装元器件。 ② 安装牢固、整齐。 ③ 不损坏元器件。 ④ 安装前应对元器件进行检查	① 不按正确规程安装扣 10 分。 ② 元器件松动、不整齐，每处扣 3 分。 ③ 损坏元器件，每处扣 10 分。 ④ 不用仪表检查元器件扣 2 分	
	安装工艺、规范	30	① 导线敷设平直、整齐。 ② 线与线间无明显空隙，线路连接符合工艺要求。 ③ 线卡定位符合要求	① 导线扭绞、曲折，每处扣 5 分。 ② 线与线间有明显空隙，线路连接不合工艺要求，每处扣 3 分。 ③ 定位不合要求，每处扣 3 分	
	功能	30	线路通电正常工作，各项功能完好	一次通电不成功扣 15 分，二次通电不成功扣 30 分	
	工时		120 分钟		

三、思考与练习

(1) 室内配线有什么技术要求？

(2) 室内配线的一般工序是怎样的？

(3) 常用配线方式有哪些？各有什么特点？各应用于什么场合？

(4) 护套线路的敷设有什么要求？

(5) 护套线路中为什么不允许直接连接？

项目 3.2　线 管 配 线

学习目标

1. 掌握室内明暗线管线路配线的要求及配线方法。

2. 能采用线管进行室内用电线路安装配线。

一、知识链接

把绝缘导线穿在管内敷设，称为线管配线。这种配线方式比较安全，可避免腐蚀性气体侵蚀或遭受机械损伤，一般用于公用建筑内和工业厂房中。

线管配线有明配和暗配两种。明配要求配管横平竖直、整齐美观。暗配要求管路短，弯头少。

1. 技术要求

(1) 穿入管内的导线，其绝缘强度不应低于交流 500V，铜芯导线的最小截面积不能小于 $1mm^2$。

(2) 明敷或暗敷所用的钢管，必须经过镀锌或涂漆的防锈处理，管壁厚度不应小于 1mm。设于潮湿和具有腐蚀性场所的钢管，或埋在地下的钢管，其管壁厚度均不应小于 2mm。

(3) 选配线管时，为便于穿线，应考虑导线的截面积、根数和管子内径是否合适。一般要求线管内导线的总截面积(包括绝缘层)不应超过线管内径截面积的 40%。

(4) 管子与管子连接时，应采用外接头；硬塑料管的连接可采用套接；在管子与接线盒连接时，连接处应用薄型螺母内外拧紧；在具有蒸汽、腐蚀气体、多尘、油、水和其他液体可能渗入内的场所，线管的连接处均应密封。钢管管口均应加装护圈，硬塑料管口可不加装护圈，但管口必须光滑。

(5) 明敷的线管应采用管卡支持。转角和进入接线盒以及与其他线路衔接或穿越墙壁和楼板时，均应放置一副管卡，如图 3-6 所示，管卡均应安装在木结构和木榫上。明设管卡的定位要求如表 3-5 所示。

(6) 为了便于导线的安装和维修，对接线盒的位置有以下规定：无转角时在线管全长每 45m 处、有一个转角时在第 30m 处、有两个转角时在第 20m 处、有三个转角时在第 12m 处均应安装一个接线盒。

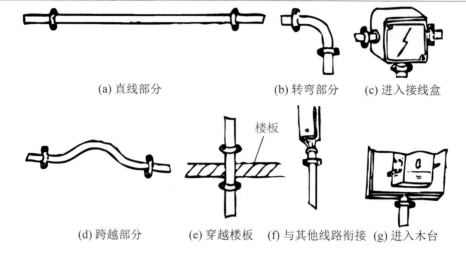

(a) 直线部分   (b) 转弯部分   (c) 进入接线盒

(d) 跨越部分   (e) 穿越楼板   (f) 与其他线路衔接 (g) 进入木台

图 3-6   线管线路的敷设方法及管卡的定位

表 3-5   明设线管直线部分管卡间距

钢管				
安装方式 钢管标称直径/mm	12～20	25～32	40～50	70～80
垂直	1.5	2.0	2.5	3.5
水平	1.0	1.5	2.0	—

硬塑料管			
安装方式 硬塑料管标称直径/mm	20 及以下	25～40	50 及以上
垂直	1.0	1.5	2.0
水平	0.8	1.2	1.5

(7)　线管在同一平面转弯时应保持直角；转角处的线管应在现场根据需要形状进行弯制，不宜采用成品弯线管来连接。

钢管的弯曲，对于直径 50mm 以下的管子可用弯管器，如图 3-7(a)所示；对于直径 50mm 以上的管子可用电动或液压弯管机。塑料管的弯曲，可用热弯法，即在电烘箱或电炉上加热，待至柔软时弯曲成型，如图 3-7(b)所示。管径在 50mm 以上时，可在管内填充以砂子进行局部加热，以免弯曲后产生粗细不匀或弯扁现象。

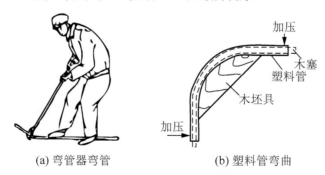

(a) 弯管器弯管   (b) 塑料管弯曲

图 3-7   线管的弯曲

2．线路施工

1）　线管的连接

钢管与钢管连接所用的束节应按线管直径选配。连接时如果存在过松现象，应用白线或塑料薄膜嵌垫在螺纹中，裹垫时应顺螺纹固紧方法缠绕，如果需要密封，须在麻丝上涂一层白漆，如图 3-8 所示。

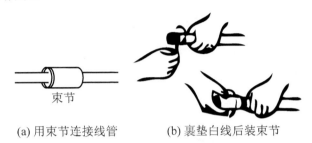

(a) 用束节连接线管　　　　(b) 裹垫白线后装束节

图 3-8　钢管的连接

硬塑料管的连接可用接入法和套接法。接入法可应用如图 3-9 所示的两种方法。

如图 3-9(a)所示，连接时，先在 A 管端部内圆倒角，在 B 管端部外圆倒角；然后将 A 管插接段(长度为管子外径的 1.2～1.5 倍)放在电炉上加热到 145℃左右；呈柔软状态后，即插入金属模具进行扩口；扩完后用水冷却至 50℃左右，取下模具；再用水冷却，使管子恢复正常硬度。

如图 3-9(b)所示，用汽油或酒精清除 A、B 两管插接处的油污杂物。再在 A、B 管两端涂以黏接剂，然后将 B 管插入 A 管内，同时加热 A 管，之后再用水急速冷却，使其扩口部分收缩。这道工序也可改用焊接，即用硬聚氯己烯焊条在连接处焊 2～3 圈，使其有良好的密封性。

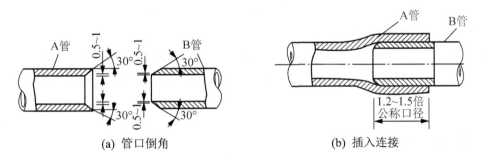

(a) 管口倒角　　　　　　　　(b) 插入连接

图 3-9　硬塑料管的插入连接法

套接法如图 3-10 所示。连接前，先将同直径的硬塑料管加热扩大成套筒，然后把需要接合的两端用汽油或酒精擦干净，涂上黏接剂，迅速插入套筒内，套筒长度为 2.5～3 倍公称口径。也可以用焊接方法予以焊牢和密封。

2）　放线

对整圈绝缘导线，应抽取处于内圈的一个线头，避免整圈导线混乱。

3）　导线穿入线管的方法

穿入钢管前，应在管口上先套上护圈；穿入硬塑料管之前，应先检查管口是否留有毛刺或刃口，以免穿线时损坏导线绝缘层。接着，按每段管长(即两接线盒间长度)加上两端连接所需的线头余量(如铝质导线应加放防断余量)截取导线，并削去两端绝缘层，同时在两端头标出同一根导线的记号，避免在接线时接错。

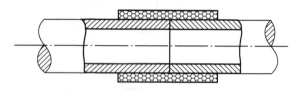

图 3-10 硬塑料管的套接连接

然后，先将需要穿入同一根线管的所有导线线头与引穿钢丝结牢。穿线时，需两人合作，一人在管口的一端慢慢拉钢丝，另一人将导线慢慢送入管内，如图 3-11 所示。

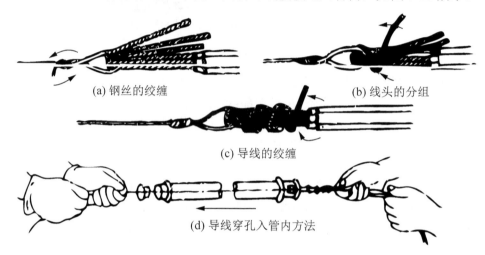

(a) 钢丝的绞缠　　　　　　　　　(b) 线头的分组

(c) 导线的绞缠

(d) 导线穿孔入管内方法

图 3-11 导线与引穿钢丝的连接方法

4) 连接线头的处理

为防止线管两端所留的线头长度不够，或因连接不慎线端断裂出现欠长而造成维修困难，线头应留出足够作两、三次再连接的长度。多留的导线可留成弹簧状存储于接线盒或木台内。

二、技能实训

1. 实训器材

(1) 电线管 $\phi 25$，4m。

(2) 绝缘导线 BV(1.5)，10m。

(3) 钢丝引线 $\phi 1.2$，2 根。

(4) 灯头盒，2 个。

(5) 灯头木台，2 块。

(6) 开关盒，2 个。

(7) 螺口平灯座，2 个。

(8) 双联开关，1 个。

(9) 双位开关(一个单联，一个双联)，各 1 个。

(10) 常用电工工具，1 套。

2. 实训内容及要求

1) 实训接线训练图

如图 3-12 所示，此电路为一个单联开关控制一盏灯和两个双联开关控制一盏灯。

2) 实训步骤

(1) 在选定的安装点标出线路走向及木台、线管支持点的安装位置。

(2) 按需要长度截取线管，并在需要转弯处用手工弯管器弯曲线管。

(3) 用管卡依次固定线管(应使管口伸入木台内边约 10mm)。

(4) 穿线：按实际需要的导线根数进行穿线。

(5) 连接组合：将开关盒、灯头盒与电线管连接组合在一起。

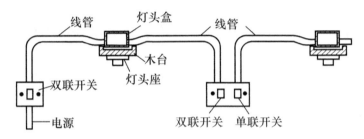

图 3-12 线管线路配线训练图

3) 注意事项

(1) 线管转角处的曲率半径不应小于线管外径的 4 倍。

(2) 安装完线路后一定要仔细检查，确认无误后才能通电实验，实验用的临时电源应由专人控制和监护。

3. 技能考核

技能考核评价标准与评分细则如表 3-6 所示。

表 3-6 线管线路布线评价标准与评分细则

评价内容		配分	考核点	评分细则	得分
职业素养	工作准备	10	清点器件、仪表、电工工具、电动机，并摆放整齐	工具准备少一项扣 2 分，工具摆放不整齐扣 5 分	

续表

评价内容		配分	考 核 点	评分细则	得分
操作规范	6S规范	10	① 行为文明，有良好的职业操守。 ② 安全用电，操作符合规范。 ③ 实训完后清理、清扫工作现场	① 迟到、做其他事酌情扣 10 分以内。 ② 违反安全用电规范，每处扣2分。 ③ 未清理、清扫工作现场扣5分	
实训作品	元器件安装	20	① 按规程正确安装元器件。 ② 安装牢固、整齐。 ③ 不损坏元器件。 ④ 安装前应对元器件进行检查	① 不按正确规程安装扣 10 分。 ② 元器件松动、不整齐，每处扣3分。 ③ 损坏元器件，每件扣 10 分。 ④ 不用仪表检查元器件，扣2分	
	安装工艺、操作规范	30	① 线管敷设平直、整齐。 ② 线路连接符合工艺要求。 ③ 管卡定位符合要求	① 线管弯曲、倾斜，每处扣5分。 ② 线路连接不合工艺要求，每处扣3分。 ③ 定位不合要求，每处扣3分	
	功能	30	线路通电正常工作，各项功能完好	一次通电不成功扣 15 分，二次通电不成功扣30分	
	工时		120分钟		

三、思考与练习

(1) 线管配线时，硬塑料管、钢管分别在什么情况下应用？

(2) 线管配线时，导线连接有什么要求？

(3) 导线穿管有什么要求？

(4) 线管配线有哪些注意事项？

项目 3.3　导线及熔断器选择

学习目标

1. 掌握线路电流的计算及导线规格的选择方法。

2. 掌握熔断器额定数据的计算和选择方法。

3. 能根据用电设备的性质和容量选择导线和熔断器。

一、知识链接

1. 导线选择

在实际生产过程中，经常要对所使用的低压导线、电缆的截面进行选择配线，下面具体介绍其方法、步骤。

(1) 根据在线路中所接的电气设备容量，计算线路中的电流。

① 单相电热、照明的电流计算公式为

$$I = \frac{P}{U}$$

式中，I——线路中的电流(A)；

P——线路中的总功率(W)；

U——单相配线的额定电压(V)。

② 计算电动机电流。

电动机是工厂企业的主要用电设备，大部分是三相交流异步电动机，每相中的电流值可按下式计算：

$$I = \frac{P \times 1000}{\sqrt{3}U\eta\cos\varphi}$$

式中，I——电动机电流(A)；

P——电动机的额定功率(kW)；

U——三相线电压(V)；

η——电动机效率；

$\cos\varphi$——电动机的功率因数。

(2) 根据计算出的线路电流，按导线的安全载流量选择导线。

导线的安全载流量是指在不超过导线最高温度的条件下允许长期通过的最大电流。不同截面、不同线芯的导线在不同使用条件下的安全载流量在各有关手册上均可查到。

(3) 按允许的电压损失进行校验。

当配电线路较长时，根据线路的负荷电流按导线安全载流量选择适当截面的导线后，还应按允许的电压损失进行校验，看所选导线是否符合要求。一般工业用动力和电热设备所允许的电压损失为 5%。

例 3-1 已知有一单相线路 U=220V，线路长 L=100m，传输功率 P=22kW，允许电压损失为 5%，应选多大截面积的铝导线？(ρ=0.0283Ω·mm²/m)

解：(1) 按安全载流量选择导线。

① 线路中的负荷电流 I 为

$$I = \frac{P}{U} = \frac{22 \times 1000}{220} = 100(\text{A})$$

② 查有关安全载流量表选择导线。

查表得 35mm² 铝导线的安全载流量为 105A，所以可选 35mm² 铝导线。

③ 根据允许的电压损失进行检验。

导线长度为

$$L=2\times100=200(m)$$

导线电阻为

$$R=\rho\frac{L}{S}=0.0283\times\frac{200}{35}\approx0.1617(\Omega)$$

35mm² 铝导线的电压损失为

$$\Delta U=\frac{IR}{U}=\frac{100\times0.1617}{220}=7.35\%$$

因为 7.35%>5%，所以 35mm² 铝导线不能达到要求，应选截面积更大一些的铝导线。

(2) 根据允许电压损失选导线。

① 允许电压损失为 5%时，导线上的电压降为

$$U_R=U\times5\%=220\times5\%=11(V)$$

② 导线上电压降为 11V 时，导线的电阻为

$$R'=\frac{U_R}{U}=\frac{11}{100}=0.11(\Omega)$$

③ 铝导线的截面积为

$$S'=\rho\frac{L}{S'}=0.0283\times\frac{200}{0.11}=51.45\,(mm^2)$$

查有关表格知，应选 75mm² 铝导线。

注意：实际工作中计算导线的电压损失是比较复杂的，需要时可参看相关教材。

---

2. 熔断器选择

熔断器经过正确的选择才能起到应有的保护作用。

1) 熔体额定电流的选择

(1) 对变压器、电炉及照明等负载的短路保护，熔体的额定电流应稍大于线路负载的额定电流，即

$$I_{RN}\geqslant\sum I_N$$

(2) 对单台电动机负载的短路保护，熔体的额定电流应大于或等于 1.5～2.5 倍电动机额定电流，即

$$I_{RN}\geqslant(1.5\sim2.5)I_N$$

(3) 对几台电动机同时保护，熔体的额定电流应大于或等于其中最大容量的一台电动机的额定电流的 1.5～2.5 倍加上其余电动机的额定电流总和，即

$$I_{RN}\geqslant(1.5\sim2.5)I_{N\max}+\sum I_N$$

2) 熔管的选择

(1) 熔管的额定电压必须大于或等于线路的工作电压。

(2) 熔管的额定电流必须大于或等于所装熔体的额定电流。

二、技能实训

1. 实训器材

(1) 铝芯导线、铜芯导线、花线等，各若干。

(2) 插入式熔断器，2 个。

(3) 草稿纸、笔等。

2. 实训内容及要求

1) 实训接线原理图

实训接线原理图如图 3-13 所示，其中两孔插座要求能承受 2kW 的电热设备，三孔插座能承受 3kW 的动力设备，白炽灯功率为 100W，日光灯功率为 40W，计划留 1kW 的照明负载和 4kW 的动力负载线路。

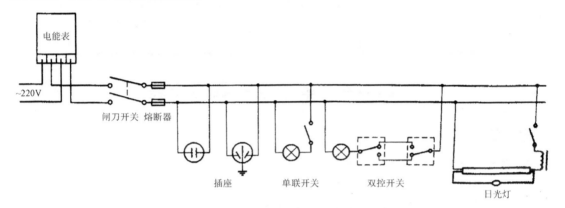

图 3-13　导线及熔断器选择实训接线原理图

2) 实训要求

(1) 若采用铝芯护套线路配线，试选择各段线路所需导线、熔断器的规格和型号。

(2) 若采用单股铜芯线线管线路配线，试选择各段线路所需导线、熔断器的规格和型号。

3) 实训步骤

(1) 线路性质判别：铝芯护套线路、铜芯线管线路。

(2) 容量计算：计算各段线路的电流。

(3) 导线选择：根据计算出的线路电流，按导线的安全载流量选择导线。

(4) 熔断器选择：根据计算出的线路电流，选择熔体和熔管的额定电流和型号。

3. 技能考核

技能考核评价标准与评分细则如表 3-7 所示。

三、思考与练习

(1) 怎样选择导线的规格和型号？

(2) 怎样选择熔体的规格？怎样选择熔管的规格和型号？

(3) 有一用户需安装一房间用电线路，该房间内需安装一台 1.5 匹(3500kW)的空调、一台 150W 的冰箱、4 只 40W 的照明灯具、至少能承受 2.5kW 独立的插座动力线路，试选择各段线路所需导线、熔断器的规格和型号。

表 3-7　导线及熔断器选择实训评价标准与评分细则

评价内容	配分	考核点	评分细则	得分
线路容量计算	20	会计算线路容量	每一处计算错误扣 10 分	
铝芯护套线的选择	30	根据线路容量选择护套线的规格和型号	选择错误，每处扣 10 分	
线管线路中铜芯导线的选择	30	根据线路容量选择线管线路中铜芯线的规格和型号	选择错误，每处扣 10 分	
熔断器的选择	20	根据线路容量选择熔断器的规格和型号	熔体选择错误扣 10 分，熔管选择错误扣 10 分	
工时	120 分钟			

项目 3.4　单相电能表的安装

学习目标

1. 熟悉单相电能表的结构、性能、规格。
2. 会选择单相电能表及相关元件。
3. 熟练掌握单相电能表的安装要求及安装方法。
4. 能进行单相电能表的安装和调试。

一、知识链接

(一)电能表的作用和分类

电能表又名电度表，是计量耗电量的仪表，具有累计功能。

电能表按用途分为有功电能表和无功电能表。有功电能表的规格常用的有 2A、3A、5A、10A、25A、50A、75A 和 100A 等多种。无功电能表的额定电流都为 5A，额定电压有 100V 和 380V 两种。

电能表按结构分为单相表、三相三线表和三相四线表三种(但无功电能表没有单相的)。对于有功电能表，凡用电量超过 120A 的，须配装电流互感器；无功电能表必须与电流互感器配合使用，额定电压为 100V 的还应配装电压互感器。

(二)电能表的结构与原理

单相电能表由励磁、阻尼、走字和基座等部分组成，其中励磁部分又分为电流和电压两部分。感应式单相电能表的结构及工作原理如图 3-14 所示。

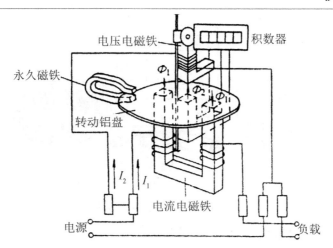

图 3-14　感应式单相电能表的结构及工作原理

电压线圈是常通电的，产生磁通 Φ_U 的大小与电压成正比；电流线圈在通过电流时产生磁通 Φ_I，其大小与电流成正比；走字系统的铝盘置于上述磁场中，切割磁场产生力矩而转动。由永久磁铁组成的阻尼部分可避免因惯性作用而使铝盘越转越快，以及阻止铝盘在负载消除后继续旋转。

三相三线表由两组如同单相表的励磁系统集合，而由一组走字系统构成复合计数；三相四线表由三组如同单相表的励磁系统集合，而由一组走字系统构成计数。

(三)单相电能表

1. 单相电能表的选用

选用电能表时应注意以下三点。

(1) 选型应选用换代的新产品，如 DD861、DD862、DD862a 型，这些新产品具有寿命长、性能稳定、过载能力大、损耗低等优点，因此，选型时应优先选用 86 系列单相电能表。

(2) 电能表的额定电压必须符合被测电路电压的规格。例如，照明电路的电压为 220V，则电能表的额定电压也必须是 220V。

(3) 电能表的额定电流必须与负载的总功率相适应。在电压一定(220V)的情况下，根据公式 $P=IU$ 可以计算出对于不同安培数的单相电能表可装用电器的最大总功率。例如，额定电流为 10A 的单相电能表可装用电器的最大功率为 $P=IU=10×220=22\ 000(W)$。

2. 单相电能表的接线

电能表的接线比较复杂，在接线前要查看附在电能表上的说明书，根据说明书要求和接线图把进线和出线依次对号接在电能表的接线端子上。

(1) 接线原则：电能表的电压线圈应并联在线路上，电流线圈应串联在线路上。

(2) 接线方法：电能表的接线端子都按从左至右编号，国产有功单相电能表的接线方法为 1、3 接进线，2、4 接出线，如图 3-15 所示。

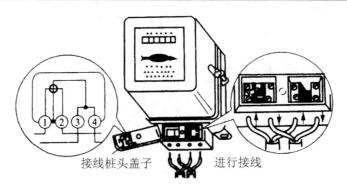

接线桩头盖子   进行接线

图 3-15   单相电能表的接线

3. 单相电能表的安装要求

(1) 电能表应装在干燥处，不能装在高温潮湿或有腐蚀性气体的地方。

(2) 电能表应装在没有振动的地方，因为振动会使零件松动，使计量不准确。

(3) 安装电能表时不能倾斜，一般电能表倾斜 5°会引起 1%的误差，倾斜太大会引起铝盘不转。

(4) 电能表应装在厚度为 25mm 的木板上，木板下面及四周边缘必须涂漆防潮。允许和配电板共用一块木板，电能表须装在配电装置的左方或下方。单相电能表与配电装置的排列位置如图 3-16 所示。

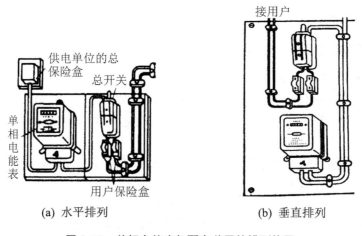

(a) 水平排列   (b) 垂直排列

图 3-16   单相电能表与配电装置的排列位置

(5) 为了安全和抄表方便，木板离地面的高度不得低于 1.4m，但也不能过高，通常在 2m 高度为适宜。如需并列安装多只电能表时，两表间的中心距离不得小于 200mm。

(四)新型特种电能表简介

1) 分时计费电能表

分时计费电能表可利用有功电能表或无功电能表中的脉冲信号，分别计量用电高峰和低谷时间内的有功电能和无功电能，以便对用户在高峰、低谷时期内的用电收取不同的电费。

2) 多费率电能表

多费率电能表采用专用单片机为主电路的设计。除具有普通三相电能表的功能外，还设有高峰、峰、平、谷时段电能计量，以及连续时间或任意时段的最大需量指示功能，而且还具有断相指示、频率测试等功能。这种电能表可广泛用于电厂、变电所、厂矿企业，便于发、供电部门实行峰谷分时电价，限制高峰负荷。

3) 电子预付费式电能表

电子预付费式电能表是一种先付费后用电、通过先进的 IC 卡进行用电管理的一种全新概念的电能表。它采用微电子技术进行数据采样、处理及保存，主要由电能计量及微处理器控制两部分组成。

二、技能实训

1. 实训器材

(1) 配电板，1 块。

(2) 单相电能表(DD2810A/220V)，1 块。

(3) 瓷底胶盖闸刀(HK1-15/2)，1 个。

(4) 熔断器(RC1-10A)，2 副。

(5) 二芯塑料护套线(BV1.5)，2.5m。

(6) 电工常用工具，1 套。

2. 实训内容及要求

1) 实训安装接线图

单相电能表与配电板的安装接线如图 3-17 所示。

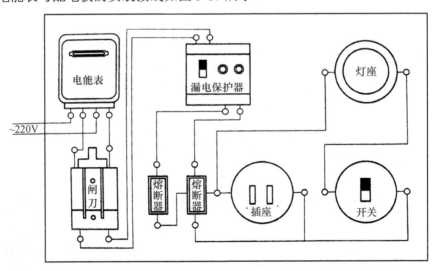

图 3-17 单相电能表与配电板安装接线图

2) 实训步骤

(1) 按要求在木板上确定配电板尺寸。

(2) 在配电板上标出各电器的位置。

(3) 在配电板上安装各电器。

(4) 按护套线路的敷设方法敷设导线。

(5) 检查线路连接是否正确。

(6) 接入负载通电试验。

(7) 练习完毕，经指导教师检查、评定后，做好各项结束工作。

3. 技能考核

技能考核评价标准与评分细则如表 3-8 所示。

表 3-8　单相电能表安装评价标准与评分细则

评价内容		配分	考 核 点	评分细则	得分
职业素养	工作准备	10	清点器件、仪表、电工工具、电动机，并摆放整齐	工具准备少一项扣 2 分，工具摆放不整齐扣 5 分	
操作规范	6S 规范	10	① 行为文明，有良好的职业操守。② 安全用电，操作符合规范。③ 实训完后清理、清扫工作现场	① 迟到、做其他事酌情扣 10 分以内。② 违反安全用电规范，每处扣 2 分。③ 未清理、清扫工作现场，扣 5 分	
实训作品	元器件安装	20	① 按规程正确安装元器件。② 安装牢固、整齐。③ 不损坏元器件。④ 安装前应对元器件进行检查	① 不按规程正确安装扣 10 分。② 元器件松动、不整齐，每处扣 3 分。③ 损坏元器件，每件扣 10 分。④ 不用仪表检查、元器件，扣 2 分	
	安装工艺、操作规范	30	① 电能表安装垂直。② 线路连接符合工艺要求	① 电能表不垂直扣 10 分。② 线路连接不合工艺要求，每处扣 3 分	
	功能	30	线路通电正常工作，各项功能完好	一次通电不成功扣 15 分，二次通电不成功扣 30 分	
	工时		90 分钟		

三、思考与练习

(1) 电能表的安装有哪些要求？

(2) 有功单相电能表怎样接线？

(3) 安装电能表时应注意哪些事项？

项目 3.5　三相电能表的安装与调试

学习目标

1. 熟悉三相电能表的结构、性能、规格。
2. 会正确选择三相电能表及相关元件。
3. 熟练掌握三相电能表的安装要求及安装方法。
4. 能正确安装三相电能表。

一、知识链接

1. 三相电能表的分类

根据被测电能的性质，三相电能表可分为有功电能表和无功电能表。

根据被测线路的不同，三相有功电能表又分为三相四线制和三相三线制两种。三相四线制有功电能表的额定电压一般为 220V，额定电流有 1.5A、3A、5A、6A、10A、15A、20A、25A、30A、40A、60A 等数种，其中额定电流为 5A 的可经电流互感器接入电路。三相三线制有功电能表的额定电压一般为 380V，额定电流有 1.5A、3A、5A、6A、10A、15A、20A、25A、30A、40A、60A 等数种，其中额定电流为 5A 的可经电流互感器接入电路。

根据被测线路的不同，三相无功电能表又分为三相四线制和三相三线制两种。

2. 三相电能表的安装

1)　三相有功电能表

(1)　三相四线制有功电能表。

测量三相四线制用电量，通常用 DT1 型或 DT2 型三元件三相电能表。该表接线盒内有 11 个接线端子，从左至右由 1 到 11 依次编号。图 3-18(a)所示为直接接入时的接线，图 3-18(b)所示为经电流互感器接入时的接线，图 3-18(c)所示为接线端子及进出线的连接。

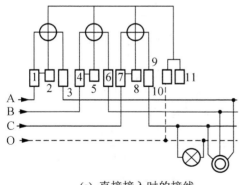

(a) 直接接入时的接线

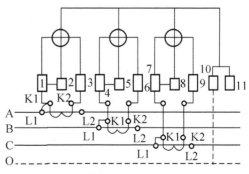

(b) 经电流互感器接入时的接线

图 3-18　DT 型三相四线制有功电能表的正确接线

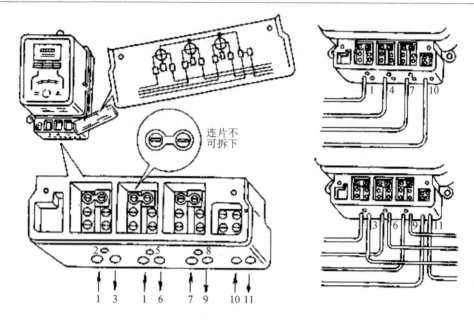

(c) 接线端子及进出线的连接

图 3-18　DT 型三相四线制有功电能表的正确接线(续)

(2) 三相三线制有功电能表。

三相三线制有功电能表由两个驱动元件组成，两个铝盘固定在同一个转轴上，故称为两元件电能表。

三相三线制有功电能表用于三相三线电路中，第一个元件的电压线圈和电流线圈分别接 U_{UV}、I_U，第二个元件的电压线圈和电流线圈分别接 U_{WV}、I_W。接线错误将会使电表不转或反转。

三相三线制有功电能表的正确接线如图 3-19 所示。图 3-19(a)所示为直接接入时的接线，图 3-19(b)所示为直接接入时的安装方法，图 3-19(c)所示为经电源互感器接入时的接线，图 3-19(d)所示为经电流互感器接入时的安装方法。

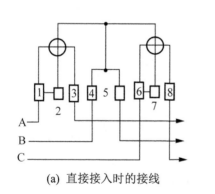

(a) 直接接入时的接线　　　　　　　　(b) 直接接入时的安装方法

图 3-19　三相三线制有功电能表的正确接线

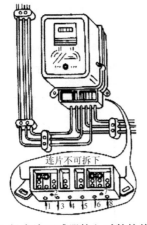
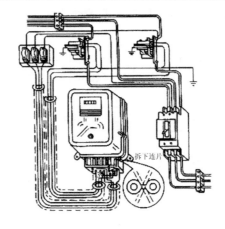

连片不可拆下

拆下连片

(c) 经电流互感器接入时的接线　　(d) 经电流互感器接入时的安装方法

图 3-19　三相三线制有功电能表的正确接线(续)

2)　三相无功电能表

(1)　三相四线制无功电能表。

在三相四线制无功电能的测量中，最常用的是一种带附加电流线圈结构的无功电能表，如 DX1 型、DX15 型和 DX18 型等，其接线原理图如图 3-20 所示。

(2)　三相三线制无功电能表。

在三相三线制无功电能的测量中，最常用的是一种具有 60°相位角的三相无功电能表，如 DX2 型和 DX8 型等，其接线原理图如图 3-21 所示。

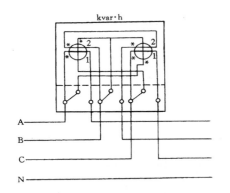
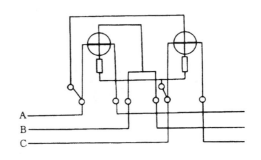

图 3-20　带附加电流线圈的三相四线制
无功电能表接线原理图

图 3-21　具有 60°相位角的三相三线制
无功电能表接线原理图

3. 带互感器的三相电能表的接线

1)　电压互感器

电压互感器实质上是一个降压变压器。一般规定电压互感器的二次绕组的额定电压为 100V，一次绕组的匝数比二次绕组的匝数要多得多。不同量程的电压互感器，其一次绕组的匝数不同，所以一次绕组可接入不同的电压。其接线图如图 3-22 所示。

电压互感器一次侧与二次侧的额定电压之比等于其匝数之比，而一次侧与二次侧匝数之比是一常数，称为电压互感器的变比 K_u。被测电压等于二次侧电压表读数乘以变比。

2) 电流互感器

电流互感器相当于一个降流变压器，一般规定电流互感器的二次绕组的额定电流为 5A，一次绕组的匝数比二次绕组的匝数要少得多。其接线图如图 3-23 所示。

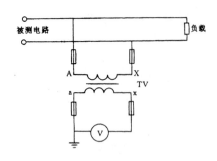

图 3-22　电压互感器的接线图

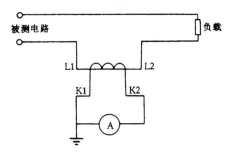

图 3-23　电流互感器的接线图

电流互感器一次侧与二次侧的电流之比等于其匝数之比的倒数，而一次侧与二次侧匝数之比的倒数是一常数，称为电流互感器的变比 K_i。被测电流等于二次侧电流表读数乘以变比。

3) 电能表加装互感器的接线

三元件三相四线制有功电能表经互感器接入三相电路时的接线图如图 3-24 所示。

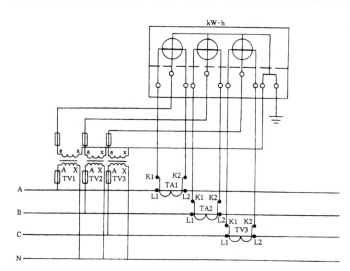

图 3-24　三元件三相四线制有功电能表经互感器接入三相电路时的接线图

两元件三相三线制有功电能表和三相三线制无功电能表经互感器接入三相电路时的接线图如图 3-25 所示。

4) 互感器接线时的注意事项

(1) 与互感器一次侧接线端子连接时，可用铝芯线；但与二次侧接线端子连接时则必须采用铜芯导线。

(2) 与二次侧接线端子连接的导线截面积，应选用 1.5mm^2 或 2.5mm^2 的单股铜芯绝缘线；中间不得有接头，也不可采用软线。

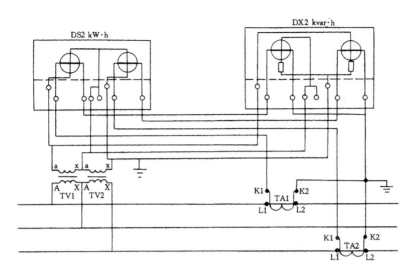

图 3-25 两元件三相三线制有功电能表和三相三线制无功电能表经互感器接入三相电路时的接线图

(3) 互感器一次侧接线端子的 L1 接主回路的进线，L2 接出线；互感器二次侧接线端子的 K1 或"+"接电能表电流线圈的进线端子，K2 或"-"接电能表电流线圈的出线端子。(在实际连线时，应将三个电流线圈的出线端子、三个 K2 分别先进行 Y 形连接，然后把两 Y 形的中点用一根导线连在一起。)

(4) 互感器二次侧的 K2(或"-")接线端子、外壳和铁芯都必须进行可靠的接地。

(5) 互感器宜装在电能表板上方。

5) 电能表带互感器接线时电能的读数

电能表加装互感器后电能的读数方法如下：当电能表与所标明的互感器配套使用时，可直接从电能表上读出所测电路的度数；当电能表与所标明的互感器不同时，则需根据电压互感器的电压变比和电流互感器的电流变比对读数进行换算，才能得到被测电能的数值。

二、技能实训

1. 实训器材

(1) 木制配电板(学生自定尺寸)，1 块。

(2) 三相三线制有功电能表($DS_2 5A$)，1 个。

(3) 空气开关 DZ10-100，1 个。

(4) 电流互感器 LQG-0.5(50/5)，3 个。

(5) 铜芯绝缘线 BV2.5，10m。

(6) 线路敷设器材，若干。

(7) 电工常用工具，1 套。

(8) 三相电动机(作负载)，1 台。

2. 实训内容及要求

1) 实训接线原理图

实训接线原理图如图 3-26 所示。

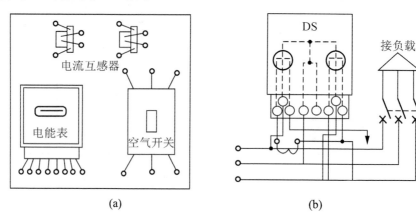

图 3-26　三相电能表实训接线原理图

2) 实训步骤

(1) 清点元件数量和规格，检查元件是否良好。

(2) 预习三相三线制电能表的工作原理和带电流互感器的接线方法，并默绘出接线图。

(3) 在木板上确定配电板尺寸，标出各电器的安装位置并钻孔。

(4) 安装各电器。

(5) 敷设线路并进行各电器的连接。

(6) 检查线路的安装质量以及电能表的接线是否正确。

(7) 经查对无误后带上负载进行通电实验。

(8) 试验完毕经指导教师检查、评分后，及时切除电源并作好现场结束工作。

3) 注意事项

(1) 电能表在通电实验时，表面与地面应保持垂直。

(2) 电能表内的电压线圈和电流线圈以及进出线极性不能接错。

(3) 实际施工安装时应符合低压用户电气装置规程中的有关规定。

3. 技能考核

技能考核评价标准与评分细则如表 3-9 所示。

表 3-9　三相电能表安装评价标准与评分细则

评价内容		配分	考核点	评分细则	得分
职业素养	工作准备	10	清点器件、仪表、电工工具、电动机，并摆放整齐	工具准备少一项扣 2 分，工具摆放不整齐扣 5 分	

续表

评价内容		配分	考核点	评分细则	得分
操作规范	6S 规范	10	① 行为文明，有良好的职业操守。 ② 安全用电，操作符合规范。 ③ 实训完后清理、清扫工作现场	① 迟到、做其他事酌情扣 10 分以内。 ② 违反安全用电规范，每处扣 2 分。 ③ 未清理、清扫工作现场扣 5 分	
实训作品	元器件安装	20	① 按规程正确安装元器件。 ② 安装牢固、整齐。 ③ 不损坏元器件。 ④ 安装前应对元器件进行检查	① 不按规程正确安装扣 10 分。 ② 元器件松动、不整齐，每处扣 3 分。 ③ 损坏元器件，每件扣 10 分。 ④ 不用仪表检查元器件，扣 2 分	
	安装工艺、操作规范	30	① 电能表安装垂直。 ② 线路连接符合工艺要求	① 电能表不垂直扣 10 分。 ② 线路连接不合工艺要求，每处扣 5 分	
	功能	30	线路通电正常工作，各项功能完好	一次通电不成功扣 15 分，二次通电不成功扣 30 分	
	工时		90 分钟		

三、思考与练习

(1) 绘出三相三线制有功电能表带电流互感器的接线图。

(2) 电流互感器与电压互感器有什么作用？

(3) 接了电流互感器的电能表在读数时应注意什么问题？

项目 3.6　配电板的安装

学习目标

1. 熟悉配电板的作用、安装要求。

2. 会设计、安装配电板。

一、知识链接

总配电装置在线路中起控制和保护作用。有的在配电箱内或配电板上还安装有计量装置，用于计量耗电量。公用低压网络中的用户多采用配电箱或配电板。

(一)配电箱和配电板

1. 组成和作用

配电箱和配电板的组成系统图如图 3-27 所示。

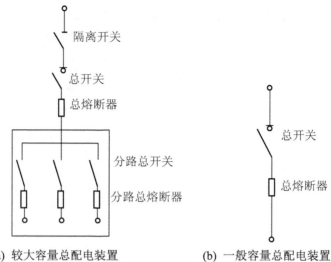

    (a) 较大容量总配电装置　　　　　　(b) 一般容量总配电装置

图 3-27　配电箱和配电板组成系统图

    配电箱或配电板对用户的整个电路内的电气装置进行控制和保护，同时在检修时可起隔离电源、保证安全维修的作用。若装有计量装置，则还可计量用户的耗电量。

    配电箱分动力配电箱(XL)和照明配电箱(XM)等，其安装方式有悬挂式、嵌墙式和落地式三种。

2. 基本安装要求

    (1) 配电板应与电能表板装在一处，配电板置于电能表板的右方或上方。

    (2) 配电板上各种电气设备应安装在木板或木台上。走线应明设(用木台的，出线允许穿入木台进行暗敷)。木板或木台四周表面均应涂漆防潮。

    (3) 配电板上和配电箱内的各种连接线中间不准有接头。

    (4) 配电板上和配电箱内各种电气设备的规格必须尽可能统一，并应符合对容量及技术性能的要求。

    (5) 配电板和配电箱应安装在干燥、明亮、不易受震、便于操作和维护的场所，不得安装在水池、水门的上下侧。

    (6) 暗装配电箱离地一般为 1.4m；明装配电箱和明装照明配电板离地不应低于1.8m。它们的操作手柄距侧墙不应小于 200mm。

    (7) 配电箱的金属构件、铁制盘及电器的金属外壳均应做保护接地(或保护接零)处理。

    (8) 接零系统中的零线应在引入线处或线路末端的配电箱处做好重复接地。

    (9) 配电箱内的母线应有黄(L1)、绿(L2)、红(L3)、黑(接地的零线)、紫(不接地的零线)等分相标识，可用刷漆涂色或采用与分相标识颜色相应的绝缘导线。

    (10) 配电箱内壁和外壁应分别涂刷油漆和防腐漆，箱门油漆颜色一般应与工程门窗颜色相同。

(二)低压隔离开关和总开关的应用和安装

1. 隔离开关

隔离开关应安装在总开关之前、电能表之后,以保证维修总开关时也能切断电源。常选用 HD 型刀开关作低压隔离开关。

隔离开关应竖直安装,静触头置于上方,接进线;动触头置于下方,接出线,不可装反。隔离开关不可横装,以免误合闸。

在一些要求不高的配电装置中,允许采用 RC1A 型熔断器代替隔离开关。

因隔离开关不具有切断和接通负载电流的功能,故隔离开关不允许带负载操作。同样,不许带负载拔去或插上插入式熔断器盖。

应根据不同性质的负载来选择隔离开关的类型:电灯和纯电阻负载可选用 HK 型开启式负荷开关;电动机等感性负载应采用 HH 型封闭式负荷开关(俗称铁壳开关)和 DZ 型塑料外壳式断路器。

应根据负载的大小来选择隔离开关的规格:其额定电流应等于或大于所分断的计算负载电流。

2. 总开关和分路总开关的安装

各种开关不准横装和倒装,以免发生误动作。接线时须使动触头在分闸时不带电,即进线接静触头,出线接动触头。采用带熔断器的开关时,进线应接入不与熔断器直接连通的接线端子上。

(三)配电板和配电箱的制作和安装

1. 配电板和配电箱的制作和组装

除定型成品配电箱外,在施工中可根据需要现场制作配电板和配电箱(非标准配电箱)。

(1) 盘面板的制作。按设计要求用木板或塑料板制作盘面板。

(2) 电器排列及相互间的最小间距。将全部电器排列在盘面板上。一般将仪表放在上方,各回路的开关及熔断器要相互对应,放置的位置要便于操作、维护,并使盘面板的外形整齐、美观。

电器排列的最小间距应符合图 3-28 和表 3-10 中的规定。此外,其他各电器件、出线口、瓷管头等距盘面四边边缘不应小于 30mm。

(3) 电器的位置确定和钻孔刷漆。按照电器排列的实际位置,标出每个电器的安装孔和出线孔(间距要均匀)的位置,然后进行盘面板的钻孔和刷漆。

(4) 固定电器。在出线孔套上瓷管头或橡皮扩套以保护导线,然后将全部电器摆正定位,用木螺钉或螺栓将电器固定牢靠。

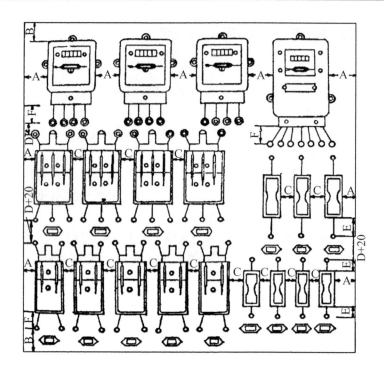

图 3-28 配电板中电器的排列

表 3-10 盘面板电器排列间距表

间　距	电器规格/A	导线截面/mm^2	最小尺寸/mm
A			60
B			50
C	—	—	30
D			20
E	10~15		20
	20~30	—	30
	60		50
F	—	<10	80
		16~25	100

2. 总开关

(1) 选择总开关和分路总开关。

(2) 敷设导线。根据仪表和电器的规格、容量及位置，按设计要求选取导线截面(铜芯线不小于 1.5mm^2，铝芯线不小于 2.5mm^2)和长度。导线须排列整齐，绑扎成束，用卡钉固定在盘面板的背面，不能使导线摆动，如图 3-29 所示。盘后引入和引出的导线应进行绑扎，并留出适当的余量，以利检修。

(3) 导线与电器的连接。导线敷好后，即可按设计要求依次正确地与电器进行连接。

(4) 电源的连接要求。垂直装设的开关或熔断器等设备的上端接电源，下端接负载；横装的设备左侧接电源，右侧接负载。

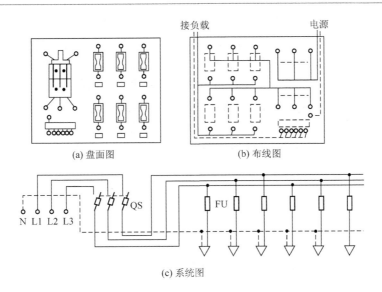

图 3-29　盘面板背面配线示意图

(5)　接零母线。接零系统中的零母线，一般应由零线端子板分路引至各支路或设备。零线端子板上分支路的排列位置，应与分支路的熔断器位置对应。接地保护电路先通过地线端，再用端子板分路。

(6)　相序涂色。涂色要求见基本安装要求中所述。

(7)　安装卡片框。盘面板上所有电器的下方均应安装"卡片框"(见图 3-28)，标明回路的名称。

为节约木材，现已广泛采用塑料配电板和盘面板。在塑料盘面板上安装电器时，应先钻一个 $\phi 3$ 的小孔，再用木螺钉安装。

铁质盘面板常用厚度不小于 2mm 的铁板制作，做好后表面应做防腐处理，先除锈再刷油漆。

(8)　制作箱体。配电箱的形状和外形尺寸一般应符合设计要求(或根据安装位置的尺寸和需要安装电器的多少进行综合考虑)。具体制作方法可参考一些成品配电箱。

3. 配电板和配电箱的安装

(1)　木制配电板。一般可采用膨胀螺栓(或预埋木榫)直接将配电板固定在墙上。

(2)　铁制配电盘。可先将角钢支架预埋在墙内或地坪上，然后将配电板用螺栓安装固定在支架上。

(3)　配电箱在墙上安装。

①　预埋固定螺栓。根据配电箱安装孔的尺寸，在墙上画好孔的位置，然后凿孔洞，预埋固定螺栓。一般要求上、下各装两个固定螺栓，且要求螺栓的规格和长度应符合配电箱型号和重量的要求。

②　配电箱的固定。待预埋件的填充材料凝固干透后，即可进行。

(4)　配电箱在支架上安装。先焊接好支架，并在支架上钻好固定螺栓的孔洞，然后将支架安装在墙上或埋设在地坪上，再用螺栓固定好配电箱。

(5) 配电箱在柱上安装。先在柱上装设角钢和包箍，然后在上、下角钢中部的配电箱安装孔处焊接固定螺栓的垫铁，并钻好孔，最后将配电箱固定安装在角钢垫铁上。

(6) 配电箱的嵌墙式安装。应配合配线工程的暗敷设进行。待预埋线管工作完毕后，将配电箱的箱体嵌入墙内，并做好线管与箱体的连接固定和跨接地线的连接工作，然后在箱体四周填入水泥砂浆。若墙壁厚度不够，可用半嵌入式安装。

(7) 配电箱的落地式安装。先预制一个高出地面约 100mm 的混凝土空心台，以便进出线的连接。进入配电箱的钢管应排列整齐，其管口应高出基础面 50mm 以上。安装方法与配电柜类似。

二、技能实训

1. 实训器材

(1) 木制配电板(由学生自己定尺寸)，1 块。

(2) 刀开关 HK1-15/3，1 个。

(3) 熔断器 RC1A-10，6 个。

(4) 护套线 BLV(2.5)，5m。

(5) 接线端子，1 排。

(6) 小铁钉、木螺钉，各若干。

(7) 常用电工工具，1 套。

2. 实训内容及要求

1) 实训接线原理图

配电板安装实训图如图 3-30 所示。

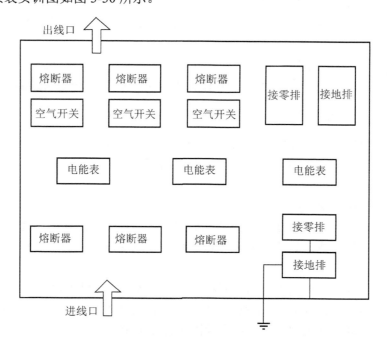

图 3-30　配电板安装实训图

2)　实训步骤

(1)　根据电器排列确定板面尺寸。

(2)　标出各电器的安装位置，并钻孔。

(3)　用木螺钉固定各电器。

(4)　敷设导线及各电器间的连接导线。

(5)　仔细检查线路接线是否正确，检查后接上临时负载通电实验。

3. 技能考核

技能考核评价标准与评分细则如表 3-11 所示。

表 3-11　配电板安装评价标准与评分细则

评价内容		配分	考　核　点	评分细则	得分
职业素养	工作准备	10	清点器件、仪表、电工工具、电动机，并摆放整齐	工具准备少一项扣 2 分，工具摆放不整齐扣 5 分	
操作规范	6S 规范	10	① 行为文明，有良好的职业操守。 ② 安全用电，操作符合规范。 ③ 实训完后清理、清扫工作现场	① 迟到、做其他事酌情扣 10 分以内。 ② 违反安全用电规范，每处扣 2 分。 ③ 未清理、清扫工作现场扣 5 分	
实训作品	元器件安装	20	① 按规程正确安装元器件。 ② 安装牢固、整齐。 ③ 不损坏元器件。 ④ 安装前应对元器件进行检查	① 不按规程正确安装扣 10 分。 ② 元器件松动、不整齐，每处扣 3 分。 ③ 损坏元器件，每件扣 10 分。 ④ 不用仪表检查元器件扣 2 分	
	安装工艺、规范	30	① 走线合理，横平竖直。 ② 避免交叉、架空线和叠线。 ③ 螺栓式接点，导线应打压接圈，顺时针旋转。 ④ 导线垂直转弯,高低或前后一致。 ⑤ 严禁损伤线芯和导线绝缘。 ⑥ 每个端子连线不超过两根。 ⑦ 进出线合理汇集在端子排	① 走线不平直，每处扣 5 分。 ② 交叉或架空线，每处扣 5 分。 ③ 无压接圈，每处扣 3 分；逆时针旋转，每处扣 2 分。 ④ 导线转弯处不垂直或高低前后不一致，每处扣 4 分。 ⑤ 损伤导线或线芯，每处扣 2 分。 ⑥ 三根线的端子，每处扣 2 分。 ⑦ 未汇在端子排，每根扣 1 分	
	功能	30	线路通电正常工作，各项功能完好	一次通电不成功扣 15 分；二次通电不成功，扣 30 分	
工时		150 分钟			

三、思考与练习

(1) 安装如图 3-31 所示的配电板。

图 3-31　思考与练习题 1 图

(2) 配电板上的刀开关和熔断器各有何作用？
(3) 总配电板和配电箱由哪些部分组成？有什么作用？
(4) 安装总配电板或配电箱有哪些要求？
(5) 为什么电源进线一定要接闸刀开关的静触头？为什么闸刀开关的静触头一定要在上方？

项目 3.7　常用照明装置的安装

学习目标

1. 熟悉常用照明装置的结构、特点、性能。
2. 会安装、使用常用照明装置。
3. 能对照明电路进行检测。

一、知识链接

(一)常用电光源的种类

常用电光源的种类和应用情况如表 3-12 所示。

表 3-12　常用电光源种类和应用情况

类　别	特　点	应用场所
白炽灯	① 简单，可靠，价格低，装修方便，光色柔和。 ② 发光效率较低，寿命较短(一般仅 100 小时)	广泛应用于各种场所

续表

类 别	特 点	应用场所
碘钨灯	① 简单，可靠，光色好，体积小，装修方便，发光效率比白炽灯高30%左右。 ② 灯管须水平安装(倾斜度不可大于 4°)，灯管温度高(可达 500～700℃)	广场、体育场、游泳池、工矿企业的车间、工地、仓库、堆场和门灯，以及建筑工地和田间作业等场所
荧光灯(日光灯)	① 寿命长(比白炽灯长 2～3 倍)，光色较好，发光效率比白炽灯高 4 倍左右。 ② 功率因数低(0.5 左右)，附件多，故障较多	广泛应用于办公室、会议室和商店等场所
高压汞灯(高压水银荧光灯)	① 寿命长(比白炽灯长 3 倍)，耐振、耐热性能好，寿命是白炽灯的(2)5～5 倍。 ② 起辉时间长，适应电压波动性能差(电压下降5%可能会引起自熄)	广场、大型车间、车站、码头、街道、露天工场、门灯和仓库等场所
钠灯	① 发光效率高，耐振性能好，寿命长(比白炽灯长10 倍以上)，光线穿透性强。 ② 辨色性能差	街道、堆场、车站和码头等，尤其适用于多露多尘的场所，作为一般照明作用
金属卤化物灯 (如镝灯等)	① 光效高，辨色性能较好。 ② 属强光灯，若安装不妥易发生眩光和较高的紫外线辐射	适用于大面积高照度的场所，如体育场、游泳池、广场、建筑工地等

(二)照明装置安装的一般规定和要求

1. 照明装置安装的一般规定

(1) 灯具安装应牢固，灯具重量超过 3kg 者，须固定在预埋的吊钩或螺栓上。

(2) 灯具的吊管应由直径不小于 10mm 的薄壁管或钢管制成。

(3) 灯具固定时，不应该因灯具自重而使导线承受过大的张力。

(4) 灯架及管内的导线不应有接头。

(5) 分支及连接处应便于检查。

(6) 导线在引入灯具处，不应该受到应力及磨损。

(7) 必须接地或接零的金属外壳应有专门的接地螺钉与接地线相连。

(8) 室外及潮湿危险场所的灯头离地高度不能低于 2.5m，室内一般场所不低于 2m，低于 1m 时，电源吊线应加套绝缘管保护。灯座离地低于 1m 时，应采用 36V 及以下的低压安全灯。

(9) 各种开关和插座距地面高度应为 1.3m 以上，采用安全插座时最低高度不小于15cm。

2. 照明装置的安装要求

照明装置的安装要求，可概括成八个字，即正规、合理、牢固、整齐。

(1) 正规：指各种灯具开关、插座及所有附件必须按照有关规程和要求进行安装。

(2) 合理：正确选用与环境相适应的灯具，并做到经济、可靠；合理选择安装位置，做到使用方便。

(3) 牢固：各种照明灯具应安装得牢固可靠、使用安全。

(4) 整齐：同一环境、同一照明要求的照明器具要安装得平齐竖直，品种规格整齐统一，形色协调。

(三)常用照明装置的安装方法

1. 白炽灯的安装

白炽灯泡也称钨丝灯泡。当电流通过钨制成的灯丝时，灯丝加热到白炽程度而发光。白炽灯泡主要由外面封闭的玻璃壳和灯丝组成。白炽灯的规格以电压和功率来表示。

白炽灯分为真空泡和充气泡(氩气和氮气)两种。40W 以下的一般为真空泡，40W 以上的一般为充气泡。灯泡充气后，泡内压力增高，使钨丝的蒸发和氧化比较缓慢，而且能提高灯丝的温度和发光效率。

白炽灯的安装一般有三种方法：悬吊式、壁式和吸顶式。悬吊式又分为软线吊灯、链式吊灯及钢管吊灯。

1) 吊灯的安装

(1) 安装木台。先在木台上锯好进线槽，钻好出线孔，然后将电线从木台出线孔穿出，再将木台固定安装在天花板或横梁上。如果安装处是木材料，则可用木螺丝直接将木台固定；如果安装处是水泥结构，应预埋木砖或打洞埋设铁丝榫，然后用木螺钉固定木台。

(2) 安装吊线盒。用木螺钉将吊线盒安装在木台上，如图 3-32(a)所示。然后剥去两线头的绝缘层约 2cm，并分别旋紧在吊线盒的接线柱上，如图 3-32(b)所示。再取适当长的软导线作为灯头的连接线，上端接吊线盒的接线柱，下端接灯头。在离软导线端 5cm 处打一结扣，如图 3-32(c)所示。最后将软导线的下端从吊线盒盖孔中穿出并旋紧盒盖。

(3) 安装灯座。将软导线下端穿入灯座盖中，在离线头约 3cm 处打一个如图 3-32(c)所示的结扣后，把两线分别接在灯座的接线柱上，如图 3-33 所示，然后旋紧灯座盖。

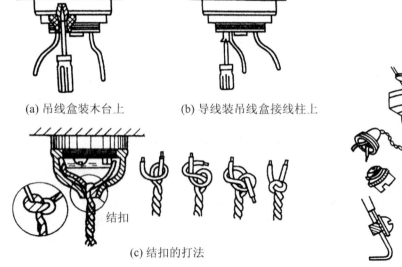

(a) 吊线盒装木台上　　　(b) 导线装吊线盒接线柱上

结扣

(c) 结扣的打法

图 3-32　吊灯安装时软导线的打结方法　　　图 3-33　灯座的安装

(4) 吊链的安装。若灯具的重量较大，超过 2.5kg 时，就需要用吊链或钢管来悬挂灯具。安装时，钢管或吊链的一端固定在灯罩口上，另一端固定在天花板的挂钩上。挂钩可用木螺钉固定在木材质的天花板或梁上，或埋设在混凝土结构的天花板上。

采用吊链悬挂灯具时，两根导线应编入吊链内。

2) 吸顶灯的安装

吸顶灯是通过木台将灯具吸顶安装在屋面上。在固定木台之前，需在灯具的底座与木台之间铺垫石棉板或石棉布。

3) 壁灯的安装

壁灯可以安装在墙壁上，也可安装在柱子上。当装在砖墙上时，一般在砖墙里预埋木砖或金属构件，禁止用木楔代替木砖。如果装在柱子上，则应在柱上预埋金属构件或用抱箍将金属构件固定在柱上，然后将壁灯固定在金属构件上。

4) 灯具的接线

灯具接线时，相线与零线的区分应遵守以下规则。

(1) 零线直接接到灯座上，相线经过开关再接到灯座上。

(2) 安装螺口灯座时，相线应接在螺口灯座中心弹片上，零线接在螺口上，如图 3-34 所示。

(3) 当采用螺口吊灯时，应在吊线盒和灯座上分别将相线做出明显标识，以示区别。

(4) 采用双股棉织绝缘软线时，其中有花色的线接相线，无花色的线接零线，以便于区分。

(5) 若灯罩需接地，应用一根专线与接地线相连，以确保安全。

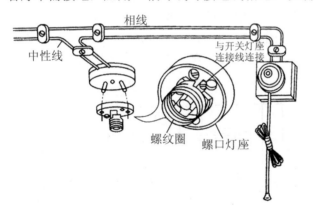
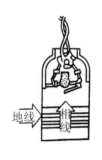

(a) 螺口平灯座的安装　　　　　　　　(b) 螺口吊灯座的安装

图 3-34　螺口灯座的安装

2. 日光灯的安装

1) 日光灯的工作原理

日光灯由灯管、启辉器、镇流器、灯架和灯座等组成。

(1) 启辉器。

启辉器由氖泡、小电容、出线脚和外壳等组成。氖泡内装有静触片和 U 形双金属动触片，并充有氖气与氩气的混合气体。当动静触片间电压较低时相当于开路，当电压达到

135V 左右时，启辉器两极间产生辉光放电。启辉器内的小电容能吸收干扰收音机和电视机的杂波。

(2) 镇流器。

镇流器分为电感式镇流器和电子镇流器，目前越来越多地应用电子镇流器。

电感式镇流器实际上是一个带铁芯的电感线圈，它串联在日光灯电路中，如图 3-35 所示。四个线头镇流器的接线图如图 3-36 所示。电感式镇流器的作用有：限制灯丝预热的电流；产生高压脉冲来启动日光灯管放电点燃；日光灯正常工作时起降压限流作用，使启辉器不再辉光放电，使日光灯工作电流适当。

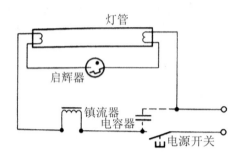

图 3-35　日光灯电路图

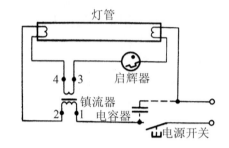

图 3-36　四个线头镇流器的接线图

电子镇流器与电感式镇流器相比较，有节能低耗(自身损耗通常在 1W 左右)、效率高、电路连接简单、不用启辉器、工作时无噪声、功率因数高(大于 0.9 甚至接近于 1)、可使灯管寿命延长一倍等优点。所以，电子镇流器正在取代电感式镇流器。

电子镇流器的种类繁多，但其基本原理是基于高频电路产生自激振荡，通过谐振电路使灯管两端得到高频高压而被点燃。图 3-37 所示为一种日光灯电子镇流器的电路原理图，图 3-38 所示为采用电子镇流器的日光灯接线图。在选用时，电子镇流器的标称功率必须与灯管的标称功率相符。

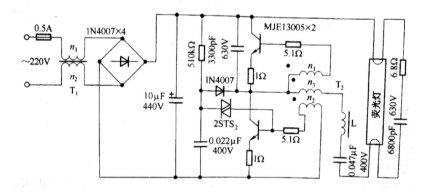

图 3-37　日光灯电子镇流器的电路原理图

此外，许多电子公司纷纷开发出了转换效率高的集成电子镇流器新产品。

(3) 工作原理。

电感式镇流器日光灯的接线原理图如图 3-35 所示。当开关接通瞬间，日光灯还未亮，因此镇流器中没有电流，这时线路电压全部加在启辉器两端，使启辉器辉光放电。辉光放电所产生的热量使启辉器双金属动触片变形而与静触片接触，电流便流过镇流器与灯丝，使灯丝加热发射电子。由于启辉器动静触片接触而使辉光放电停止，双金属片因温度下降而恢复原来的断开状态。就在启辉器断开的一瞬间，镇流器因断电而产生自感电动势，这个自感电动势与线路电压叠加在一起，形成一个很高的脉冲电压加在日光灯管两端，使预热了的日光灯管内的氩气电离放电。氩气放电后，管内温度升高，从而使管内水银汽化。由于电子撞击水银蒸气，又使水银蒸气放电，这样管内由氩气放电过渡到水银蒸气放电。放电射出的紫外线激励日光灯管壁上的荧光粉，使其发出接近日光特性的光线，故称日光灯。该光线由荧光粉发出，故也称荧光灯。

2) 日光灯的安装方法

日光灯的安装方法有吸顶式、链吊式和钢管式等。

日光灯的安装接线图如图 3-35、图 3-36、图 3-38 和图 3-39 所示。

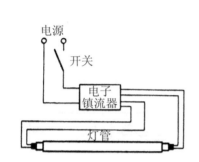

图 3-38　采用电子镇流器的日光灯接线图　　　　图 3-39　多灯管并联的电路

吸顶式安装时，镇流器不能放在日光灯架上，否则散热较困难。安装时，日光灯的架板与天花板之间要留 1.5cm 的空隙，以利于通风。当采用钢管或吊链安装时，镇流器可放在灯架上。

为防灯管掉下，应采用有弹簧的灯座。选用的镇流器、启辉器应与灯管配套，不能随便代用。

3) 新型日光灯灯管

近年来，环型、U 形、H 形等新型日光灯灯管相继得到大力推广。与直管型日光灯灯管相比，这些新产品具有体积小、照度集中、布光均匀、外形美观等优点。

3. 碘钨灯的安装

碘钨灯的结构与工作原理如图 3-40 所示。灯管管壁附近卤钨化合反应，生成卤化钨；在对流作用下，被带到灯丝轴心高温区的卤化钨分解。由于如此不断循环，灯丝不易变细，也就延长了灯丝的寿命。

碘钨灯通过提高灯丝的工作温度来提高光效，利用碘钨循环来延长寿命。碘钨灯的功率有多种，范围为 50～2000W。碘钨灯与普通白炽灯一样，不需任何附件，只需将电源引线分别接在碘钨灯的瓷接线座上即可。

安装碘钨灯时，应注意以下几点。

(1) 电源电压的变化对灯管寿命影响很大，当电压超过 5%时，寿命会缩短一半，所以电源电压与额定电压的偏差一般要求不超过±2.5%。这就要求在安装碘钨灯的线路上最

好不要有冲击性的负荷。

(2) 碘钨灯需水平安装，倾角不得大于 4°，否则将严重影响碘钨循环，使灯丝上端快速变小，从而严重影响其使用寿命。

(3) 正常工作时管壁温度约 600℃，所以碘钨灯不能与易燃物接近，安装时应距安装面有足够距离，以利于散热。但不得采用人工冷却措施，以保证正常的碘钨循环。

(4) 碘钨灯的引脚必须采用耐高温的导线。灯座与灯脚一般用裸导线加穿耐高温小瓷管，并要求接触良好。

(5) 碘钨灯耐振性能差，不能用在振动较大的地方，更不能作为作动光源来使用。

4. 高压汞灯的安装

高压汞灯(又称高压水银灯)与日光灯一样，同属于气体放电光源，且在发光管内都充以汞，均依靠汞蒸气放电而发光。但日光灯属于低压汞灯，即发光时的汞蒸气压力低，而高压汞灯发光时的汞蒸气压力高。它具有较高的光效、较长的寿命和较好的防振性能的特点，但也存在辨色性能差、点燃时间长和电源电压跌落时会出现自熄等不足之处。高压汞灯的结构如图 3-41 所示。

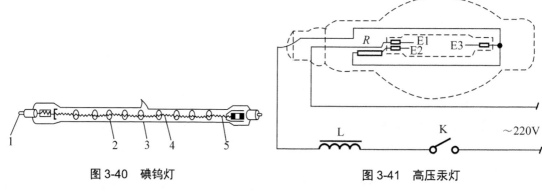

图 3-40　碘钨灯

1—灯丝电源触点；2—灯丝支持架；

3—石英管；4—碘蒸气；5—灯丝

图 3-41　高压汞灯

E1—主电极；E2—主电极；E3—辅助电极；

R—电阻；L—镇流器；K—开关

在安装高压汞灯时应注意下列事项。

(1) 由于高压汞灯有两种，一种是带镇流器的，另一种是不带镇流器的，所以安装时一定要分清楚。对于带镇流器的高压汞灯，一定要使镇流器与灯泡的功率相匹配，否则灯泡会立即烧坏或使灯泡启动困难。

(2) 高压汞灯一般应垂直安装。因为水平安装时，光通量输出会减少 7%左右，而且容易自灭。

(3) 由于高压汞灯的外玻壳温度很高，所以必须配备散热好的灯具，否则会影响灯泡的性能和寿命。

(4) 当外玻壳破碎时，灯仍能点燃，但大量的紫外线会烧伤人的眼睛，所以外玻壳破碎的高压汞灯应立即更换。

(5) 对于安装高压汞灯的线路，电压应尽量保持稳定。因为当电压下降 5%时，灯泡可能会自熄，而再启动的时间又较长，所以汞灯不宜接在电压波动较大的线路上。采用高压汞灯作为厂区路灯、高大厂房照明时，应考虑调压措施。

5. 高压钠灯的安装

高压钠灯也是一种气体放电光源，是利用钠蒸气放电而发光，也分有高压的和低压的两种，作为照明灯使用的大多数是高压钠灯。高压钠灯发光管较长较细，管壁温度高达700℃以上，且钠对石英玻璃有较强的腐蚀作用，故管体由多晶氧化铝(陶瓷)制成。泡体由硬玻璃制成。灯头也为螺口式。

高压钠灯比高压汞灯具有更高的光效和更长的使用寿命。光色呈橘黄偏红，具较强的穿透性，在多雾或多垢的环境中作为一般照明，有着较好的照明效果。在城市中，现已较普遍地采用高压钠灯作为街道照明。

高压钠灯的安装方法与高压汞灯相同。高压钠灯的使用电压为 220V，功率有 250W、400W、500W 等。

6. 金属卤化物灯的安装

金属卤化物灯是在高压汞灯和高压钠灯的基础上，为改善显色性而发展起来的一种新型电光源。它不仅光色好，而且光效高。在高压汞灯内添加某些金属卤化物，靠金属卤化物的不断循环，向电弧提供相应的金属蒸气，于是就发出表征该金属特征的光谱色。

常用的金属卤化物灯有钠铊铟灯和管形镝灯。

在安装金属卤化物灯时，要注意以下事项。

(1) 线路电压与额定值的偏差不宜大于 5%，因此在照明线路上不要加接具有冲击性的负载。电压的降低不仅会影响光效，而且会造成光色的变化，当电源电压变化较大时，灯的熄灭现象比高压汞灯更严重。

(2) 无外玻壳的金属卤化物灯，由于紫外线辐射较强，灯具应加玻璃罩。若无玻璃罩，则悬挂高度不能低于 14m，以防紫外线灼伤眼睛和皮肤。

(3) 管形镝灯根据使用时的放置方向要求有三种结构：水平点燃；垂直点燃，灯头在上；垂直点燃，灯头在下。安装时必须认清方向标记，正确使用。灯具轴中心线的偏离不应大于 15°。要求垂直点燃的灯，若水平安装会有灯管爆裂的危险。

(4) 玻壳温度较高，配用灯具时必须考虑散热条件，而且灯管要与镇流器配套使用，否则会影响灯管的寿命或造成启动困难。

7. 低压安全灯的安装

1) 低压安全灯的适用范围

在触电危险性较大及工作条件恶劣的场所，局部照明应采用电压不高于 36V 的低压安全灯。对于机修工、电工及其他工种的手提照明灯，也应采用 36V 以下的低压照明灯具。在工作地点狭窄、行动不便(如在锅炉内或金属容器内工作)的条件下，手提照明灯的电压不应高于 12V。

2) 低压照明灯的安装

低压照明灯的电源必须用专用的照明变压器供给，这种变压器必须是双绕组的，不能使用自耦变压器进行降压。安装时变压器的高压侧必须装有熔断器加以保护，熔断器内熔丝的额定电流必须接近变压器的额定电流。低压侧也应有熔丝保护，并且低压侧一端须接地或接零。手提低压安全灯必须符合下列要求。

(1) 灯体及手柄必须用坚固的耐热及耐温绝缘材料制成。

(2) 灯座应牢固地装在灯体上，在拧装灯泡时不应使灯座转动；灯座嵌入灯体的深度，应使拧上灯泡以后，不能触及灯泡的金属部分。

(3) 为防止机械损伤，灯泡应有可靠的机械保护。当采用保护网时，其上端应固定在灯具的绝缘部分上，保护网不应有小门或开口，保护网应只能用专用工具取下。

(4) 不许使用带开关的灯头。

(5) 安装灯体引入线时，不应过紧，同时应避免导线在引入处被磨伤。

(6) 金属保护网、反光罩及悬吊用的挂钩应固定于灯具的绝缘部分上。

(7) 电源导线应采用软线，并应使用插销控制。

(四)开关和插座安装

常用照明装置的开关如图 3-42 所示。

图 3-42　常用照明装置的开关

1. 暗开关的安装

先将开关箱按图纸要求的位置预埋在墙内。埋没时可用水泥砂浆填充，但要注意平整，不能偏斜。箱口面应与墙的粉刷面一致，待穿完导线以后方可接线，接好导线后装上开关面板。

2. 明开关的安装

明开关的安装方法是，先把木台固定在墙上，然后在木台上安装开关。在安装扳把开关时，无论是明装还是暗装，应使操作柄向下时接通电路，向上时分断电路，与刀开关恰好相反。

3. 白炽灯的照明电路原理图

图 3-43(a)所示为单联开关控制的白炽灯电路原理图，注意开关应装在相线上；图 3-43(b)所示为双联开关控制的白炽灯电路原理图，其多用于楼道照明开关控制电路。

4. 插座的安装

插座的安装方法和开关的安装方法一样，但应注意：单相双孔插座的两孔应水平或垂直排列，左孔或下孔接零线，右孔或上孔接相线；单相三孔插座的保护接地孔应在上面，左孔接零线，右孔接相线。插座的安装方法如图 3-44 所示。

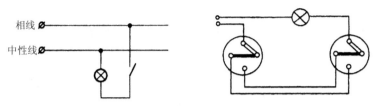

(a) 单联开关控制的白炽灯电路原理图 (b) 双联开关控制的白炽灯电路原理图

图 3-43 白炽灯照明电路原理图

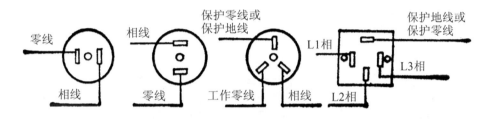

图 3-44 插座的安装方法

二、技能实训

1. 实训器材

(1) 单相电能表，1 块。

(2) 两相闸刀开关，1 个。

(3) 插入式熔断器，2 个。

(4) 面座，1 个。

(5) 白炽灯座及白炽灯，1 套。

(6) 双控开关，3 个。

(7) 日光灯，1 套。

(8) 护套线，若干。

(9) 电工工具，1 套。

2. 实训内容及要求

1) 实训内容

安装一个实用的家庭用电线路，并排除线路中出现的故障，具体安装接线图如图 3-45 所示。

2) 实训步骤

(1) 按护套线路敷设步骤安装线路。

(2) 固定电能表、闸刀开关、熔断器、双控开关、灯座等电器。

(3) 按电气线路图连接线路。

(4) 校验线路接线是否正确和电路的绝缘性能。

(5) 装入荧光灯管和启辉器。

(6) 通电实验。

(7) 由指导老师或其他同学设置两个故障，依据电路原理，按一定的检查程序检查并排除故障。

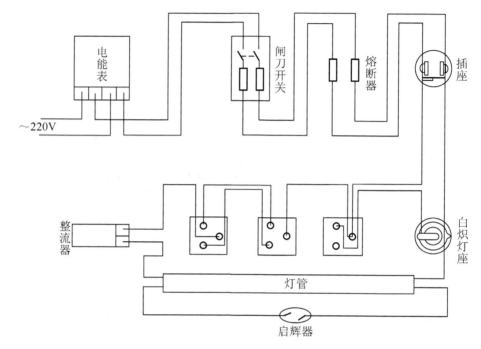

图 3-45　家庭用电线路安装接线图

3. 技能考核

技能考核评价标准与评分细则如表 3-13 所示。

表 3-13　照明线路安装评价标准与评分细则

评价内容		配分	考 核 点	评分细则	得分
职业素养	工作准备	10	清点器件、仪表、电工工具、电动机，并摆放整齐	工具准备少一项扣 2 分，工具摆放不整齐扣 5 分	
操作规范	6S 规范	10	① 行为文明，有良好的职业操守。 ② 安全用电，操作符合规范。 ③ 实训完后清理、清扫工作现场	① 迟到、做其他事酌情扣 10 分以内。 ② 违反安全用电规范，每处扣 2 分。 ③ 未清理、清扫工作现场扣 5 分	

续表

评价内容		配分	考　核　点	评分细则	得分
实训作品	元器件安装	20	① 按规程正确安装元器件。 ② 安装牢固、整齐。 ③ 不损坏元器件。 ④ 安装前应对元器件进行检查	① 不按正确规程安装扣 10 分。 ② 元器件松动、不整齐，每处扣 3 分。 ③ 损坏元器件，每件扣 10 分。 ④ 不用仪表检查元器件，扣 2 分	
实训作品	安装工艺、操作规范	30	① 走线合理，横平竖直。 ② 避免交叉、架空线和叠线。 ③ 螺栓式接点，导线应打压接圈，顺时针旋转。 ④ 导线垂直转弯，高低或前后一致。 ⑤ 严禁损伤线芯和导线绝缘。 ⑥ 每个端子连线不超过两根。 ⑦ 进出线合理汇集在端子排	① 走线不平直，每处扣 5 分。 ② 交叉或架空线，每处扣 5 分。 ③ 无压接圈，每处扣 3 分；逆时针旋转，每处扣 2 分。 ④ 导线转弯处不垂直或高低前后不一致，每处扣 4 分。 ⑤ 损伤导线或线芯，每处扣 2 分。 ⑥ 三根线的端子，每处扣 2 分。 ⑦ 未汇在端子排，每根扣 1 分	
	功能	30	线路通电正常工作，各项功能完好	一次通电不成功扣 15 分，二次通电不成功扣 30 分	
	工时		150 分钟		

三、思考与练习

(1) 荧光灯不亮的原因有哪些？

(2) 画出荧光灯工作的电气原理图。

(3) 连接一个用一个开关同时控制两只日光灯的电路。

(4) 设计并安装一个用三个开关控制一只白炽灯的电路。

(5) 插座和开关的安装有哪些要求？

(6) 常用的照明装置有哪几种？各有什么特点？

项目 3.8　室内照明电路的检修

学习目标

1. 掌握照明线路的基本组成。

2. 能设计、安装室内照明电路。

3. 掌握照明电路安装的基本要求及方法。

4. 能对照明电路进行检修。

一、知识链接

(一)照明供电线路简介

1. 电源

照明线路的供电应采用 380/220V 三相四线制中性点直接接地的交流电源，照明设备装在相线与零线之间。易触电、潮湿等危险场所和局部移动式的照明，应采用 48V、36V、24V、12V 的安全电压。照明配电箱的设置位置应尽量靠近供电负荷中心，并略偏向电源侧，同时应便于通风散热和维护。

2. 供电线路

照明线路一般由室外架空线路或电缆线路引入室内总配电箱。图 3-46 中，室外架空线路电杆上到建筑物外墙支架上的线路称为引下线；从外墙到总配电箱的线路称为进户线；由总配电箱到分配电箱的线路称为干线；从分配电箱到照明灯具的线路称为支线。

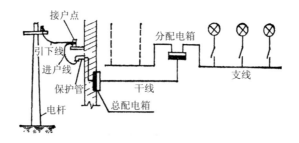

图 3-46 照明线路的基本形式

从总配电箱到分配电箱的干线有放射式、树干式和混合式三种供电方式，如图 3-47 所示。

1) 放射式

各分配电箱分别由各干线供电，如图 3-47(a)所示。当某一分配电箱发生故障时，不影响其他分配电箱的工作，所以此供电方式较为可靠，但耗材较大。

2) 树干式

各分配电箱的电源由同一条专用干线供电，如图 3-47(b)所示。当某一分配电箱发生故障时，会影响其他分配电箱的工作，所以此供电方式可靠性较差，但节省材料，较经济。

3) 混合式

放射式和树干式混合使用供电，如图 3-47(c)所示。这种供电方式兼顾材料消耗的经济性，又保证电源具有一定的可靠性。

3. 照明支线

1) 支线供电范围

单相支线长度不超过 20~30m，三相支线长度不超过 60~80m，每相的电流以不超过 15A 为宜。每一单相支线所装设的灯具和插座不应超过 20 个。若安装的插座数量较多或插座所接设备的容量较大时，插座应专设支线供电，以提高照明线路供电的可靠性。

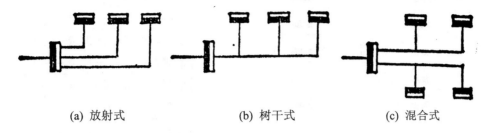

| (a) 放射式 | (b) 树干式 | (c) 混合式 |

图 3-47　照明干线的供电方式

2)　支线导线截面

室内照明支线线路较长，转弯和分支较多，因此为方便施工，支线截面不宜过大，通常在 1.0～4.0mm²，最大不应超过 6mm²。若单相支线电流大于 15A 或导线截面大于 6mm²时，应采用三相或两条单相支线供电。

3)　频闪效应和限制措施

为限制交流电源的频闪效应(电光源随交流电的频率交变而发生的明暗变化称为交流电的频闪效应)，三相支线的灯具可按图 3-48 所示的方法进行弥补，并尽可能使三相负载接近平衡。

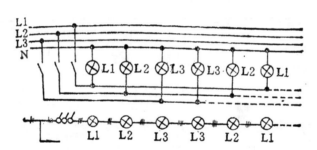

图 3-48　三相支线灯具最佳排列示意图

4. 一般照明供电线路

一般照明供电线路如图 3-49～图 3-51 所示。

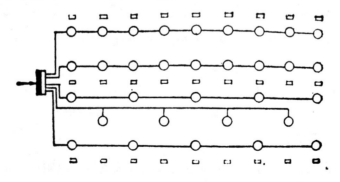

图 3-49　车间一层照明供电线路

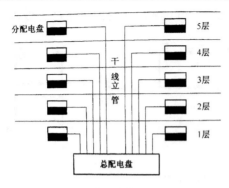

图 3-50 多层建筑物照明供电线路

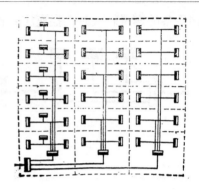

图 3-51 住宅照明供电线路

(二)照明电路施工图

实际电路安装的依据，必须是根据国家颁布的有关电气技术标准和统一图形符号绘制的施工图。它指明了电气元件的实际结构和安装情况。照明电路施工图往往与平面布置图画在一起，它只指明电路的安装配线情况，而不明显地表示电气系统的动作原理。照明电路施工图是工程技术的"语言"，只有看懂它，才能认识和确定图上画的是一些什么电气元件、它们之间应怎样连接和有什么技术要求等，以便照图备料和进行正确的安装。

图 3-52 所示为某二层两住户照明电路施工图。

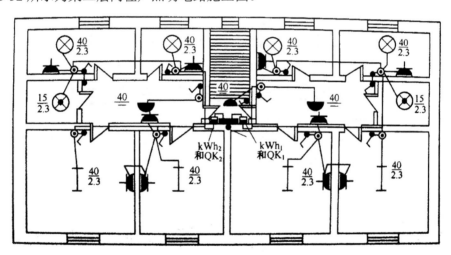

图 3-52 某二层两住户照明电路施工图

说明：①所有灯单极暗开关距地面 1.5m。   ②分线盒距地面 2.6m。

③所有导线都是 BV2×4G15PA 配线。   ④照明配电箱距地面 1.8m(中心高)。

⑤暗装带接把插孔单相插座距地面 0.5m。   ⑥分户配电箱距地面 1.8m。

1. 照明电路施工图中的符号

照明电路施工图的图形符号和文字符号可参见有关资料。照明电路施工图中标注的部分符号及意义如表 3-14 所示。

表 3-14 照明电路施工图中标注的部分符号及意义

在配电线路上的标写格式	照明灯具的表达格式
a−b(c×d)e−f	$a-b\dfrac{c \times d}{e}f$
a—回路标号	a—灯具数
b—导线型号	b—型号
c—导线根数	c—每只灯的灯泡数
d—导线截面	d—灯泡容量(W)
e—敷设方式	e—安装高度
f—敷设部位	f—安装方式

2. 照明电路施工图的识读

一般来说，应先弄清电源引入线的位置、配线方式、导线的种类和规格、安装施工工艺等；然后看安装接线情况，包括各元件的规格、型号、安装位置及各元件之间的联系等；再根据图中标注的导线数目分析出具体的分支接线情况(有时附有接线示意图)。实际施工时，对应于接线图中的节点处应设接线盒(暗线)或接线桥以便进行导线连接。

读懂了照明电路施工图后，就可以运用所掌握的基本操作技能和工艺基础知识，按电工操作规程进行实际安装。

二、技能实训

1. 实训器材

(1) 电工常用工具，1 套。

(2) 万用表和兆欧表，各 1 块。

(3) 登高工具，1 套。

(4) 手电筒，1 只。

2. 实训内容与要求

(1) 仔细阅读图 3-52 和图 3-53 所示的照明电路施工图。

(2) 试画出自己所在实训室的照明电路接线示意图。

(3) 对实训室的电气照明情况进行一次自查并检修。

① 检查照明安装技术和照明设备的完好情况。

② 检查配电线路的绝缘性能和安全性能。

③ 指导教师人为地制造实训室照明电路或电源插座供电回路断路或短路，学生在规定的时间内独立查找故障并排除故障。

(4) 注意事项。

① 在进行照明线路自查检修时，必须采取绝缘防范措施，登高作业要有人监护。

② 经自查检修使用后的电气图纸要妥善保管。

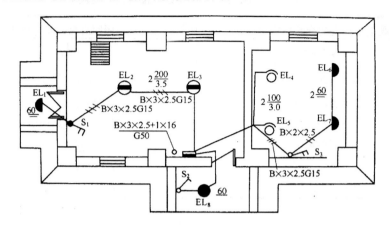

图 3-53　某工厂搅拌站一层照明电路施工图

说明：①未注明的线管为 B×2×2.5G15PA 配线。

　　　　②灯开关距地面高度为 1.8m。

　　　　③照明配电箱中心距地面高度为 1.8m。

3. 技能考核

技能考核评价标准与评分细则如表 3-15 所示。

表 3-15　民宅照明电路检修实训评价标准与评分细则

评价内容	配分	考核点	评分细则	得分
工作准备	10	清点电工工具，并摆放整齐	工具准备少一项扣 2 分，工具摆放不整齐扣 5 分	
操作规范	10	① 行为文明，有良好的职业操守。 ② 安全用电，操作符合规范。 ③ 实训完后清理、清扫现场	① 迟到、做其他事酌情扣 10 分以内。 ② 违反安全用电规范，每处扣 2 分。 ③ 未清理、清扫工作现场扣 5 分	
工作内容	80	① 绘制照明线路平面图。 ② 绘制照明电路接线示意图。 ③ 按图自检线路。 ④ 按图检修线路	① 平面图绘制不正确，每处扣 5 分。 ② 接线示意图绘制不正确，每处扣 5 分。 ③ 检查方法不正确扣 10 分。 ④ 故障未检查扣 20 分，未排除扣 10 分	
工时	150 分钟			

三、思考与练习

(1) 在图 3-52 中，若右侧居民配电箱中的漏电保护器动作保护，测量 QK₁ 负荷对地

(外壳)电阻为10Ω，怎样确定故障点的位置？叙述其测试过程。

(2) 在图3-53中，"$2\frac{200}{3.5}$"表示有2只白炽灯，每只白炽灯200W，距地面3.5m高，该灯开关关掉后，火线进线对地电阻为∞，火线出线对地线间电阻小于50kΩ，请判断图中哪些范围线路是正常的，哪些范围线路有待继续测试检查。

(3) 某用户照明电路的明线实物接线图如图3-54所示。通电后，若左白炽灯正常发光，而右白炽灯不亮，应怎样查找故障？

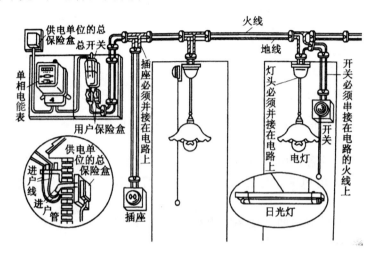

图3-54 某用户照明电路的明线实物接线图

项目3.9 接地装置的制作与安装

学习目标

1. 会正确选择接地装置并安装人工接地体。
2. 能熟练测量接地电阻。

一、知识链接

(一)接地的基本概念

接地就是电气设备和装置的某一点与大地进行可靠且符合技术要求的电气连接。如电动机、变压器和开关设备的外壳接地。假使这些该接地的没有接地，那么就会对设备的运行和人身安全构成威胁。

1. 接地的分类

根据作用不同，接地可分为六类：保护接地、工作接地、过电压保护接地、静电接地、隔离接地、电法保护接地。电力系统接地的种类有工作接地、保护接地和重复接地。

1) 工作接地

按正常工作要求进行的接地称为工作接地，如图3-55所示。如发电机、变压器中性点

的接地、防雷接地等都属于工作接地。

2） 保护接地

电力设备的金属外壳、钢筋混凝土电杆和金属杆塔由于绝缘损坏可以带电，为了防止这种电压危及人身安全而设置的接地称为保护接地。保护接地有两种形式：接地和接零。

（1） 接地：电气设备外壳不与零线连接，而与独立的接地装置连接，如图3-56所示。

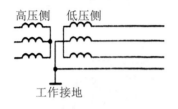

图 3-55　工作接地　　　　　　　　　图 3-56　保护接地

（2） 接零：电气设备外壳与零线连接，如图3-57所示。

（3） 下列设备必须进行接地。

① 生产上使用的各种电气设备或工具。如发电机、电动机、变压器、电焊机、变阻器、电烘箱、电钻、电风镐、电压互感器、电流互感器、开关、启动器、开关柜、控制箱、配电屏等。

② 公共场所或导电地面上使用的电动工具或日用移动工具。如电扇、电冰箱、电熨斗、电烙铁和各种电动理发工具。

③ 装有带电设备的金属结构建筑物或生产设备，或者邻近有带电设备的。如邻近有带电装置的金属屏罩、机床床身、电梯竖井、电动车辆轨道。

④ 输电线路的金属护层和金属支持物。如电缆铝包和铅包层。

3） 重复接地

在采用保护接零的系统中，如果零线在一处中断，而该处又有一台设备外壳带电，短路电流与电源零线之间就不能形成回路，那么就使该处以远的全部设备的金属外壳带电，造成对人身安全的威胁，所以必须采用重复接地。重复接地就是在零线的每一段重要分支线路上，都进行一次可靠的接地，如图3-58所示。

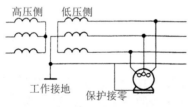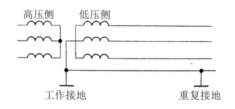

图 3-57　保护接零　　　　　　　　　图 3-58　重复接地

2. 接地装置

接地装置由接地体和接地线两部分组成，如图3-59所示。

1） 接地体

接地体又称为接地极或接地棒，是指埋入大地中直接与土壤接触的金属导体，是接地装置的主要元件。它分为自然接地体和人工接地体两种。

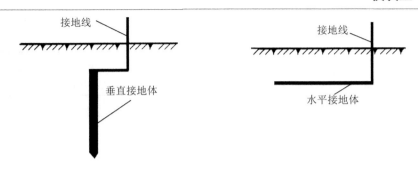

图 3-59　接地装置

(1) 自然接地体：利用直接与土壤接触的各种金属构件、金属管道及建筑物的钢筋混凝土基础等作为接地体。

(2) 人工接地体：人为埋入地中且直接与土壤接触的金属构件，如钢管、角钢、扁钢和圆钢等。人工接地体分为垂直接地体和水平接地体，如图 3-59 所示。一般情况应采用垂直接地体，在岩石地区采用水平接地体。

2) 接地线

接地线是指连接接地体与电气设备接地部分的金属导体。接地线可用扁钢或圆钢制作，低压电气设备地面上外露的接地线可用有色金属导线，移动式电气设备则使用橡套软电缆的专用线芯作接地线。

3) 接地装置的分类

(1) 单极接地：由一支接地体构成，如图 3-60 所示。适用于要求不太高而接地点较小的场所。

(2) 多极接地：由两个以上的接地体构成，各接地体间用接地干线并联成一个整体，如图 3-61 所示。适用于接地要求较高而设备接地点较多的场所。

(3) 接地网络：由多支接地体按一定的排列相互连接构成，如图 3-62 所示。适用于配电所以及接地点多的车间、工场或露天作业场等场所。

图 3-60　单极接地　　　图 3-61　多极接地　　　图 3-62　接地网络

3. 接地电阻

电气设备接地部分的对地电压与接地电流之比，称为接地装置的接地电阻。

接地电阻包括接地装置的导体电阻、接地体与土壤之间的接触电阻和散流电阻。导体电阻很小，可以忽略。接触电阻取决于接地体表面积的大小和接地体安装质量。散流电阻取决于土壤的电阻率。

接地装置的技术要求是指对接地电阻的要求，原则上接地电阻越小越好，但考虑到经济合理性等方面，接地电阻以不超过规定的数值为准，如表 3-16 所示。

表 3-16　接地电阻最大允许值

接地装置名称	接地电阻最大允许值/Ω
独立避雷针和避雷线的接地装置	10
配电变压器低压侧中性点接地装置	0.5～10
保护接地的接地装置	4

(二)接地装置的制作与安装

1. 人工接地体的制作

(1)　人工接地体的规格如表 3-17 所示。

表 3-17　人工接地体的规格

类　型	材　料	规格要求		常用尺寸/mm
垂直接地体	钢管	壁厚≥3.5mm	长 2～3m	内径 40～50，壁厚 3.5，长 2500
	角钢	厚度≥4mm		40×40×4～50×50×5
水平接地体	扁钢	厚度≥4mm	长度≤60m	4×40
		截面积≥48mm²		
	圆钢	直径≥8mm		直径 16

(2)　垂直接地体的制作如图 3-63 所示。

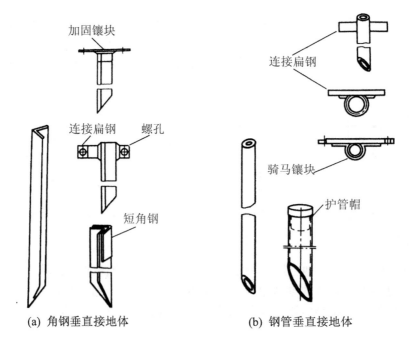

(a) 角钢垂直接地体　　　　(b) 钢管垂直接地体

图 3-63　垂直接地体的制作

制作要求如下。

① 下端要加工成尖形。用角钢制作的接地体，尖点应在角钢的钢脊上，且两个斜边要对称；用钢管制作的接地体，要单边斜向切削，以保持一个尖点。

② 凡用螺钉连接的接地体，应先钻好螺钉孔。

③ 为便于连接和将接地体打入地下，防止在打入地下的过程中头部被锤击变形，常在接地体头部焊上加固镶块，也可在钢管上套入一护套帽或在角钢的上端焊上一短角钢加固。

④ 接地体与扁钢的连接通常采用焊接方法。

(3) 水平接地体的制作较简单，按要求截取相应长度的钢材即可。

2. 人工接地体的安装

1) 垂直接地体的安装

(1) 先挖坑沟。坑上宽下窄，尺寸要求如图 3-64(a)所示。

(2) 用打桩法将接地体打入地下。如图 2-64(b)所示，接地体头部埋入地面的深度在 600mm 以下，接地体应与地面垂直，不可歪斜。

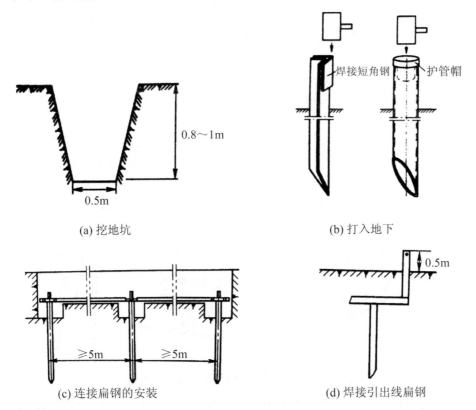

(a) 挖地坑　　　　　　　　　　　　(b) 打入地下

(c) 连接扁钢的安装　　　　　　　　(d) 焊接引出线扁钢

图 3-64　垂直接地体的安装

(3) 安装连接扁钢(多极接地)。如图 3-64(c)所示，调直扁钢，将它置于沟内，与接地体依次焊接。焊接时扁钢应侧放，上留出 100mm 的长度。多极接地装置相邻接地体之间的距离不应小于 5m。

(4) 焊接引出线扁钢。如图 3-64(d)所示，末端露出地面 0.5m 左右，多极接地引出端要有两处以上。

(5) 防腐处理。去除焊渣，对焊疤和引出线涂红漆一道、黑漆两道防腐。注意接线孔附近不要涂漆。

(6) 回填土。回填土时要去除石块和建筑物垃圾，并分层夯实。

2) 水平接地体的安装

如图 3-65 所示。先挖深 600mm 以上的坑沟，将 40mm×40mm 扁钢制成条形并一端向上弯成直角，便于连接。每两条水平平行敷设的扁钢之间的距离不宜小于 5m，焊接引出线不少于两处。焊接好后填土夯实。

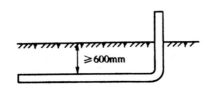

图 3-65 水平接地体安装

注意：若接地体采用螺钉连接，应先钻好螺钉孔。

(三)接地电阻的测量

测量接地电阻值应选择降雨量最少的季节，一般在秋季或冬季气温较低的干燥天气下进行。

接地电阻的测量方法有伏安法、万用表法、摇表法和接地电阻测试仪测量法等。接地电阻测试仪有指针式接地电阻测试仪、数字式接地电阻测试仪以及新型的钳式接地电阻测试仪。

ZC-8 型接地电阻测试仪及其附件如图 3-66 所示，其测量步骤如下。

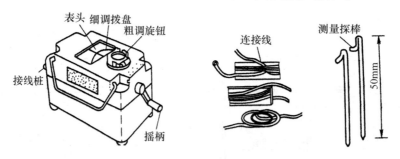

图 3-66 ZC-8 型接地电阻测试仪及其附件

(1) 首先拆开接地干线与接地体的连接线，使断线卡处断开，或拆下接地干线上所有接地支线上的连接线。

(2) 将一支测量棒插入离接地体 40m 远的地中(电流探棒 C)，把另一支探棒插在离接地体 20m 远的地中(电位探棒 P)。要使被测接地体 E 与两根测量探棒 P、C 在一条直线上，应将 P、C 两支探棒垂直插入地下至少 400mm 深。

(3)　将接地电阻测试仪置于接地体附近平整的地方后准备接线。

(4)　擦去接地体的污垢，用一根最短的连接线连接测试仪上的接线端子"E"和接地体连接点。

(5)　用一根最长的导线连接测试仪上的接线端子"C"与40m远处的电流探棒C。

(6)　用一根中等长度的导线连接测试仪上的接线端子"P"和20m远处的电位探棒P。

(7)　根据被测接地体接地电阻估计值，调节好粗调旋钮(表上有三挡可调范围)。

(8)　以120r/min左右的转速匀速摇动测试仪的手柄。当表针偏离中心时，边摇动手柄，边调节细调拨盘旋钮，直至表针居中。以细调拨盘的读数乘粗调定位倍数得出的结果即是被测接地体的接地电阻值。例如细调拨盘的读数是0.4，粗调定位倍数是10，则被测接地体的接地电阻值是4Ω。

常用电子式接地电阻测试仪的实物外形如图3-67所示。

(a) M12124 通用接地电阻测试仪　　　　(b) CA6412 钳形接地电阻测试仪

图 3-67　接地电阻测试仪的实物外形

二、技能实训

1. 实训器材

(1)　角钢 50mm×50mm×5mm，若干。

(2)　扁钢 20mm×4mm，若干。

(3)　接地电阻测试仪，1 台。

(4)　接地体制作工具，1 套。

2. 实训内容及要求

(1)　按工艺要求制作接地装置。

(2)　按工艺步骤安装接地装置。

(3)　测量接地电阻。

①　焊接接地体与连接干线前，用接地电阻测试仪逐一测量两个接地体的接地电阻并进行比较。

②　焊接后用接地电阻测试仪测量多级(两极)接地体接地电阻。

3. 技能考核

技能考核评价标准与评分细则如表 3-18 所示。

表 3-18　接地装置制作与检测实训评价标准与评分细则

评价内容	配分	考核点	评分细则	得分
工作准备	10	清点电工工具，并摆放整齐	工具准备少一项扣2分，工具摆放不整齐扣5分	
操作规范	10	① 行为文明，有良好的职业操守。 ② 安全用电，操作符合规范。 ③ 实训完后清理、清扫工作现场	① 迟到、做其他事酌情扣10分以内。 ② 违反安全用电规范，每处扣2分。 ③ 未清理、清扫工作现场扣5分	
工作内容	80	① 接地装置的制作。 ② 接地装置的安装。 ③ 接地电阻测试仪的正确使用及接地电阻的正确测量。 ④ 接地电阻达不到要求时的处理及接地装置的检修	① 接地体尺寸不合要求，每处扣5分；制作操作方法不正确扣15分。 ② 接地体安装方法不正确扣15分。 ③ 接地电阻测试仪操作方法不正确扣10分，接地电阻测试不准确扣10分。 ④ 接地电阻达不到要求时未处理扣20分	
工时	150分钟			

三、思考与练习

1. 接地有什么作用？电力系统的接地有哪几种？
2. 接地装置由哪几部分组成？各组成部分分别用什么材料制作？
3. 接地装置有哪几种类型？各应用于什么场合？
4. 简述接地电阻的测量步骤。

模块四　电动机与变压器的检修

教学目标

1. 掌握变压器的结构及各部件的作用。
2. 能进行小型变压器的检修。
3. 掌握直流电动机的原理及特性的测量方法。
4. 能进行单相交流异步电动机的维护与检修。
5. 能进行交流异步电动机的拆装。
6. 能进行三相交流异步电动机定子绕组首尾端的判别。

项目 4.1　小型变压器的故障检修

学习目标

1. 熟悉变压器的基本结构及工作原理。
2. 能熟练检修小型变压器。

一、知识链接

1. 变压器的基本工作原理

图 4-1 所示为单相变压器原理图。图中，在闭合的铁芯上，绕有两个互相绝缘的绕组，它们之间只有磁的耦合，没有电的联系。其中与交流电源相接的绕组称为原绕组或一次绕组，也简称原边或初级；与用电设备(负载)相接的绕组称为副绕组或二次绕组，也简称副边或次级。

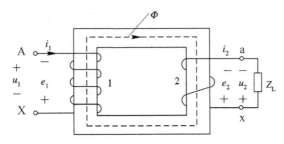

图 4-1　单相变压器原理图

当交流电源电压 u_1 加到一次绕组后，就有交流电流 i_1 通过该绕组，在铁芯中产生交变的磁通 Φ。交变的磁通 Φ 沿铁芯闭合，同时交链一、二次绕组，在两个绕组中分别产生感应电动势 e_1 和 e_2。如果二次侧带负载，便产生二次电流 i_2，即二次绕组有电能输出。

由电磁感应定律可得

$$e_1 = -N_1 \frac{\mathrm{d}\Phi}{\mathrm{d}t}$$

$$e_2 = -N_2 \frac{\mathrm{d}\Phi}{\mathrm{d}t}$$

式中，N_1、N_2——一、二次侧绕组的匝数；

　　　Φ——为主磁通。

由此可得

$$\frac{u_1}{u_2} \approx \frac{e_1}{e_2} = \frac{N_1}{N_2} = K$$

可见，变压器一、二次侧绕组感应电动势的大小正比于各绕组的匝数，而绕组的感应电动势近似于各自的电压。因此，只要改变绕组匝数比，就能改变变压器的输出电压。

2. 变压器的基本结构

电力变压器主要由铁芯、绕组、绝缘套管、油箱及附件等部分组成。在电力系统中应用最广泛的是油浸式电力变压器，其外形图如图 4-2 所示。

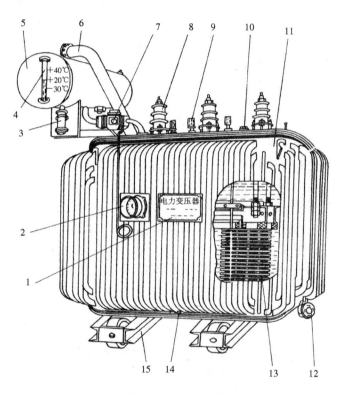

图 4-2　油浸式电力变压器外形图

1—铭牌；2—信号式温度计；3—吸湿器；4—油表；5—储油柜；6—安全气道；
7—气体继电器；8—高压套管；9—低压套管；10—分接开关；11—油箱；
12—放油阀门；13—器身；14—接地板；15—小车

1) 铁芯

铁芯构成了变压器的磁路，同时又是套装绕组的骨架。铁芯分为铁芯柱和铁轭两部分。铁芯柱上套绕组，铁轭将铁芯柱连接起来形成闭合磁路。为了减少铁芯中的磁滞、涡流损耗，提高磁路的导磁性能，铁芯一般用高磁导率的冷轧硅钢片叠装而成，其厚度一般为 0.25～0.35mm，两面涂以厚 0.02～0.23 的漆膜，使片与片之间绝缘。

变压器铁芯的结构有芯式、壳式和渐开线式等形式。芯式结构的特点是铁芯柱被绕组包围，如图 4-3 所示。壳式结构的特点是铁芯包围绕组顶面、底面和侧面，如图 4-4 所示。壳式结构的变压器机械强度较好，但制造复杂。由于芯式结构比较简单，绕组装配及绝缘比较容易，因而电力变压器的铁芯主要采用芯式结构。

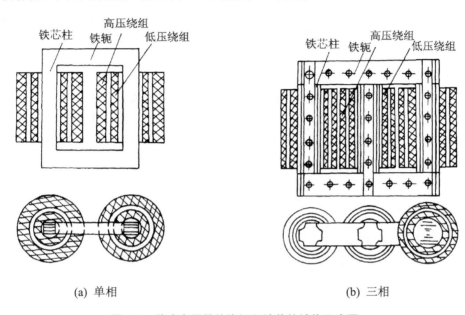

(a) 单相　　　　　　　　　　　　(b) 三相

图 4-3　芯式变压器的绕组和铁芯的结构示意图

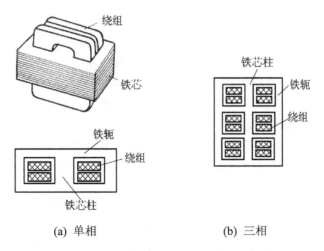

(a) 单相　　　　　　　　　(b) 三相

图 4-4　壳式变压器的绕组和铁芯的结构示意图

2)　绕组

绕组是变压器的电路部分，常用绝缘铜线或铝线绕制而成。电力变压器的绕组一般采用同芯式结构，同芯式的高、低压线圈同芯地套在铁芯柱上，在一般情况下，高压线圈与低压线圈之间，以及低压线圈与铁芯柱之间都留有一定的绝缘间隙和散热通道(油道或气道)，并用绝缘纸筒隔开。当低压线圈靠近铁芯柱时，因为低压线圈与铁芯柱所需的绝缘距离较小，所以线圈的尺寸也就可以缩小，整个变压器的体积也就减小了。

3) 油箱与冷却装置

变压器的器身浸在充满变压器油的油箱里。变压器油是一种矿物油，具有很好的绝缘性能，起两个作用：一是在变压器绕组与绕组、绕组与铁芯及油箱之间起绝缘作用；二是变压器油受热后产生对流，对变压器铁芯和绕组起散热作用。

油箱有许多散热油管，以增大散热面积。为了加快散热，有的大型变压器采用内部油泵强迫油循环，外部用变压器风扇吹风或用自来水冲淋变压器油箱等，这些都是变压器的冷却方式。

4) 绝缘套管

变压器的引线从油箱内穿过油箱盖时，必须经过绝缘套管，从而使高压引线和接地的油箱绝缘。绝缘套管是一根中心导电杆，外面有瓷套管绝缘。为了增加爬电距离，套管外形做成多级伞形。10～35kV 套管一般采用充油结构，如图 4-5 所示。电压越高，其外形尺寸越大。

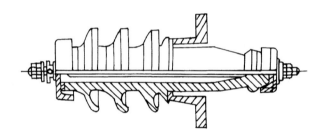

图 4-5　35kV 绝缘套管

5) 保护装置

变压器的保护装置包括储油柜、吸湿器、防爆管、气体继电器、温度计、油位计等。

(1) 储油柜。储油柜安装在变压器顶部，通过弯管及阀门等与变压器的油箱相连。储油柜侧面装有油位计，储油柜内油面高度随变压器油的热胀冷缩而变动。储油柜的作用是，保证变压器油箱内充满油，减少油与空气的接触面积，适应绝缘油在温度升高或降低时体积的变化，防止绝缘油的受潮和氧化。

(2) 吸湿器。吸湿器又称呼吸器，作用是清除和干燥进入储油柜空气的杂质和潮气。呼吸器通过一根联管引入储油柜内高于油面的位置。柜内的空气随着变压器油位的变化通过呼吸器吸入或排除。呼吸器内装有硅胶，硅胶受潮后变成红色，应及时更换或干燥。

(3) 防爆管(安全气道)。防爆管的主体是一根长的钢质圆管，出口处有块厚度约 2mm 的密封玻璃片(防爆膜)，当变压器内部发生故障时，温度急剧上升，使油剧烈分解，产生大量气体，箱内压力剧增，玻璃片破碎，气体和油从管口喷出，流入储油坑，防止油箱爆炸起火或变形。

(4) 气体继电器。气体继电器安装在储油柜与变压器的联管中间。当变压器内部发生故障产生气体或油箱漏油使油面降低时，气体继电器动作，发出信号。若事故严重，可使断路器自动跳闸，对变压器起保护作用。

（5）温度计。变压器的温度计直接监视着变压器的上层油温。

（6）油位计。油位计又称为油标或油表，是用来监视变压器油箱油位变化的装置。变压器的油位计都装在储油柜上。为便于观察，在油管附近的油箱上标出相当于油温-30℃、+20℃和+40℃的三个油面线标识。

6）分接开关

变压器的输出电压可能因负载和一次侧电压的变化而变化，为了使配电系统得到稳定的电压，必要时需要利用变压器调压。变压器调压的方法是在一次侧(高压侧)绕组上设置分接开关，用以改变线圈匝数，从而改变变压器的变压比，进行电压调整。抽出分接的这部分线圈电路称为调压电路，这种调压的装置称为分接开关，或称调压开关，俗称"分接头"。

二、技能实训

1. 实训器材

（1）单相变压器，1台。

（2）电压表、万用表、灵敏电流计，各1只。

（3）导线、开关等。

2. 实训内容及要求

1）实训要求

用给定的设备器材，分别用交流法和直流法判别变压器同名端；用兆欧表、万用表测量变压器相关参数，判断变压器是否正常；若在运行过程中出现异常，能采用正确的检修方法排除故障，并编写检修报告。

2）实训内容

（1）判别变压器同名端。

① 方法一：交流法。

如图 4-6 所示，把两个线圈的任意两端(X-x)连接，然后在 AX 上加一低电压 u_{AX}。测量 U_{AX}、U_{Aa}、U_{ax}。若 $U_{Aa}=|U_{AX}-U_{ax}|$，说明 A 与 a 或 X 与 x 为同极性端；若 $U_{Aa}=|U_{AX}+U_{ax}|$，说明 A 与 x 或 x 与 a 为同极性端。

② 方法二：直流法。

如图 4-7 所示，将开关 S 突然闭合，若电流表正偏，则 A-a 为同极性端；若电流表反偏，则 A-x 为同极性端。

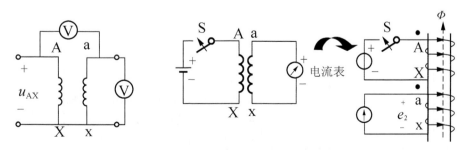

图 4-6 用交流法测变压器的极性　　　图 4-7 用直流法测变压器的极性

(2) 绝缘电阻的检查。

绝缘电阻的检查包括原、副边之间，线圈与铁芯之间，线圈匝间三个方面的绝缘检查。

(3) 通电检查。

① 开路检查：测量副边电压是否正常、原边电流是否正常，并记录数据；测量变压器的变比是否正常。

② 带额定负载检查：测量副边电流和电压，以及原边电流和电压，看是否正常。

③ 变压器工作一段时间后，摸变压器温度是否过高，听是否有异样声音。

④ 记录该变压器的型号、额定电压、额定电流、副边电压、容量及变比等参数。

3. 技能考核

技能考核评价标准与评分细则如表 4-1 所示。

表 4-1　小型变压器故障检修实训评价标准与评分细则

评价项目	序号	主要内容	考核要求	评分细则	配分	扣分	得分
小型变压器故障检修	1	训练前的准备工作	准备好工具器材；调试好训练设备	① 工具准备不全，每少一样扣2分。 ② 设备未调试检查，每缺一处扣5分	10		
	2	判别变压器同名端	按接线图正确接线，会正确使用仪表，正确判别结果	① 接线错误，每错一处扣5分。 ② 仪表使用错误，每次扣5分。 ③ 损坏线路和设备者，每次扣10分。 ④ 结果错误扣2～30分	30		
	3	绝缘电阻的检查	用兆欧表正确检查变压器的绝缘情况	① 兆欧表使用错误，每次扣5分。 ② 测量结果错误，每次扣5分	10		
	4	通电检查	用万用表正确测出开路与带额定负载时的电流和电压；能用看、听、测等方法判断变压器的运行状况，若出现异常，根据变压器维护检修规程，采用正确的方法排除故障	① 测量数据不正确，每错一处扣5分。 ② 变压器的变比算错扣5分。 ③ 损坏万用表扣5分。 ④ 排除故障的方法选择不当，每次扣5分。 ⑤ 排除故障时产生新的故障，每个扣10分	40		
	5	6S 规范	整理、整顿、清扫、安全、清洁、素养	① 没有穿戴防护用品扣4分。 ② 未清点工具、仪器扣2分。 ③ 乱摆放工具，乱丢杂物，完成任务后不清理工位扣2～5分。 ④ 违规操作扣5～10分	10		
评分人：　　　　　　　核分人：					总分		

三、思考与练习

(1) 电力变压器由哪些部分组成？各组成部分有什么作用？

(2) 简述变压器的基本工作原理。

(3) 有一照明变压器，容量为 110kVA，电压为 380/220V。现若在二次侧接上 60W、220V 的白炽灯，如果变压器在额定情况下运行，这种灯可接多少个？

(4) 单相变压器极性判别别有哪几种方法？

项目 4.2 直流电动机的拆装及特性的测量

学习目标

1. 熟悉直流电动机的基本结构及工作原理。

2. 熟悉直流电动机的工作特性。

3. 掌握直流电动机的机械特性。

一、知识链接

1. 直流电动机的结构

直流电动机主要由固定不动的定子和旋转的转子两大部分组成，定子与转子之间的间隙称为空气隙。直流电动机的结构如图 4-8 所示，直流电动机径向剖面图如图 4-9 所示。

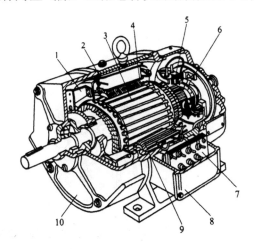

图 4-8 直流电动机的结构

1—风扇；2—机座；3—电枢；4—主磁极；

5—刷架；6—换向器；7—接线板；

8—出线盒；9—换向磁极；10—端盖

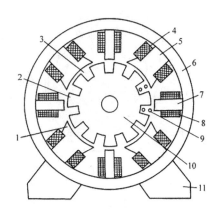

图 4-9 直流电动机径向剖面图

1—极靴；2—电枢齿；3—电枢槽；4—励磁绕组；

5—主磁极；6—磁轭；7—换向极；8—换向极绕组；

9—电枢绕组；10—电枢铁芯；11—底座

1) 定子部分

定子的作用是产生磁场和作为电动机机械支撑。定子由机座、主磁极、换向极、电刷

装置、端盖等组成。直流电动机的定子如图 4-10 所示。

(1) 机座。

作用：固定主磁极、换向极、端盖等。机座是电动机磁路的一部分，用以通过磁通的部分称为磁轭。机座上的接线盒内有励磁绕组和电枢绕组的接线端，用来对外接线。

材料：铸钢或厚钢板焊接而成，具有良好的导磁性能和机械强度。

(2) 主磁极。

作用：产生工作磁场。

组成：主磁极包括铁芯和励磁绕组两部分。主磁极铁芯柱体部分称为极身，靠近气隙一端较宽的部分称为极靴，极靴做成圆弧形，使空气隙中磁通均匀分布。极身上套有产生磁通的励磁绕组，各主磁极上的绕组一般都是串联的。改变励磁电流 I_f 的方向，就可改变主磁极极性，也就改变了磁场方向。

材料：主磁极铁芯一般由 1.0～1.5mm 厚的低碳钢板冲片叠压铆接而成。

(3) 换向极。

作用：产生附加磁场，改善电动机的换向性能，减少电刷与换向器之间的火花。

组成：由铁芯、绕组组成。换向极绕组与电枢绕组串联。

材料：铁芯用整块钢制成。如要求较高，则用 1.0～1.5mm 铜线绕制。

安装位置：在相邻两主磁极之间。

(4) 电刷装置。

作用：连接外电路与电枢绕组，与换向器一起将绕组内的交流电转换为外部直流电。

组成：由碳—石墨制成的导电块的电刷、加压弹簧和刷盒等组成，如图 4-11 所示。

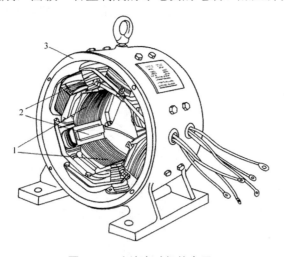

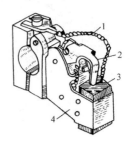

图 4-10　直流电动机的定子

1—主磁极；2—换向极；3—机座

图 4-11　电刷装置

1—导电绞线；2—加压弹簧；3—电刷；4—刷盒

安装位置：电刷固定在机座上(小容量电动机装在端盖上)，加压弹簧使电刷和旋转的换向器保持滑动接触，使电枢绕组与外电路接通。电刷数一般等于主磁极数，各同极性的电刷经软线连在一起，再引到接线盒内的接线板上，作为电枢绕组的引出端。

（5）端盖。

作用：支撑旋转的电枢。端盖内装有轴承。

材料：由铸铁制成，用螺钉固定在底座的两端。

2）转子部分

转子又称电枢，它的作用是产生感应电动势和电磁转矩，实现能量的转换。转子由电枢铁芯、电枢绕组、换向器、转轴、风扇等部件组成，如图 4-12 所示。

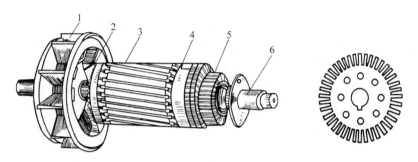

图 4-12　直流电动机的电枢

1—风扇；2—绕组；3—电枢铁芯；4—绑带；5—换向器；6—转轴

（1）电枢铁芯。

作用：一是作为电动机主磁路的一部分；二是作为嵌放电枢绕组的骨架。

组成：由 0.35～0.5mm 厚的彼此绝缘的硅钢片叠压而成。

（2）电枢绕组。

作用：作为发电机运行时，产生感应电动势和感应电流；作为电动机运行时，通电后受到电磁力的作用，产生电磁转矩。

组成：绝缘导线绕成的线圈(或称元件)放置于电枢铁芯槽中，按一定规律和换向片相连，使各组线圈的电动势相加。绕组端部用镀锌钢丝箍住，防止绕组因离心力而发生径向位移。

（3）换向器。

作用：实现绕组中电流的换向。

组成：换向器由许多铜制换向片组成，外形呈圆柱形，片与片之间用 0.4～1.2mm 的云母绝缘，装在电枢的一端，如图 4-13 所示。

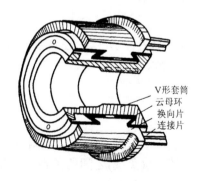

V形套筒
云母环
换向片
连接片

图 4-13　换向器

2. 直流电动机的基本工作原理

直流电动机是根据通电导体在磁场中受力而运动的原理制成的。根据电磁力定律可知,通电导体在磁场中要受到电磁力的作用。

电磁力的方向用左手定则来判定。左手定则规定:将左手伸平,使拇指与其余四指垂直,并使磁力线的方向指向掌心,四指指向电流的方向,则拇指所指的方向就是电磁力的方向。

直流电动机的原理如图 4-14 所示。电枢绕组通过电刷接到直流电源上,绕组的旋转轴与机械负载相连。电流从电刷 A 流入电枢绕组,从电刷 B 流出。电枢电流 I_a 与磁场相互作用产生电磁力 F,其方向可用左手定则判定。这一对电磁力所形成的电磁转矩 T 使电动机电枢逆时针方向旋转,如图 4-14(a)所示。当电枢转到图 4-14(b)所示位置时,由于换向器的作用,电源电流 I_a 仍由电刷 A 流入绕组,由电刷 B 流出。电磁力和电磁转矩的方向仍然使电动机电枢逆时针方向旋转。

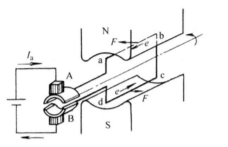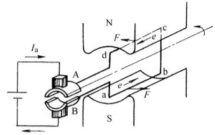

(a) 电枢绕组电流从 a 端流入、d 端流出　　(b) 电枢绕组电流从 d 端流入、a 端流出

图 4-14　直流电动机的原理图

电枢转动时,切割磁力线而产生感应电动势,这个电动势的方向(用右手定则判定)与电枢电流 I_a 和外加电压 U 的方向总是相反的,称为反电动势 E_a。它与发电机的电动势 E 的作用不同。发电机的电动势是电源电动势,在外电路产生电流。而 E_a 是反电动势,电源只有克服这个反电动势才能向电动机输入电流。

直流电动机是把直流电能转变为机械能的设备。它有以下几方面的优点。

(1) 调速范围广,且易于平滑调节。

(2) 过载能力强,启动/制动转矩大。

(3) 易于控制,可靠性高。

直流电动机调速时的能量损耗较小,所以,在调速要求较高的场所,如轧钢车、电车、电气铁道牵引、高炉送料、造纸、纺织拖动、吊车、挖掘机械、卷扬机拖动等方面,直流电动机均得到了广泛的应用。

3. 他励(并励)电动机的工作特性

工作特性是指在 $U=U_N$、$I_f=I_{fN}$、电枢回路的附加电阻 $R_{pa}=0$ 时,电动机的转速 n、电磁转矩 T_m 和效率 η 三者与输出功率 P_2(负载)之间的关系。工作特性可用实验方法求得,曲线如图 4-15 所示(图中 T_0 为空载转矩,T_2 为输出转矩)。

1)　转速特性

通过分析可得，电动机转速为

$$n = \frac{U_N - I_a R_a}{C_e \Phi}$$

对于某一电动机，C_e 为一常数，在 $U=U_N$ 的情况下，通常随着负载的增加，当电枢电流 I_a 增加时，一方面使电枢电压 $I_a R_a$ 增加，从而使转速 n 下降；另一方面由于电枢反应的去磁作用增加，使磁通 Φ 减少，从而使转速上升。

电动机转速从空载到满载的变化程度，称为电动机的额定转速变化率$\Delta n\%$，他励(并励)电动机的转速变化率为 2%～8%，即当负载增加时，电动机转速下降很小(恒速特性)。

2)　转矩特性

输出转矩 $T_2=9.55P_2/n$，所以当转速不变时，转矩特性是一条通过原点的直线。但实际上，当 P_2 增加时，n 略有下降，因此，转矩特性曲线略为向上弯曲。

3)　效率特性

经理论分析可知，当不变损耗等于可变损耗时，效率最大。

4. 串励电动机的工作特性

串励电动机的励磁绕组与电枢绕组串联，故励磁电流 $I_f=I_a$，即串励电动机的气隙磁通 Φ 将随负载的变化而变化。所以串励电动机的工作特性与他励电动机有很大的差别，如图 4-16 所示。

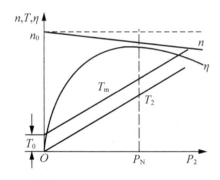

图 4-15　并励电动机的工作特性

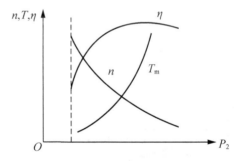

图 4-16　串励电动机的工作特性

1)　转速特性

随输出功率的增大，串励电动机的转速迅速下降。这是因为当输出功率 P_2 增加时，电枢电流 I_a 随之增大，电枢电压 $I_a R_a$ 和气隙磁通 Φ 同时增大，从而使转速迅速下降。

2)　转矩特性

由 $T_2=9.55P_2/n$ 可知，随着输出功率的增大，由于 n 迅速下降，所以转矩特性曲线将随 P_2 的增加而很快向上弯曲。

3)　效率特性

输出功率太大时，效率降低。

5. 直流电动机的机械特性

机械特性是电动机最重要的特性，它是讨论电动机稳定运行、启动、调速和制动等的基础。电动机的机械特性主要是描述电动机的转速 n 与其电磁转矩 T_M 之间的关系，通常用 $n=f(T_M)$ 曲线表示。机械特性可分为固有(自然)机械特性和人为机械特性。固有机械特性是指当电动机的工作电压和磁通均为额定值时，电枢电路中没有串入附加电阻时的机械特性，从空载到额定负载，转速下降不多，称为硬机械特性。人为机械特性是表示改变电动机一种或几种参数，使之不等于其额定值时的机械特性，负载增大时，转速下降较快，称为软机械特性。

1) 并励(他励)电动机的机械特性

(1) 并励(他励)直流电动机的固有机械特性。

根据固有特性的定义，可得固有机械特性方程式为

$$n = \frac{U_N}{C_e \Phi_N} - \frac{R_a}{C_e C_T \Phi_N{}^2} T_M = n_0 - \beta T_M$$

由上式可见，固有机械特性如图 4-17 所示，并励(他励)直流电动机的固有机械特性"较硬"。n_0 为 $T=0$ 时的转速，称为理想空载转速；Δn 为额定转差率。

(2) 并励(他励)直流电动机的人为机械特性。

在固有机械特性方程式中，当电压 U、磁通 Φ、转子回路电阻 R_{ad} 中任意一个参数改变而获得的特性，称为直流电动机的人为机械特性。

① 转子回路串接电阻 R_{ad} 时的人为机械特性。

在 $U=U_N$、$\Phi=\Phi_N$、$R=R_a+R_{ad}$，即在保持电压及磁通不变的条件下，转子回路串接电阻 R_{ad} 时，人为机械特性方程式为

$$n = \frac{U_N}{C_e \Phi_N} - \frac{R_a + R_{ad}}{C_e C_T \Phi_N{}^2} T_M$$

由上式可见，并励(他励)直流电动机转子回路串接电阻时的人为机械特性如图 4-18 所示。串接的电阻越大，则电动机的机械特性越"软"。

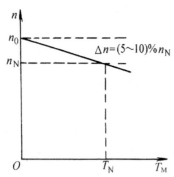

图 4-17 并励(他励)直流电动机的固有机械特性

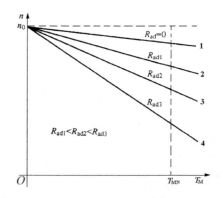

图 4-18 转子回路串接电阻时的机械特性

② 改变电枢电压时的人为机械特性。

在 $\Phi=\Phi_N$、$R=R_a$ 的条件下，改变转子电压 U 时的人为机械特性方程式为

$$n = \frac{U}{C_e \Phi_N} - \frac{R_a}{C_e C_T \Phi_N{}^2} T_M = n_0 - \beta T_M$$

由上式可见，并励(他励)直流电动机电枢降压时的人为机械特性是低于固有机械特性

曲线的一组平行直线，如图 4-19 所示。

③　改变磁通 Φ 时的人为机械特性。

一般电动机在额定磁通运行时，电动机的磁路已接近饱和，因此，改变磁通实际上只能减弱磁通。在 $U=U_N$、$R=R_a$ 的条件下，减弱磁通时的人为机械特性方程式为

$$n = \frac{U_N}{C_e\Phi} - \frac{R_a}{C_e C_T \Phi^2} T_M$$

由上式可见，并励(他励)直流电动机磁通减少时的人为机械特性如图 4-20 所示。磁通越小，则电动机的机械特性越"软"。

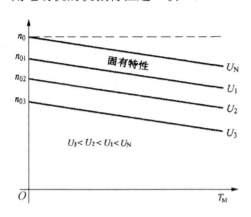

图 4-19　改变电枢电压时的机械特性　　　图 4-20　改变磁通 Φ 时的机械特性

2)　串励电动机的机械特性

串励电动机的励磁绕组与电枢绕组串联，励磁电流等于电枢电流。磁通是随电枢电流而变化的，磁路未饱和时，磁通基本上与电枢电流成正比，即 $\Phi=CI_a$，因而

$$M = C_m \Phi I_a = C_m C I_a^2$$

串励电动机在磁路不饱和时的机械特性曲线为双曲线，转速随负载的增加下降较快，机械特性很软。因空载转速过高，串励电动机不允许空载运行，为保证这一点，它和负载不能用皮带传动，以防皮带断裂或滑脱造成"飞车"事故。当磁路饱和时，负载增大，电流 I_a 增大时，磁通 Φ 变化不大，机械特性均为直线。

二、技能实训

1．实训器材

(1)　直流电压表，2 块。

(2)　直流电流表，2 块。

(3)　调节用可变电阻器，4 个。

(4)　数字式转速表，1 块。

(5)　直流电动机，1 台。

(6)　直流电动机特性测试台。

2．实训内容及要求

1）实训要求

当直流电动机电压 $U=U_N$ =常数、电枢回路不串入附加电阻、励磁电流 $I_f=I_{fN}$ =常数时，测定电动机的转速 n、输出转矩 T_2 和效率 η 三者与输出功率 P_2 之间的关系，即测定直流电动机的工作特性；测定直流电动机的转速 n 与其输出转矩 T_2 之间的关系 $n=f(T_2)$，即测定直流电动机的机械特性；测定直流电动机的调速特性。

> **说明：** 输出转矩 T_2 与电磁转矩 T_M 之间只相差一个空载转矩 T_0，而 T_0 一般可以忽略不计，所以把电磁转矩 T_M 认为即是输出转矩 T_2 来测定其工作特性和机械特性。

2）实训内容

(1) 按图 4-21 所示接线，直流电动机 M 的负载可选经校正过的直流发电机 G，发电机 G 的负载可选用变阻器或灯泡。

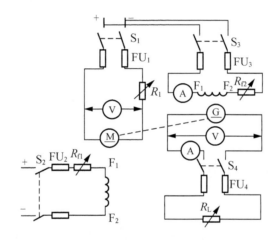

图 4-21　直流他励电动机特性实训原理图

(2) 断开直流发电机 G 的励磁电源及负载电阻 R_L，将电动机励磁变阻器 R_{f1} 置于最小值，正确启动直流电动机。

(3) 将发电机励磁电阻 R_{f2} 置于最大值，接入发电机 G 的励磁电源，调节励磁电阻 R_{f2} 值，使发电机励磁电流 I_{f2} 为额定值($I_{f2}=I_{GfN}$)并保持不变。

(4) 接入直流发电机 G 的负载电阻 R_L，在保持电动机端电压 $U=U_N$、$n=n_N$ 的条件下，逐渐增加发电机的负载(减小负载电阻 R_L 的阻值)，使电动机电枢电流达到额定值。

(5) 在保持电动机电枢电压 $U=U_N$、电动机及发电机的励磁电流不变的条件下，逐步减小发电机的负载，直到发电机的电枢电流 $I_G=0$ 为止。同步测取电动机电枢电流 I_a、转速 n、发电机电枢电流 I_G 和电压 U_G 值。共取数据 9～10 组，记录于表 4-2 中。

(6) 改变电枢端电压的调速。

① 直流电动机 M 运行后，将电阻 R_1 调至零，I_{f2} 调至校正值，再调节负载电阻 R_L、电枢电压及磁场电阻 R_{f1}，使 M 的 $U=U_N$、$I=0.5I_N$、$I_f=I_{fN}$，记下此时 G 的 I_F 值。

表 4-2 实训记录 $U_a=U_N=$＿＿V；$I_f=I_{fN}=$＿＿A；$I_{Gf}=I_{GfN}=$＿＿A

实验数据	电动机电枢电流 I_a/A								
	电动机转速 n/(r/min)								
	发电机输出电压 U_G/V								
	发电机输出电流 I_G/A								
计算数据	电动机输入功率 P_1/W								
	电动机输出功率 P_2/W								
	电动机输出转矩 T_2/(N·m)								
	电动机效率 η								
	速度变化率 $\Delta n=\dfrac{n_0-n_N}{n_0}$								

② 保持此时的 I_F 值(即 T_2 值)和 $I_f=I_{fN}$ 不变，逐次增加 R_1 的阻值，降低电枢两端的电压 U_a。使 R_1 从零调至最大值，每次测取电动机的端电压 U_a、转速 n 和电枢电流 I_a。

③ 共取数据 8～9 组，记录于表 4-3 中。

表 4-3 实训记录 $I_f=I_{fN}=$＿＿mA；$T_2=$＿＿N·m

U_a/V									
n/(r/min)									
I_a/A									

(7) 改变励磁电流的调速。

① 直流电动机运行后，将 M 的电枢串联电阻 R_1 和磁场调节电阻 R_{f1} 调至零，将 G 的磁场调节电阻 R_{f2} 调至校正值，再调节 M 的电枢电源调压旋钮和 G 的负载，使电动机 M 的 $U=U_N$、$I=0.5I_N$，记下此时的 I_F 值。

② 保持此时 G 的 I_F 值(T_2 值)和 M 的 $U=U_N$ 不变，逐次增加磁场电阻阻值，直至 $n=1.3n_N$，每次测取电动机的 n、I_f 和 I_a。共取 7～8 组，记录于表 4-4 中。

表 4-4 实训记录 $U=U_N=$＿＿V；$T_2=$＿＿N·m

n/(r/min)								
I_f/mA								
I_a/A								

3. 实训报告

(1) 正确记录实训数据，计算直流电动机的输入功率、输出功率、输出转矩、电动机效率和速度变化率等，完成表 4-2 中的计算数据，其有关计算公式如下。

电动机输入功率为

$$P_1 = U_a I_a \, (\text{W})$$

电动机输出功率为

$$P_2 = P_{1G} = \frac{P_{2G}}{\eta_C} = \frac{U_C I_C}{\eta_C} \, (\text{W})$$

电动机输出转矩为

$$T_2 = 9.555 \frac{P_2}{n} \, (\text{N} \cdot \text{m})$$

电动机效率为

$$\eta = \frac{P_2}{P_1} \times 100\%$$

式中，U_a、I_a——电动机电枢电压和电枢电流；

$\quad\quad U_G$、I_G ——发电机电枢电压和电枢电流；

$\quad\quad P_{1G}$——发电机输入功率；

$\quad\quad P_{2G}$——发电机输出功率；

$\quad\quad \eta_C$——发电机效率，可由实验室提供的效率曲线查得。

直流电动机转速变化率为

$$\Delta n = \frac{n_0 - n_N}{n_0} \times 100\%$$

(2) 绘出直流电动机的工作特性曲线 n、T_2、$\eta = f(P_2)$ 及机械特性曲线 $n = f(T_2)$。

(3) 绘出他励直流电动机调速特性曲线 $n = f(U_a)$ 和 $n = f(I_f)$。分析在恒转矩负载时两种调速的电枢电流变化规律以及两种调速方法的优缺点。

4. 技能考核

技能考核评价标准与评分细则如表 4-5 所示。

表 4-5 直流电动机工作特性和机械特性的测定训练考核评价表

评价项目	序号	主要内容	考核要求	评分细则	配分	扣分	得分
直流电动机特性测定	1	训练前的准备工作	准备好工具器材；调试好训练设备	① 工具准备不全，每少一样扣 2 分。 ② 设备未调试检查，每缺一处扣 5 分	10		
	2	认识直流电动机	熟悉直流电动机的结构；理解其铭牌上各符号的意义	① 符号不熟悉，每错一处扣 10 分。 ② 结构不够清楚扣 10 分	20		
	3	训练线路的连接	按接线图连接线路	① 每错一处扣 5 分。 ② 损坏线路和设备者，每处扣 10 分	20		

续表

评价项目	序号	主要内容	考核要求	评分细则	配分	扣分	得分
直流电动机特性测定	4	工作特性的测定	正确测出直流电动机的工作特性。	① 测量数据不正确，每错一处扣5分。 ② 工作特性曲线未绘出扣10分	30		
	5	机械特性的测定	正确测出直流电动机的机械特性。	① 测量数据不正确，每错一处扣5分。 ② 机械特性曲线未绘出扣10分	10		
	6	6S 规范	整理、整顿、清扫、安全、清洁、素养	① 没有穿戴防护用品扣4分。 ② 未清点工具、仪器扣2分。 ③ 乱摆放工具，乱丢杂物，完成任务后不清理工位扣2~5分。 ④ 违规操作扣5~10分	10		
评分人：　　　　　核分人：					总分		

三、思考与练习

(1) 并励电动机的速率特性 $n=f(I_a)$ 为什么是略微下降的？是否会出现上翘现象？为什么？

(2) 当电动机的负载转矩和励磁电流不变时，减小电枢电压，为什么会引起电动机转速降低？当电动机的负载转矩和电枢电压不变时，减小励磁电流，为什么会引起转速的升高？

(3) 直流电动机由哪几部分组成？各组成部分有什么作用？

项目 4.3　三相交流异步电动机的拆装

学习目标

1. 熟悉三相交流异步电动机的结构与工作原理。
2. 能拆装常见的交流异步电动机。
3. 会检修常见的交流异步电动机。

一、知识链接

1. 三相交流异步电动机的结构

三相交流异步电动机在结构上主要由静止不动的定子和转动的转子两大部分组成，定子、转子之间有一缝隙，称为气隙。此外，还有机座、端盖、轴承、接线盒、风扇等其他部分。异步电动机根据转子绕组的不同结构形式，可分为笼型(鼠笼式)和绕线型两种。笼型异步电动机的结构如图 4-22 所示。

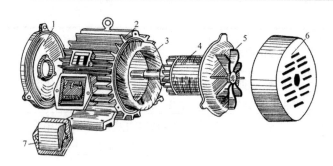

图 4-22　笼型异步电动机的主要部件

1—端盖；2—定子；3—定子绕组；4—转子；5—风扇；6—风扇罩；7—接线盒

1)　定子

定子的作用是产生旋转磁场。定子主要由定子铁芯、定子绕组和机座三部分组成。

(1)　定子铁芯。

作用：构成电动机磁路的一部分；铁芯槽内嵌放绕组。

组成：为减少铁芯损耗，一般由 0.5mm 厚、彼此绝缘且导磁性能较好的硅钢片叠压而成。

(2)　定子绕组。

作用：构成电动机的电路，通入三相交流电后在电动机内产生旋转磁场。

材料：高强度漆包线绕制而成的线圈，嵌放在定子槽内，再按照一定的接线规律相互连接成绕组。

(3)　机座。

作用：固定和支撑定子铁芯及端盖。

组成：中小型电动机一般用铸铁机座，大型电动机的机座用钢板焊接而成。

2)　转子

转子是异步电动机的转动部分，它在定子绕组旋转磁场的作用下产生感应电流，形成电磁转矩，通过联轴器或带轮带动其他机械设备做功。转子主要由转子铁芯、转子绕组和转轴三部分组成，整个转子靠端盖和轴承支撑。

(1)　转子铁芯。

作用：构成电动机磁路的一部分；铁芯槽内嵌放绕组。

组成：一般也由 0.5mm 厚、彼此绝缘且导磁性能较好的硅钢片叠压而成，如图 4-23 所示。转子铁芯固定在转轴或转子支架上。

　　　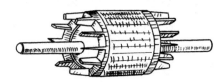

(a)　转子冲片　　　(b)　笼型绕组　　　(c)　笼型转子　　　(d)　铸铝转子

图 4-23　笼型转子

(2) 转子绕组。

异步电动机的转子绕组分为笼型转子和绕线转子两种。

① 笼型转子。

在转子铁芯的每个槽中插入一根裸导条，在铁芯两端分别用两个短路环把导条连接成一个整体，绕组的形状如图 4-23(b)所示。如果去掉铁芯，绕组的外形像一个"鼠笼"，故称为笼型转子。中小型电动机的笼型转子一般用熔化的铝浇铸在槽内而成，称为铸铝转子。在浇铸时，一般把转子的短路环和冷却用的风扇一起用铝铸成，如图 4-23(d)所示。

② 绕线转子。

绕线转子绕组和定子绕组相似，也是一个用绝缘导线绕成的三相对称绕组，嵌放在转子铁芯槽中，接成星形，三个端头分别接在与转轴绝缘的三个滑环上，再经一套电刷引出来与外电路相连，如图 4-24 所示。

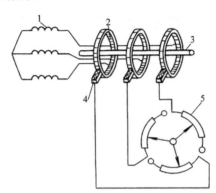

图 4-24 绕线转子与外部变阻器的连接

1—绕组；2—集电环；3—轴；4—电刷；5—变阻器

(3) 转轴。

作用：支撑转子，使转子能在定子槽内腔均匀地旋转；传导三相电动机的输出转矩。

材料：中碳钢制作。

2. 三相异步电动机的工作原理

当空间互差 120° 的线圈通入对称三相交流电时，在空间内就产生一个旋转磁场，其旋转磁场的转速(同步转速)为

$$n_1 = \frac{60 f_1}{p}$$

式中，f_1——电源频率(Hz)；

p——电动机磁极对数。

旋转磁场的方向由通入异步电动机对称三相绕组的电流相序决定，任意调换三相绕组中的两相电流相序，就可改变旋转磁场的方向。

旋转磁场切割转子上的导体产生感应电动势和电流，此电流又与旋转磁场相互作用产生电磁转矩，使转子跟随旋转磁场同向转动。由于转子中的电流和所受的电磁力都由电磁感应产生，所以也称为感应电动机。

二、技能实训

1. 实训器材

(1) 三相交流异步电动机，1 台。

(2) 拉具、套筒，各 1 件。

(3) 电工常用工具，1 套。

2. 实训要求及内容

1) 实训要求

准备好拆卸电动机的工具和器材，将三相异步电动机的电源线路断开，做好有关拆卸前的记录工作，按照正确的拆卸顺序拆卸电动机，仔细观察各组成部件的结构，检查各组成部件的质量；认真做好各组成部件的装配准备工作，按照与拆卸顺序相反的方法装配电动机，通电试车检查装配质量。

2) 实训内容

(1) 拆卸前的准备工作。

① 准备好拆卸工具，特别是拉具、套筒等专用工具。

② 选择和清理拆卸现场。

③ 熟悉待拆电动机的结构及故障情况。

④ 做好标记。

a. 标出电源线在接线盒中的相序。

b. 标出联轴器或皮带轮在轴上的位置。

c. 标出机座在基础上的位置，整理并记录好机座垫片。

d. 拆卸端盖、轴承、轴承盖时，记录好哪些在负荷侧，哪些在非负荷侧。

⑤ 拆除电源线和保护接地线，测定并记录绕组对地绝缘电阻。

⑥ 把电动机拆离基础，搬至修理拆卸现场。

(2) 拆卸步骤。

三相异步电动机的拆卸步骤如图 4-25 所示。

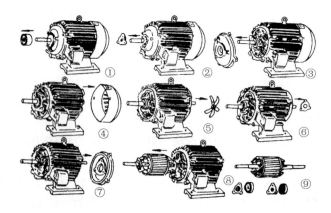

图 4-25　三相异步电动机拆卸步骤

① 用拉具从电动机轴上拆下皮带轮或联轴器。

② 用螺丝刀等工具卸掉前轴承(负荷侧)外盖。

③ 用螺丝刀和撬棍等工具拆下前端盖。

④ 用螺丝刀等工具拆下风罩。

⑤ 用撬棍等工具拆下风扇。

⑥ 用螺丝刀等工具拆下后轴承(非负荷侧)外盖。

⑦ 用螺丝刀和撬棍拆下后端盖。

⑧ 抽出转子。注意不应划伤定子，不应损伤定子绕组端口，平稳地将转子抽出。

⑨ 拆下转子上前、后轴承和前、后轴承内盖。

(3) 装配前的准备工作。

① 认真检查装配工具、场地是否清洁、齐备。

② 彻底清扫定、转子内部表面的尘垢，最后用汽油沾湿的棉布擦拭(汽油不能太多，以免浸入绕组内部破坏绝缘)。

③ 用灯光检查气隙、通风沟、止口处和其他空隙有无杂质和漆瘤，如有，必须清除干净。

④ 检查槽楔、绑扎带、绝缘材料是否松动脱落，有无高出定子铁芯内表面的地方，如有，应清除掉。

⑤ 检查各相绕组冷态直流电阻是否基本相同，各相绕组对地绝缘电阻和相间绝缘电阻是否符合要求。

(4) 装配步骤。

原则上按与拆卸相反的步骤进行电动机的装配。

(5) 通电试车。

接通电动机电源电路，通电试车，检查装配质量。

为保证人身安全，在通电试车时，应认真执行安全操作规程的有关规定：一人监护，一人操作。

3. 技能考核

技能考核评价标准与评分细则如表 4-6 所示。

表 4-6　电动机拆装实训评价标准与评分细则

评价项目	序号	主要内容	考核要求	评分细则	配分	扣分	得分
三相笼型异步电动机拆装	1	拆卸前的准备工作	准备好工具器材；做好拆卸前的有关记录工作	① 工具准备不全，每少一样扣 2 分。 ② 拆卸前的记录项目每少一项扣 2 分	10		
	2	拆卸过程	按正确的拆卸顺序和工艺要点拆卸电动机	① 拆卸过程的顺序每错一步扣 5 分。 ② 损坏有关部件者，每处扣 10 分。 ③ 每少拆一项扣 5 分	30		

续表

评价项目	序号	主要内容	考核要求	评分细则	配分	扣分	得分
三相笼型异步电动机拆装	3	装配前的准备工作	准备好工具器材；做好装配前有关部件的检查工作	① 工具准备不全，每少一样扣2分。 ② 装配前的检查项目每少检一项扣2分	10		
	4	装配过程	按正确的装配顺序和工艺要点装配电动机	① 装配过程的顺序每错一步扣5分。 ② 损坏有关部件者，每处扣10分。 ③ 每少装或装错一项扣5分	30		
	5	通电试车	电动机通电正常工作，且各项功能完好	① 一次通电试车不转或有其他异常情况扣3分。 ② 没有找到不转或其他异常情况的原因扣5分。 ③ 电机开机烧电源，本项记0分	10		
	6	6S 规范	整理、整顿、清扫、安全、清洁、素养	① 没有穿戴防护用品扣4分。 ② 拆装前未清点工具、仪器扣2分。 ③ 未经试电笔测试前用手触电动机扣5分。 ④ 乱摆放工具，乱丢杂物，完成任务后不清理工位扣2~5分。 ⑤ 违规操作扣5~10分	10		
评分人：			核分人：		总分		

三、思考与练习

(1) 三相异步电动机由哪些部分组成？各组成部分有什么作用？

(2) 如何改变三相异步电动机的转向？

(3) 简述拆装三相异步电动机的步骤。

项目 4.4　单相交流异步电动机的运行与检修

学习目标

1. 熟悉单相交流异步电动机的基本结构及工作原理。

2. 能熟练拆装与检修单相交流异步电动机。

3. 能用正确方法检测单相交流异步电动机的电容。

一、知识链接

1. 单相交流异步电动机的基本原理

1) 脉动磁场

图 4-26 所示为单相交流异步电动机单相绕组中通入单相交流电后产生的磁场情况。图 4-26(a)所示为单相交流电的波形图。假设在交流电的正半周，电流从单相定子绕组的左半侧流入，右半侧流出，则由电流产生的磁场如图 4-26(b)所示，该磁场的大小随电流的变化而变化，但方向则保持不变。当电流为零时，磁场也为零。当电流变为负半周时，产生的磁场方向也随之发生变化，如图 4-26(c)所示。

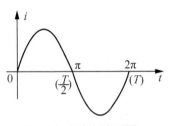 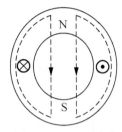 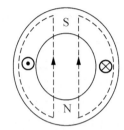

(a) 单相交流电波形图　　(b) 电流正半周产生的磁场　　(c) 电流负半周产生的磁场

图 4-26　单相脉动磁场

由此可见，向单相交流异步电动机单相绕组通入单相交流电后，产生的磁场大小及方向在不断变化，但磁场的轴线却固定不动，这种磁场空间位置固定、只是幅值和方向随时间变化，即只脉动而不旋转的磁场，称为脉动磁场。

2) 旋转磁场

理论分析证明，具有 90° 相位差的两个电流通过空间位置相差 90° 的两相绕组时，产生的合成磁场为旋转磁场。图 4-27 说明了产生旋转磁场的过程，给出了对应于不同瞬间定子绕组中的电流所产生的磁场。由图中可以得到如下的结论：向空间位置互差 90° 电角度的两相定子绕组内通入在时间上互差 90° 电角度的两相电流，产生的磁场也是沿定子内圆旋转的旋转磁场。

3) 转动原理

在旋转磁场的作用下，笼型结构的转子绕组切割旋转磁场磁力线，产生感应电动势和感应电流。该感应电流又与旋转磁场作用，使转子获得电磁转矩，从而使电动机旋转。

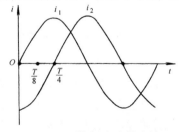

(a) 两绕组支路的电流

图 4-27　单相交流异步电动机旋转磁场的产生

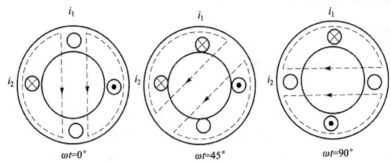

(b) 单相交流异步电动机的旋转磁场

图 4-27　单相交流异步电动机旋转磁场的产生(续)

2. 单相交流异步电动机的分类

单相交流异步电动机根据其启动方法或运行方法的不同，可分为单相电容运行异步电动机、单相电容启动异步电动机、单相双值电容异步电动机、单相电阻启动异步电动机、单相罩极式异步电动机等。

1) 单相电容运行异步电动机

这是使用较为广泛的一种单相交流异步电动机，其原理如图 4-24 所示。在电动机定子铁芯嵌放两套绕组：主绕组 U1U2(又称工作绕组)和副绕组 Z1Z2(又称启动绕组)，它们的结构相同(或基本相同)，但在空间位置则互差 90°电角度。在启动绕组 Z1Z2 中串入电容器 C 以后再与工作绕组并联接在单相交流电源上，适当地选择电容器 C 的容量，可以使流过工作绕组中的电流 I_U 和流过启动绕组中的电流 I_Z 相差约 90°电角度，从而满足了旋转磁场的产生和电动机转动的条件。

单向电容运行异步电动机结构简单，使用维护方便，常用于电风扇、电冰箱、洗衣机、空调器、吸尘器等中。

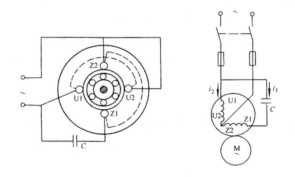

图 4-28　电容运行电动机原理图

2) 单相电容启动异步电动机

如果在单相电容运行异步电动机的启动绕组中串联一个离心开关 S，就构成单相电容启动异步电动机。图 4-29 所示为单相电容启动异步电动机线路图，图 4-30 所示为离心开关动作示意图。当电动机转子静止或转速较低时，离心开关的两组触头在弹簧的压力下处于接触位置，即图 4-29 所示中的 S 闭合，启动绕组与工作绕组一起接在单相电源上，电动机开始转动。当电动机转速达到一定数值后，离心开关中的重球产生的惯性力大于弹簧的弹力，则重球带动触头向右移动，使两组触头断开，即图 4-29 所示中的 S 断开，将启动绕组从电源上切除。此后，电动机在工作绕组产生的脉动磁场作用下继续运转下去。

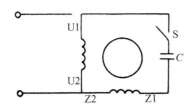

图 4-29　单相电容启动异步电动机线路图

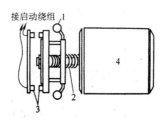

图 4-30　离心开关动作示意图

1—重球；2—弹簧；3—触头；4—转子

电容启动电动机与电容运行电动机比较，前者有较大的启动转矩，但启动电流也较大，适用于各种满载启动的机械，如小型空气压缩机、部分电冰箱压缩机等。

3）单相双值电容异步电动机

单相双值电容异步电动机电路图如图 4-31 所示，C_1 为启动电容，容量较大；C_2 为工作电容，容量较小。两只电容并联后与启动绕组串联，启动时两只电容都工作，电动机有较大启动转矩，转速上升到 80%左右额定转速后，启动开关将启动电容 C_1 断开，启动绕组上只串联工作电容 C_2，电容量减少。因此双值电容异步电动机既有较大的启动转矩(约为额定转矩的 2～2.5 倍)，又有较高的效率和功率因数。它广泛地应用于小型机床设备。

4）单相电阻启动异步电动机

单相电阻启动异步电动机线路如图 4-32 所示。其特点是电动机工作绕组 U1U2 的匝数较多，导线直径较粗，因此感抗远大于绕组的直流电阻，可近似地看作流过绕组中的电流滞后电压约 90°电角度。而启动绕组 Z1Z2 的匝数较少，导线直径较细，又与启动电阻 R 串联，则该支路的总电阻远大于感抗，可近似认为电流与电源电压同相位。因此就可以看成工作绕组中的电流与启动绕组中的电流两者相位差近似 90°电角度，从而在定子与转子及空气隙中产生旋转磁场，使转子产生转矩而转动。当转速到达额定值的 80%左右时，离心开关 S 动作，把启动绕组从电源上切除。此后，电动机在工作绕组产生的脉动磁场作用下继续运转下去。

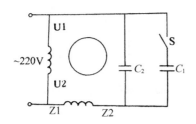

图 4-31　单相双值电容异步电动机电路图

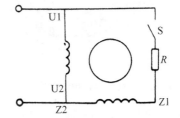

图 4-32　单相电阻启动异步电动机线路图

5）单相罩极式异步电动机

单相罩极式异步电动机的定子一般都采用凸极式的，工作绕组集中绕制，套在定子磁极上。在极靴表面的 1/4～1/3 处开有一个小槽，并用短路环把这部分磁极罩起来，故称之为罩极式电动机。短路环起到启动绕组的作用，称为启动绕组。罩极式电动机的转子仍做

成笼型。图 4-33 所示为单相罩极式异步电动机结构示意图。

当工作绕组中通入单相交流电时，罩极式电动机磁极的疏密分布在空间上是移动的，由未罩部分向被罩部分移动，好似旋转磁场一样，从而使笼型结构的转子获得启动转矩，并且也决定了电动机的转向是由未罩部分向被罩部分旋转，其转向是由定子内部结构决定的，改变电流接线不能改变电动机的转向。

罩极式电动机的主要优点是结构简单、制造方便、成本低、运行时噪声小、维护方便。按磁极形式的不同，可分为凸极式和隐极式两种，其中凸极式结构较为常见。罩极式电动机的主要缺点是启动性能及运行性能较差，效率和功率因数都较低，方向不能改变。它主要用于小功率空载启动场合，如计算机后面的散热风扇、各种仪表风扇、电唱机等。

3. 单相交流异步电动机的反转与调速

1) 反转

(1) 只要任意改变工作绕组或启动绕组的首端、末端与电源的接线，即可改变旋转磁场的方向，从而使电动机反转。因为异步电动机的转向是从电流相位超前的绕组向电流相位落后的绕组旋转的，如果把其中的一个绕组反接，等于把这个绕组的电流相位改变了 180°，假如原来这个绕组是超前 90°，则改接后就变成了滞后 90°，结果旋转磁场的方向随之改变。

(2) 改变电容器的接法也可改变电动机转向。如洗衣机需经常正、反转，如图 4-30 所示。当定时器开关处于图中所处位置时，电容器串联在 U1U2 绕组上，U1U2 绕组上的电流 I_U 超前于 Z1Z2 绕组上的电流 I_Z 相位约 90°。经过一定时间后，定时器开关将电容从 U1U2 绕组切断，串联到 Z1Z2 绕组上，则电流 I_Z 超前于 I_U 相位约 90°，从而实现了电动机的反转。这种单相交流异步电动机的工作绕组与启动绕组可以互换，所以工作绕组、启动绕组的线圈匝数、粗细、占槽数都应相同。

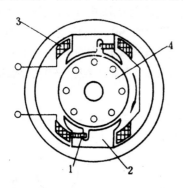

图 4-33　单相罩极式异步电动机结构示意图

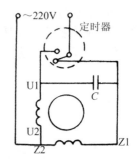

图 4-34　洗衣机电动机的正、反向控制

1—短路环；2—凸极式定子铁芯；3—定子绕组；4—转子

外部接线无法改变罩极式电动机的转向，因为它的转向是由内部结构决定的，所以它一般用于不需改变转向的场合。

2) 调速

单相交流异步电动机和三相交流异步电动机一样，恒转矩负载的转速调节是较困难的。在风机型负载情况下，调速一般有以下方法。

(1) 串电抗器调速。

这种调速方法将电抗器与电动机定子绕组串联,通电时,利用在电抗器上产生的电压降,使加到电动机定子绕组上的电压低于电源电压,从而达到降压调速的目的。因此,用串电抗器调速时,电动机的转速只能由额定转速向低速调速。其调速电路如图 4-35 所示。

串电抗器调速方法线路简单、操作方便,但只能有级调速,且电抗上消耗电能。另外,电压降低后,电动机的输出转矩和功率明显降低,因此只适用于转矩及功率都允许随转速降低而降低的场合,目前只用于吊扇上。

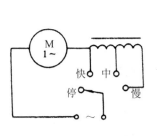 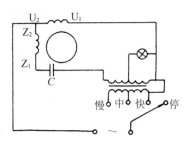

(a) 罩极式电动机　　　　　(b) 电容运转电动机(带指示灯)

图 4-35　单相交流异步电动机串电抗器调速电路

(2) 绕组抽头调速。

电容运转电动机在调速范围不大时,普遍采用定子绕组抽头调速。这种调速方法是在定子铁芯上再放一个调速绕组 D1D2(又称中间绕组),它与工作绕组 U1U2 及启动绕组 Z1Z2 连接后引出几个抽头(一般为三个),通过改变调速绕组与工作绕组、启动绕组的连接方式,调节气隙磁场大小来实现调速的目的。这种调速方法通常有 L 形接法和 T 形接法两种,如图 4-36 所示。

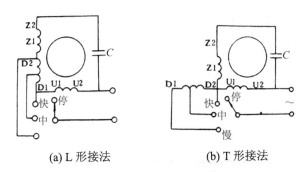

(a) L 形接法　　　　　(b) T 形接法

图 4-36　单相交流电动机绕组抽头调速接线图

与串电抗器相比,绕组抽头调速省去了调速电抗器铁芯,降低了产品成本,节约了电抗器的能耗。其缺点是绕组嵌线和接线比较复杂,电动机与调速开关的接线较多。

(3) 串电容调速。

将不同容量的电容器串入单相交流异步电动机电路中,也可调节电动机的转速。电容器容抗与电容量成反比,故电容量越小,容抗就越大,相应的电压降也就越大,电动机转速就越低;反之电容量越大,容抗就越小,相应的电压降也就越小,电动机转速就越高。

(4) 自耦变压器调速。

可以通过调节自耦变压器来调节加在单相交流异步电动机上的电压，从而实现电动机的调速。

(5) 晶闸管调压调速。

前面介绍的各种调速电路都是有级调速，目前采用晶闸管调压的无级调速已越来越多。如图 4-37 所示，通过改变晶闸管 V2 的导通角，来调节加在单相交流异步电动机上的交流电压的大小，从而达到调节电动机转速的目的。本调速方法可以实现无级调速，缺点是有一些电磁干扰。目前常用于吊风扇的调速上。

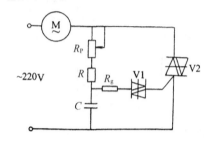

图 4-37　晶闸管调速原理图

(6) 变频调速。

变频调速适合各种类型的负载。随着交流变频调速技术的发展，单相变频调速已在家用电器上应用，如变频空调器等。它是交流调速控制的发展方向。

二、技能实训

1. 实训器材

(1) 单相交流异步电动机，1 台。

(2) 机械式万用表，1 块。

(3) 电机电容器，若干。

(4) 电机拆装工具，1 套。

2. 实训要求及内容

1) 实训要求

准备好拆卸电动机和检测电容器的工具和器材，按与拆卸三相交流异步电动机(见项目三)相似的方法拆卸单相交流异步电动机，仔细观察各组成部件的结构，用万用表检测电动机使用电容器的质量，按照拆卸顺序相反的方法装配电动机，通电试车检查装配质量。

2) 实训内容

(1) 拆卸单相交流异步电动机。

① 做好拆卸前的准备工作。

② 按照与拆卸三相交流异步电动机相同的方法拆卸单相交流异步电动机。

③ 仔细检查电动机的各组成部分，熟悉其结构。

(2) 检测电容器。

① 用机械式万用表进行检测。

对本台电动机所用的电容器和另外准备的几个电容器进行标记，再用检测电容器的方法逐个地用万用表进行测试，并将测试结果及参数记录在表 4-7 中。

把万用表拨至 R×100k 或 R×1k 挡，用螺丝刀或导线短接电容两接线端进行放电后，把万用表两表笔接电容两出线端。表针摆动可能为以下情况。

a. 指针先大幅度摆向电阻零位，然后慢慢返回表面数百千欧的位置，说明电容器完好。

b. 指针不动，说明电容器有开路故障。

c. 指针摆到电阻零位后不返回，说明电容器内部已击穿短路。

d. 指针摆到刻度盘上某较小阻值处，不再返回，说明电容器泄漏电流较大。

e. 指针能正常摆动和返回，但第一次摆幅小，说明电容器容量已减小。

f. 把万用表拨至 R×100k 挡，用表笔测电容器两接线端对地电阻，若指针为零说明电容器已接地。

表 4-7　用机械式万用表检测电容器

检测电容序号	万用表型号及使用挡	万用表表笔第一次接通放电后的电容器时，表指针的最大偏转刻度	最大偏转后缓慢返回到达的刻度	电容器两端对外壳的电阻值	结论
1					
2					
3					
⋮					

测定电容量：有的万用表可通过外接电源直接测定电容器的电容量。电容器 C 接入 220V 交流电路，用电流、电压表测得 C 的端压 U 和流过 C 的电流 I。测量时，为了保证安全，应设置熔丝作为保护。通电后，尽快(1~2s 内)记录下 U、I 值，用下列公式估算电容量：

$$C = 3180 \frac{I}{U}$$

式中，C——被测电容的电容量(μF)；

　　　I——电流表读数(A)；

　　　U——电压表读数(V)。

应注意，上式仅适用于工频 50HZ 的电源。如果测出电容量比电容额定值低 20% 以上，则电容已失效，应予以更换。

② 用数字万用表进行检测。

现在的数字万用表一般都可以直接测出电容器的电容量。用数字万用表逐个地对每个电容器进行测试，并将测试结果及参数记录在表 4-8 中。

(3) 装配单相交流异步电动机。

原则上按与拆卸相反的步骤进行电动机的装配。

(4) 通电试车。

接通电动机电源电路，通电试车，检查装配质量。

表 4-8 用数字万用表检测电容器

检测电容序号	万用表型号	电容器标称容量	实测电容器容量	结　论
1				
2				
3				
⋮				

3. 技能考核

技能考核评价标准与评分细则如表 4-9 所示。

表 4-9 单相交流异步电动机的拆装及其电容器的检测实训评价标准与评分细则

评价项目	序号	主要内容	考核要求	评分细则	配分	扣分	得分
单相交流异步电动机的拆装及其电容器的检测	1	拆卸检测前的准备工作	准备好工具器材；做好拆卸前的有关记录工作	① 工具准备不全，每少一样扣 2 分。② 拆卸前的记录项目，每少一项扣 2 分	10		
	2	拆卸过程	按正确的拆卸顺序和工艺要点拆卸电动机	① 拆卸过程的顺序每错一步扣 5 分。② 损坏有关部件者，每处扣 10 分。③ 每少拆一项扣 5 分	15		
	3	电容器的检测	按正确的方法用万用表和试灯检测电容器的质量	① 不会使用万用表检测扣 10 分。② 不会用试灯法检测扣 10 分。③ 检测结果每错一处扣 5 分	30		
单相交流异步电动机的拆装及其电容器的检测	4	装配前的准备工作	准备好工具器材；做好装配前有关部件的检查工作	① 工具准备不全，每少一样扣 2 分。② 装配前的检查项目，每少一项扣 2 分	10		
	5	装配过程	按正确的装配顺序和工艺要点装配电动机	① 装配过程的顺序每错一步扣 5 分。② 损坏有关部件者，每处扣 10 分。③ 每少装或装错一项扣 5 分	15		
	6	通电试车	电动机通电正常工作，且各项功能完好	① 一次通电试车不转或有其他异常情况扣 3 分。② 没有找到不转或其他异常情况的原因扣 5 分。③ 电动机开机烧电源，本项记 0 分	10		
	7	6S 规范	整理、整顿、清扫、安全、清洁、素养	① 没有穿戴防护用品扣 4 分。② 拆装前未清点工具、仪器扣 2 分。③ 未经试电笔测试前用手触电动机扣 5 分。④ 乱摆放工具，乱丢杂物，完成任务后不清理工位扣 2～5 分。⑤ 违规操作扣 5～10 分	10		
评分人：		核分人：			总分		

三、思考与练习

(1) 一台新吊扇安装好后通电运转，发现转速很慢，可能是什么故障？如何查找？

(2) 一台电容运行台式风扇，通电时只有轻微振动，但不转动；如用手拨动风扇叶则可以转动，但转速较慢，这是什么故障？应如何检查？

（3）比较单相电容运行、单相电容启动、单相电阻启动及单相罩极式异步电动机的运行特点及使用场合。

项目 4.5　三相异步电动机定子绕组首尾端的判别

学习目标

1. 熟悉三相交流异步电动机绕组的结构及作用。
2. 熟悉三相交流异步电动机定子绕组首尾端的判别方法。

一、知识链接

三相交流异步电动机的定子绕组构成电动机的电路，在其中通入三相交流电后在电动机内产生旋转磁场。

三相交流异步电动机的定子绕组是用高强度漆包线绕制而成的线圈，嵌放在定子槽内，再按照一定的接线规律相互连接成绕组。

定子绕组的连接：三相异步电动机的定子绕组通常有六根引出线，分别与电动机接线盒内的六个接线端连接。按国家标准，六个接线端中的始端分别标以 U1、V1、W1，末端分别标以 U2、V2、W2。根据电动机的容量和需要，三相定子绕组可以选择星形连接或三角形连接，如图 4-38 所示。大中型异步电动机通常用三角形连接；中小容量异步电动机则可按需要选择星形连接或三角形连接。

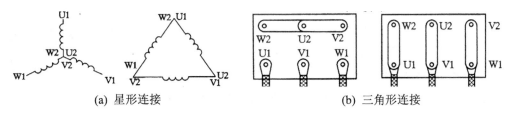

(a) 星形连接　　　　　　　　　　(b) 三角形连接

图 4-38　三相绕组的连接

二、技能实训

1．实训器材

（1）三相交流异步电动机，1 台。

（2）单相调压器或 36V 机床照明变压器，1 台。

（3）220V、60W 或 220V、40W 灯泡，1 只。

（4）36V 机床照明灯泡，1 只。

（5）灯头，2 个。

（6）低压直流电源或电池组，1 个。

（7）导线、开关等。

2. 实训要求及内容

1) 实训要求

在维修电动机时，常常会遇到线端标记已丢失或标记模糊不清，从而无法辨识的情况。为了正确接线，就必须重新确定定子绕组的首尾端。分别应用直流法、交流法与灯泡检测法等三种方法判别三相异步电动机定子绕组的首尾端。

2) 实训内容

(1) 用低压交流电源与电压表测定定子绕组的首尾端。

① 首先用万用表电阻挡查明每相绕组的两个出线端，并做上标记。

② 将三相绕组中任意两相绕组相串联，另两端与电压表相连。接线图如图 4-39(a)所示。

③ 将余下一相绕组与单相调压器或 36V 照明变压器的输出端相连接。

④ 经指导教师检查许可后，将调压器输出电压调到零，接通开关 S，调节输出电压，使输出电压逐渐升高，同时观察电压表有无读数。若电压表无读数，即电压表指针不偏转，说明连接在一起的两绕组的出线端同为首端或尾端。若电压表有读数，则说明连接在一起的两绕组出线端中一个是首端、一个是尾端。这样，可以将任意一端定为已知首端，其余三个端即可定出首尾端，并标注 U1U2、V1V2。

⑤ 将确定出首尾端的其中一相绕组接调压器，另两相又串联相接，再与电压表相连，如图 4-39(b)所示。重复步骤④的过程，即可根据已知的一相首尾端，确定未知一相绕组的首尾端，并标上 W1W2。

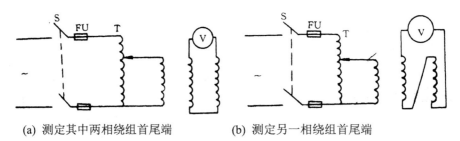

(a) 测定其中两相绕组首尾端   (b) 测定另一相绕组首尾端

图 4-39　用低压交流电源与电压表测定首尾端

(2) 用 220V 交流电源和灯泡测定定子绕组的首尾端。

注意： 应用 220V 交流电源这种方法测定时，通电时间应尽量短，以免绕组过热，破坏绝缘，有条件时，可用 36V 机床照明变压器及 36V 灯泡代替。

① 可先用万用表查明每相绕组的两个出线端。也可将灯泡与一个出线端相串联后，再与其余五个出线端中的一个和电源相接，灯泡发光者为同一相的两出线端。同样办法测定两绕组后，余下一组不测自明。

② 将任意两绕组相串联，另两端接在电压相符的灯泡上(即用 36V 交流电源接 36V 灯泡)，如图 4-40(a)所示。

③ 将另一相两出线端与 220V 交流电源相接，经指导教师检查许可后，方可通电进行实验。

④ 观察灯泡亮与不亮。若灯泡不亮，说明连在一起的两出线端同为首端或尾端。若灯泡亮，则说明连接在一起的两出线端中一个是首端、一个是尾端。可任意设定其中一个

出线端为首端，即可确定出其余三个出线端的首端或尾端。将标记做好，即标上 U1U2、V1V2。做此项实验时，如果灯泡不亮，应改换接线，让灯泡亮起来，使实验成功的现象明显，增加可见度和可信度。

　　⑤　将已有标记的一相绕组与未知的一相绕组相串联，再连接好灯泡。将已有标记的另一相绕组接通电源，如图 4-40(b)所示。重复步骤④实验过程，即可确定未知一相绕组的首尾端。

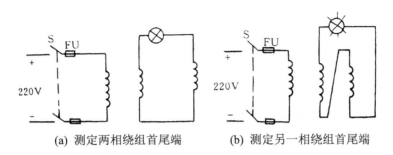

(a) 测定两相绕组首尾端　　　　(b) 测定另一相绕组首尾端

图 4-40　用交流电源与灯泡测定首尾端

(3)　用低压直流电源和万用表测定定子绕组的首尾端。

注意： 应用此方法时，接通电源时间应尽量短，若时间过长，极易损坏电源。

第一种用低压直流电源和万用表测定定子绕组的首尾端的方法，如图 4-41 所示。

①　用万用表查明每相绕组的两个出线端。

②　将任意两相绕组串联后，接于万用表的直流毫安挡。

③　将另一相绕组与直流电源相接，作短暂的接通与断开，如图 4-41(a)所示。

④　在接通与断开电源的瞬间，观察万用表指针是否摆动，若万用表指针不摆动，将其串联的两绕组出线端调换一下，这时万用表指针应该有摆动，说明接在一起的两出线端中一个是首端、一个是尾端。若调换端线后，接通或断开电源的瞬间，万用表指针仍不摆动，可能是各接点有接触不良的地方，或者是万用表量程较大，作适当调整，万用表指针就能摆动了。

　　⑤　将确定出首尾端的一相绕组与未知首尾端的一相绕组相串联，再接万用表。将已确定出首尾端的另一相绕组接电源，如图 4-41(b)所示。重复步骤④实验过程，就可以确定出未知一相绕组的首尾端出线端。

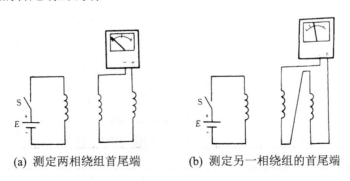

(a) 测定两相绕组首尾端　　　　(b) 测定另一相绕组的首尾端

图 4-41　用低压直流电源与万用表测定首尾端(方法一)

第二种用低压直流电源和万用表测定定子绕组的首尾端的方法，如图 4-42 所示。

将万用表较小量程的毫安挡与任意一相的两出线端相连，再把另一相绕组的两出线端通过开关 S 接电源，并首先指定准备接电源的"+"端的绕组出线端为首端，接"−"端的为尾端。当电源开关 S 闭合时，如果万用表的指针右摆，则与万用表正极相连接的出线端是尾端，与万用表负极相连接的出线端是首端。如果万用表指针左摆，则调换电源正负极，使其右摆进行测定。另一相也作相应的判断就可以了。

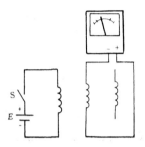

图 4-42　用低压直流电源与万用表测定首尾端(方法二)

3. 技能考核

技能考核评价标准与评分细则如表 4-10 所示。

表 4-10　三相异步电动机定子绕组首尾端判别实训评价标准与评分细则

评价项目	序号	主要内容	考核要求	评分细则	配分	扣分	得分
三相异步电动机定子绕组首尾端判别	1	用低压交流电源与电压表测定首尾端	按正确的接线图接线，会正确使用仪表，注意安全，判别结果正确	① 接线错误，每错一处扣 5 分。 ② 不会使用万用表扣 10 分。 ③ 注意安全不够扣 5～10 分。 ④ 结果错误扣 30 分	30		
	2	用交流电源与灯泡测定首尾端	按实训原理图正确接线，注意安全，判别结果正确。	① 接线错误，每错一处扣 5 分。 ② 注意安全不够扣 5～10 分。 ③ 结果错误扣 30 分	30		
	3	用低压直流电源与万用表测定首尾端	按正确的接线图接线，会正确使用仪表，注意安全，判别结果正确	① 接线错误，每错一处扣 5 分。 ② 不会使用万用表扣 10 分。 ③ 注意安全不够扣 5～10 分。 ④ 结果错误扣 30 分	30		
	4	6S 规范	整理、整顿、清扫、安全、清洁、素养	① 没有穿戴防护用品扣 4 分。 ② 训练前未清点工具、仪器、耗材扣 2 分。 ③ 未经试电笔测试前用手触电动机扣 5 分。 ④ 乱摆放工具，乱丢杂物，完成任务后不清理工位扣 2～5 分。 ⑤ 违规操作扣 5～10 分	10		
评分人：　　　　　　核分人：					总分		

三、思考与练习

(1) 三相交流异步电动机定子绕组有哪两种接法？怎样连接？

(2) 判别三相交流异步电动机定子绕组首尾端有哪几种方法？各有何特点？

模块五　典型电动机控制线路的装调与检修

1. 能根据三相异步电动机基本控制电路原理图绘制电器布置图及安装接线图。
2. 熟练掌握电动机控制线路的基本环节。
3. 能正确绘制和阅读电气控制系统图。
4. 能根据电气接线工艺要求安装线路并通电运行。
5. 能根据电气原理排除基本的电气故障。

项目 5.1　常用低压电器的拆装与检修

学习目标

1. 熟悉接触器、继电器等电器的结构、原理、用途及各种常用低压电器的选用原则。
2. 能独立维修和拆装常用低压电器。

一、知识链接

电器是一种能根据外界信号和要求，手动或自动地接通或断开电路，实现断续或连续地改变电路参数，以达到对电路或非电对象的控制、切换、保护、检测、变换和调节作用的电气设备。低压电器通常是指工作在交流电压小于 1200V、直流电压小于 1500V 电路中的电气控制设备。低压电器的功能多、用途广、品种规格繁多。按电器的操作方式不同可分为手动电器和自动电器两大类。

常用低压电器主要有接触器、继电器(包括中间继电器、热继电器、电流继电器、电压继电器、时间继电器等)、熔断器、刀开关、转换开关、自动开关、按钮、行程开关等。

1. 接触器

接触器是一种自动的电磁式开关，适用于远距离频繁地接通或断开交、直流主电路及大容量控制电路。它不仅能实现远距离自动操作和欠电压释放保护功能，而且还具有控制容量大、工作可靠、操作效率高、使用寿命长等优点，在电力拖动系统中得到了广泛的应用。接触器主要由电磁系统、触头系统和灭弧装置组成，其外形和图形文字符号如图 5-1 所示。

(1) 电磁系统：电磁系统包括动铁芯(衔铁)、静铁芯和电磁线圈三部分，其作用是将电磁能转换成机械能，产生电磁吸力带动触头动作。

(2) 触头系统：触头又称为触点，是接触器的执行元件，用来接通或断开被控制电路。触头的结构形式很多，按其所控制的电路可分为主触头和辅助触头。主触头用于接通或断开主电路，允许通过较大的电流。辅助触头用于接通或断开控制电路，只能通过较小的电流。触头按其静态可分为常开触头(动合触头)和常闭触头(动断触头)。原始状态时(即线圈未通电)断开，线圈通电后闭合的触头称为常开触头；原始状态时闭合，线圈通电后断开的触头称为常闭触头。线圈断电后所有触头复位，即恢复到原始状态。

(3) 灭弧装置：在分断电流瞬间，触头间的气隙中会产生电弧，电弧的高温能将触头烧损，并可能造成其他事故。因此，应采用适当措施迅速熄灭电弧。常采用的有灭弧罩、灭弧栅和磁吹灭弧装置等。

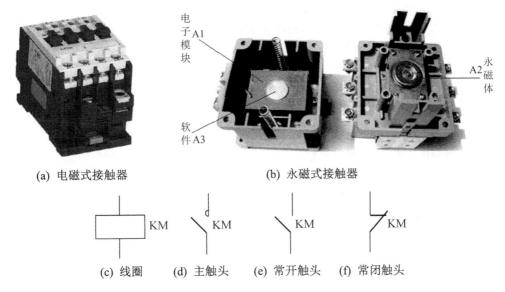

(a) 电磁式接触器　　　　　　　　(b) 永磁式接触器

(c) 线圈　　(d) 主触头　　(e) 常开触头　　(f) 常闭触头

图 5-1　接触器外形和图形文字符号

1) 接触器原理

当接触器的电磁线圈通电后，会产生很强的磁场，使静铁芯产生电磁吸力吸引衔铁，并带动触头动作：常闭触头断开；常开触头闭合，两者是联动的。当线圈断电时，电磁吸力消失，衔铁在释放弹簧的作用下释放，使触头复原：常闭触头闭合；常开触头断开。

交流接触器利用主触头来开闭主电路，用辅助触头来控制电路。主触头一般是常开触头，而辅助触头有两对常开触头和常闭触头。交流接触器的触头由银钨合金制成，具有良好的导电性和耐高温烧蚀性。交流接触器动作的动力源于交流电通过带铁芯线圈产生的磁场。电磁铁芯由两个"山"字形的硅钢片叠成，其中一个是固定铁芯，套有线圈。为了使磁力稳定，铁芯的吸合面加上短路环。交流接触器在失电后，依靠弹簧复位。另一个是活动铁芯，构造和固定铁芯一样，用以带动主触头和辅助触头的闭合与断开。20A 以上的接触器加有灭弧罩，利用电路断开时产生的电磁力快速拉断电弧，保护触头。

接触器可高频率操作，作为电源开启与切断控制时，最高操作频率可达每小时 1200次。接触器的使用寿命很高，机械寿命通常为数百万次至一千万次，电寿命一般则为数十万次至数百万次。

2) 接触器分类及特点

接触器按其主触头所控制主电路电流的种类可分为交流接触器和直流接触器。

(1) 交流接触器。

交流接触器线圈通以交流电，主触头接通、分断交流主电路。

当交变磁通穿过铁芯时，将产生涡流和磁滞损耗，使铁芯发热。为减少铁损，铁芯用硅钢片冲压而成。为便于散热，线圈做成短而粗的圆筒状绕在骨架上。为防止交变磁通使衔铁产生强烈振动和噪声，交流接触器铁芯端面上都安装一个铜制的短路环。交流接触器的灭弧装置通常采用灭弧罩和灭弧栅。

(2) 直流接触器。

直流接触器线圈通以直流电流，主触头接通、切断直流主电路。

直流接触器铁芯中不产生涡流和磁滞损耗，所以不发热，铁芯可用整块钢制成。为保证散热良好，通常将线圈绕制成长而薄的圆筒状。直流接触器灭弧较难，一般采用灭弧能力较强的磁吹灭弧装置。

3) 接触器的使用选择原则

选择接触器时应从其工作条件出发，主要考虑下列因素。

(1) 控制交流负载应选用交流接触器，控制直流负载应选用直流接触器。

(2) 接触器的使用类别应与负载性质相一致。

(3) 主触头的额定工作电压应大于或等于负载电路的电压。

(4) 主触头的额定工作电流应大于或等于负载电路的电流。还要注意的是接触器主触头的额定工作电流是在规定条件下(额定工作电压、使用类别、操作频率等)能够正常工作的电流值，当实际使用条件不同时，这个电流值也将随之改变。

对于电动机负载可按下列经验公式计算：

$$I_C = \frac{P_N}{K U_N}$$

式中，I_C——接触器主触头电流(A)；

P_N——电动机额定功率(kW)；

U_N——电动机额定电压(V)；

K——经验系数，一般取 1～1.4。

(5) 吸引线圈的额定电压应与控制回路电压相一致，接触器在线圈额定电压 85%及以上时才能可靠地吸合。

(6) 主触头和辅助触头的数量应能满足控制系统的需要。

4) 接触不牢靠的原因及处理方法

触头接触不牢靠会使动静触头间接触电阻增大，导致接触面温度过高，使面接触变成点接触，甚至出现不导通现象。

(1) 造成此故障的原因。

① 触头上有油污、花毛、异物。

② 长期使用，触头表面氧化。

③ 电弧烧蚀造成缺陷、毛刺或形成金属屑颗粒等。

④ 运动部分有卡阻现象。

(2) 处理方法。

① 对于触头上的油污、花毛或异物，可以用棉布蘸酒精或汽油擦洗即可。

②　如果是银或银基合金触头，其接触表面生成氧化层或在电弧作用下形成轻微烧伤及发黑时，一般不影响工作，可用酒精和汽油或四氯化碳溶液擦洗。即使触头表面被烧得凹凸不平，也只能用细锉清除四周溅珠或毛刺，切勿锉修过多，以免影响触头寿命。对于铜质触头，若烧伤程度较轻，只需用细锉把凹凸不平处修理平整即可，但不允许用细砂布打磨，以免石英砂粒留在触头间，而不能保持良好的接触；若烧伤严重，接触面低落，则必须更换新触头。

③　若运动部分有卡阻现象，可拆开检修。

5)　交流接触器使用注意事项

(1)　励磁线圈电压应为 85%～105%U_N。

(2)　铁芯上短路环应完好。

(3)　铁芯、触头支持件等活动部件动作应灵活。

(4)　铁芯、衔铁端面接触良好、无异物。

(5)　触头表面接触良好，有一定的超程和耐压力。

(6)　操作频率应在允许范围内。

6)　接触器的检修

经常或定期检查接触器的运行情况，进行必要的维修是保证其运行可靠、延长其寿命的重要措施。

检查、维修时应先断开电源，按下列步骤进行。

(1)　外观检查：清除灰尘，可用棉布沾少量汽油擦去油污，然后用布擦干。拧紧所有压接导线的螺丝，防止因其松动脱落而引起连接部分发热。

(2)　灭弧罩检修：取下灭弧罩，用毛刷清除罩内脱落物或金属颗粒。如发现灭弧罩有裂损，应及时予以更换。

对于栅片灭弧罩，应注意栅片是否完整或烧损变形、严重松脱、位置变化等，若不易修复则应更换。

(3)　触头系统检查：

检查动静触头是否对准，三相是否同时闭合，并调节触头弹簧使三相一致。

摇测相间绝缘电阻值。使用 500V 摇表，其相间阻值不应低于 10MΩ。

触头磨损厚度超过 1mm，或严重烧损、开焊脱落时应更换新件。轻微烧损或接触面发毛、变黑不影响使用，可不予处理。若影响接触，可用小锉磨平打光。

经维修或更换触头后应注意触头开距及超行程。触头超行程会影响触头的终压力。

检查辅助触头动作是否灵活，静触头是否有松动或脱落现象，触头开距和行程要符合要求，可用万用表测量接触的电阻，发现接触不良且不易修复时，要更换新触头。

(4)　铁芯的检修：用棉纱沾汽油擦拭端面，除去油污或灰尘等。

检查各缓冲件是否齐全，位置是否正确。

检查铆钉有无断裂，有无导致铁芯端面松散的情况。

检查短路环有无脱落或断裂，特别要注意隐裂。如有断裂或造成严重噪声，应更换短路环或铁芯。

检查电磁铁吸合是否良好，有无错位现象。

(5)　电磁线圈的检修：交流接触器的吸引线圈在电源电压为线圈额定电压的 85%～

105%时，应能可靠工作。

检查电磁线圈有无过热。线圈过热反映为外表层老化、变色，一般是由于匝间短路造成的，此时可测其阻值和同类线圈比较，不能修复则应更换。

检查引线和擦接件有无开焊或将断开的情况。

检查线圈骨架有无裂纹、磨损或固定不正常的情况。如发现应及早固定或更换。

2. 中间继电器

中间继电器实质上是电压继电器的一种，它的触头数多(有六对或更多)，触头电流容量大，动作灵敏。其主要用途是当其他继电器的触头数或触头容量不够时，可借助中间继电器来扩大它们的触头数或触头容量，从而起到中间转换的作用。其外形如图 5-2 所示。

图 5-2　中间继电器外形

1)　中间继电器与接触器的主要区别

中间继电器的结构和原理与交流接触器基本相同，它们的主要区别是接触器的主触头可以通过大电流，而中间继电器的触头只能通过小电流。所以，中间继电器只能用于控制电路中。它没有主触头只有辅助触头，过载能力较小。

2)　中间继电器的结构及原理

DZ 系列继电器为阀型电磁式继电器，其线圈装在 U 形导磁体上，导磁体上面有一个活动的衔铁，导磁体两侧装有两排触头弹片。在非动作状态下，触头弹片将衔铁向上托起，使衔铁与导磁体之间保持一定间隙。当气隙间的电磁力矩超过反作用力矩时，衔铁被吸向导磁体，同时衔铁压动触头弹片，使常闭触头断开，常开触头闭合，完成继电器工作。当电磁力矩减小到一定值时，由于触头弹片的反作用力矩而使触头与衔铁返回初始位置，准备下次工作。

3)　中间继电器的技术参数

(1)　动作电压：不大于 70%额定值。

(2)　返回电压：不小于 5%额定值。

(3)　动作时间：不大于 0.02s(额定值下)。

(4)　返回时间：不大于 0.02s(额定值下)。

(5)　电气寿命：继电器在正常负荷下，电气寿命不低于 1 万次。

(6)　功率消耗：直流回路不大于 4W，交流回路不大于 5V·A。

(7)　触头容量：在电压不超过 250V、电流不超过 1A 的直流有感负荷(时间常数

τ=5±0.75ms)中，断开容量为 50W；在电压不超过 250V、电流不超过 3A 的交流回路中为 250V·A(功率因数 $\cos\varphi$=0.4±0.1)，允许长期接通 5A 电流。

(8) 绝缘电阻：下列部位用开路电压 500V 兆欧表测量其绝缘电阻应大于等于 300MΩ(常温下)。

① 导电端子与外露非带电金属或外壳之间。

② 动、静触头之间。

③ 常开触头与常闭触头之间。

④ 触头与电压回路之间。

(9) 介质强度：下列部位应能承受规定的交流电压试验 1 分钟而无绝缘击穿或闪络现象。

① 所有导电端子与外露非带电金属或外壳之间 2000V/50Hz。

② 动、静触头之间 1000V/50Hz。

③ 常开触头与常闭触头之间 1000V/50Hz。

④ 触头与电压回路之间 1000V/50Hz。

(10) 抗干扰性能：继电器的抗干扰应符合 DL 478—1992《静态继电保护及自动装置通用技术条件》中的有关规定。

4)　中间继电器的选型

中间继电器的选型应该考虑以下因素。

(1) 地理位置气候作用要素：主要指海拔高度、环境温度、湿度和电磁干扰等要素。考虑控制系统的普遍适用性，兼顾必须长年累月可靠运行的特殊性，装置关键部位必须选用具有高绝缘、强抗电性能的全密封型(金属罩密封或塑封型，金属罩密封产品优于塑封产品)中间继电器产品。因为只有全密封继电器才具有优良的长期耐受恶劣环境性能、良好的电接触稳定性、可靠性和切换负载能力(不受外部气候环境影响)。

(2) 机械作用要素：主要指振动、冲击、碰撞等应力作用要素。对控制系统主要考虑到抗地震应力作用、抗机械应力作用能力，宜选用采用平衡衔铁机构的小型中间继电器。

(3) 激励线圈输入参量要素：主要是指过激励、欠激励、低压激励与高压(220V)输出隔离、温度变化影响、远距离有线激励、电磁干扰激励等参量要素，这些都是确保电力系统自动化装置可靠运行必须认真考虑的因素。按小型中间继电器所规定的激励量激励是确保它可靠、稳定工作的必要条件。

(4) 触头输出(换接电路)参量要素：主要是指触头负载性质，如灯负载、容性负载、电机负载、电感器、接触器(继电器)线圈负载、阻性负载等；触头负载量值(开路电压量值、闭路电流量值)，如低电平负载、干电路负载、小电流负载、大电流负载等。

任何自动化设备都必须切实认定实际所需要的负载性质、负载量值的大小，选用合适的继电器产品尤为重要。继电器的失效或可靠不可靠，主要指触头能否完成所规定的切换电路功能。如切换的实际负载与所选用继电器规定的切换负载不一致，可靠性将无从谈起。

3. 热继电器

1)　热继电器的结构及工作原理

热继电器利用电流的热效应原理来保护设备，使之免受长期过载的危害，主要用于电动机的过载保护、断相保护、三相电流不平衡运行的保护及其他电气设备发热状态的控制。它的外形及内部结构原理图如图 5-3 所示。

　　热继电器主要由热元件、双金属片和触头三部分组成。当电动机过载时，流过热元件的电流增大，热元件产生的热量使双金属片向上弯曲，经过一定时间后，弯曲位移增大，推动板将常闭触头断开。常闭触头是串接在电动机的控制电路中的，控制电路断开使接触器的线圈断电，从而断开电动机的主电路。若要使热继电器复位，则按下复位按钮即可。热继电器由于热惯性，当电路短路时不能立即动作使电路立即断开，因此不能作短路保护。同理，在电动机启动或短时过载时，热继电器也不会动作，这可避免电动机不必要的停车。每一种电流等级的热元件都有一定的电流调节范围，一般应调节到与电动机额定电流相等，以便更好地起到过载保护作用。热继电器的图形文字符号如图 5-4 所示。

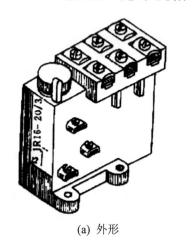

(a) 外形

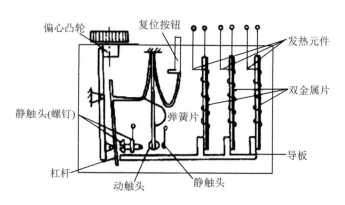

(b) 内部结构及原理示意图

图 5-3　热继电器的外形及内部结构原理图

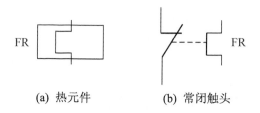

(a) 热元件　　　　　(b) 常闭触头

图 5-4　热继电器的图形文字符号

　　2)　热继电器的使用与选择

　　热继电器的保护对象是电动机，故选用时应了解电动机的技术性能、启动情况、负载性质以及允许过载能力等。

　　(1)　应考虑电动机的启动电流和启动时间。

　　电动机的启动电流一般为额定电流的 5～7 倍。对于不频繁启动、连续运行的电动机，在启动时间不超过 6s 的情况下，可按电动机的额定电流选用热继电器。

　　(2)　应考虑电动机的绝缘等级及结构。

　　由于电动机绝缘等级不同，其容许的温升和承受过载的能力也不同。同样条件下，绝缘等级越高，过载能力就越强。即使所用绝缘材料相同，但电动机结构不同，在选用热继电器时也应有所差异。例如，封闭式电动机散热比开启式电动机差，其过载能力比开启式电动机低，热继电器的整定电流应选为电动机额定电流的 60%～80%。

(3) 应考虑电动机的额定电流。

长期稳定工作的电动机可按电动机的额定电流选用热继电器。取热继电器整定电流的 0.95～1.05 倍或中间值等于电动机额定电流。使用时要将热继电器的整定电流调至电动机的额定电流值。

(4) 若用热继电器作电动机缺相保护，应考虑电动机的接法。

对于 Y 形接法的电动机，当某相断线时，其余未断绕组的电流与流过热继电器电流的增加比例相同。一般的三相式热继电器，只要整定电流调节合理，是可以对 Y 形接法的电动机实现断相保护的。对于△形接法的电动机，其相断线时，流过未断相绕组的电流与流过热继电器的电流增加比例则不同。也就是说，流过热继电器的电流不能反映断相后绕组的过载电流，因此，一般的热继电器，即使是三相式，也不能为△形接法的三相异步电动机的断相运行提供充分保护。此时，应选用 JR20 型或 T 系列这类带有差动断相保护机构的热继电器。

(5) 应考虑具体工作情况。

若不允许电动机随便停机，以免遭受经济损失，只有发生过载事故时方可考虑让热继电器脱扣，则选取的热继电器的整定电流应比电动机额定电流偏大一些。

热继电器只适用于对不频繁启动、轻载启动的电动机进行过载保护。对于正、反转频繁转换以及频繁通断的电动机，如起重用电动机，则不宜采用热继电器作过载保护。

4. 熔断器

熔断器是低压配电网络和电力拖动系统中主要用作短路保护的电器。熔断器使用时串联在被保护的电路中，当电路发生短路故障，通过熔断器的电流达到或超过某一规定值时，以其自身产生的热量使熔体熔断，从而自动分断电路，起到保护作用。

1) 熔断器的结构及作用

(1) RC1A 系列插入式熔断器。

结构：主要由瓷座、瓷盖、动触头、静触头和熔丝五部分组成，如图 5-5 所示。

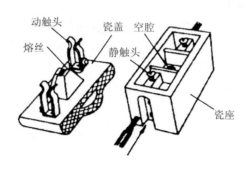

图 5-5　RC1A 熔断器结构

作用：主要用于交流 50Hz、额定电压 380V 及以下、额定电流 200A 及以下的低压线路的末端或分支电路中，作为电气设备的短路保护及一定程度的过载保护。

(2) RL1 系列螺旋式熔断器。

结构：主要由瓷帽、熔断管、瓷套、上接线座、下接线座及瓷座等部分组成，如图 5-6 所示。它属于有填料封闭管式熔断器。

作用：广泛应用于控制箱、配电屏、机床设备及振动较大的场合，在交流额定电压 500V、额定电流 200A 及以下的电路中用作短路保护元件。

熔断器的图形文字符号如图 5-7 所示。

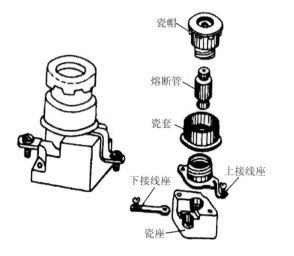

图 5-6　RL1 熔断器结构　　　　　图 5-7　熔断器图形文字符号

2) 熔断器的选择

(1) 应根据使用场合选择熔断器的类型。电网配电一般用管式熔断器；电动机保护一般用螺旋式熔断器；照明电路一般用瓷插式熔断器；保护晶闸管则应选快速式熔断器。

(2) 熔断器的额定电压应大于或等于电路工作电压。

(3) 熔断器的额定电流应大于或等于电路负载电流。

(4) 电路上、下两级都设熔断器保护时，两级熔体电流大小的比值不小于 1.6∶1。

3) 熔体的选择

(1) 对电阻性负载(如电炉、照明电路)，熔断器可作过载和短路保护，熔体的额定电流应大于或等于负载的额定电流。

(2) 对电感性负载的电动机电路，只作短路保护而不宜作过载保护。

(3) 对单台电动机保护，熔体的额定电流 I_{RN} 应不小于电动机额定电流 I_N 的 1.5～2.5 倍，即 $I_{RN} \geq (1.5～2.5)I_N$。轻载启动或启动时间较短时，系数可取在 1.5 附近；带负载启动、启动时间较长或启动较频繁时，系数可取 2.5。

(4) 对多台电动机保护，熔体的额定电流 I_{RN} 应不小于最大一台电动机额定电流 I_{Nmax} 的 1.5～2.5 倍，再加上其余同时使用电动机的额定电流之和($\sum I_N$)。即 $I_{RN} \geq (1.5～2.5)/I_{Nmax} + \sum I_N$。

4) 熔断器的使用及维护

(1) 应正确选用熔体和熔断器。有分支电路时，分支电路的熔体额定电流应比前一级小 2～3 级；对不同性质的负载，如照明电路、电动机电路的主电路和控制电路等，应尽量分别保护，装设单独的熔断器。

(2)　安装螺旋式熔断器时，必须注意将电源线接到瓷底座的下接线端，以保证安全。

(3)　瓷插式熔断器安装熔丝时，熔丝应顺着螺钉旋紧方向绕过去，同时应注意不要划伤熔丝，也不要把熔丝绷紧，以免减小熔丝截面尺寸或插断熔丝。

(4)　更换熔体时应切断电源，并应换上相同额定电流的熔体，不能随意加大熔体。

二、技能实训

1. 实训器材

(1)　常用电工工具，1 套。

(2)　万用表，1 只。

(3)　接触器，1 只。

(4)　中间继电器，1 只。

2. 实训内容及要求

1)　纪律要求

实验期间必须穿工作服(或学生服)、胶底鞋；注意安全、遵守实习纪律，做到有事请假，不得无故不到或随意离开；实验过程中要爱护实验器材，节约用料。

2)　工艺要求

(1)　检验器材质量。

在不通电情况下，用万用表或肉眼检查各元器件各触头的分合情况是否良好，器件外部是否完整无缺；检查螺丝是否完好，是否滑丝；检查接触器的线圈电压与电源电压是否相符。

(2)　拆装电器元件，如交流接触器、中间继电器。

(3)　自检。

①　检查万用表的电阻挡是否完好、表内电池能量是否充足。

②　手动检查各活动部件是否灵活，固定部分是否松动，线圈阻值是否正确。

③　通电检查各触头压力是否符合要求，声音是否正常。

(4)　通电试验。

通电前必须自检无误并征得指导教师的同意，通电时必须有指导教师在场方能进行。在操作过程中应严格遵守操作规程以免发生意外。

3. 注意事项

(1)　拆卸过程中，应备有盛放零件的容器，以免丢失零件。

(2)　拆装过程中不允许硬撬，以免损坏电器。装配辅助静触头时，要防止卡住动触头。

(3)　通电校验时，接触器应固定在控制板上，并有教师监护，以确保用电安全。

(4)　通电校验过程中，要均匀、缓慢地改变调压变压器的输出电压，以使测量结果尽量准确。

(5)　调整触头压力时，注意不得损坏接触器的主触头。

4. 技能考核

技能考核评价标准与评分细则如表 5-1 所示。

表 5-1　常用低压电器拆装与检修实训评价标准与评分细则

项目内容	配分	评分细则		得　分
拆卸和装配	20	① 拆卸步骤及方法不正确，每次扣 5 分。 ② 拆装不熟练扣 5～10 分。 ③ 丢失零部件，每件扣 10 分。 ④ 拆卸不能组装扣 15 分。 ⑤ 损坏零部件扣 20 分		
检修	30	① 未进行检修或检修无效果扣 30 分。 ② 检修步骤及方法不正确，每次扣 5 分。 ③ 扩大故障(无法修复)扣 30 分		
校验	25	① 不能进行通电校验扣 25 分。 ② 检验的方法不正确扣 10～15 分。 ③ 检验结果不正确扣 10～20 分。 ④ 通电时有振动或噪声扣 10 分		
调整触头压力	25	① 不能凭经验判断触头压力大小扣 10 分。 ② 不会测量触头压力扣 10 分。 ③ 触头压力测量不准确扣 10 分。 ④ 触头压力的调整方法不正确扣 15 分		
安全文明生产		违反安全文明生产规程扣 5～40 分		
定额时间 90min		每超时 5min 以内，以扣 5 分计算		
备注		除定额时间外，各项目扣分不得超过该项配分	成绩	
开始时间		结束时间	实际时间	

三、思考与练习

(1) 交流接触器铁芯上的短路环起什么作用？若此短路环断裂或脱落，在工作中会出现什么现象？为什么？

(2) 电动机的启动电流很大，启动时热继电器应不应该动作？为什么？

项目 5.2　三相异步电动机单向运行控制线路的装调与检修

学习目标

1. 掌握电气控制线路的读图、绘图方法。

2. 掌握三相异步电动机单向运行控制线路的工作原理。

3. 掌握三相异步电动机单向运行控制线路的安装接线步骤、工艺要求和检修方法。

一、知识链接

用接触器和按钮来控制电动机的启停，用热继电器作电动机过载保护，这就是继电器-接触器控制的最基本电路。单向运行控制线路主要介绍点动控制和自锁控制。

1. 点动正转控制线路

点动正转控制线路是用按钮、接触器来控制电动机运转的最简单的正转控制线路，如图 5-8 所示。

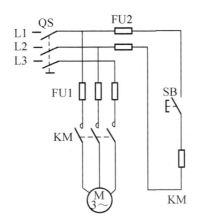

图 5-8　点动正转控制线路

线路中 QS 为电源隔离开关，FU 为短路保护熔断器。KM 接触器用来控制电机，即 KM 线圈得电，电机启动；KM 线圈失电，电机停止。SB 是控制按钮。因点动启动时间较短，所以不需要热继电器作过载保护，可实现即开即停，停、开时间长短可控制。

线路的工作原理如下：先合上电源开关 QS。

(1) 启动：

按下按钮 SB→接触器 KM 线圈得电→KM 主触头闭合→电动机 M 启动运行

(2) 停止：

松开按钮 SB→接触器 KM 线圈失电→KM 主触头断开→电动机 M 失电停转

停止使用时，断开电源开关 QS。

2. 自锁正转控制线路

如要求电动机启动后能连续运行，采用上述点动控制线路就不行了。因为要使电动机 M 连续运行，启动按钮 SB 就不能断开，这是不符合生产实际要求的。为实现电动机的连续运行，可采用图 5-9 所示的自锁正转控制线路。

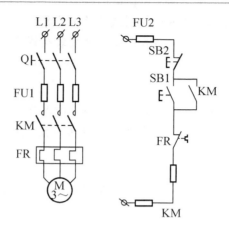

图 5-9　自锁正转控制线路

1)　线路的工作原理

线路的工作原理如下：先合上电源开关 QS。

(1)　启动：

与启动按钮 SB1 并联起自锁作用的常开触头称为自锁触头(也称自保触头)。

(2)　停止：

2)　线路的保护环节

线路的保护环节包括短路保护、过载保护、失压和欠电压保护(统称低压保护)。

(1)　短路保护：由熔断器作短路保护，主电路和控制电路分别用 FU1、FU2 作短路保护。

(2)　过载保护：电动机长期超载运行，绕组温升将超过允许值，造成绝缘材料变脆，寿命减少，严重时会使电机损坏。常用的过载保护元件是热继电器。

(3)　失压保护：当电网电压消失(如停电)后又恢复供电时，电动机及其拖动的机构不能自行启动，因为自锁触头和主触头在停电时已一起断开，控制电路和主电路都不会自行接通，所以在恢复供电时，若没有按下启动按钮，电动机就不会自行启动。

(4)　欠电压保护：电动机运行时，若电源电压下降，电动机的电流就会上升，电流上升严重时会烧坏电动机。在具有自锁触头的控制线路中，电源电压降低到很低(一般在工作电压 85%以下)时，接触器衔铁电磁吸力不足，自锁触头断开，同时主触头也断开，电动机停转，得到了保护。

3. 既能点动又能连续运转的控制线路

机床设备在正常运行时，一般电动机都处于连续运行状态；但在试车或调整刀具与工件的相对位置时，又需要电动机能点动控制，实现这种控制要求的线路是连续与点动混合控制的正转控制线路。

连续与点动混合控制线路如图 5-10 所示。

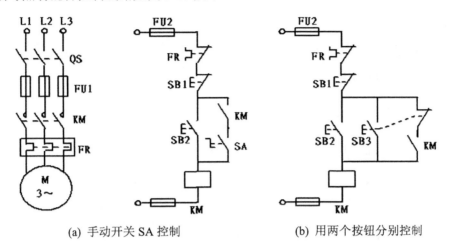

(a) 手动开关 SA 控制　　　　　(b) 用两个按钮分别控制

图 5-10　连续与点动混合控制线路

图 5-10(a)所示为自锁支路串接转换开关 SA，SA 打开时为点动控制，SA 合上时为连续控制。该线路简单，但若疏忽 SA 的操作就易引起混淆。

图 5-10(b)所示为自锁支路并接复合按钮 SB3，按下 SB3 为点动启动控制，按下 SB2 为连续启动控制。该线路中连续与点动按钮分开了，但若接触器铁芯因剩磁影响而释放缓慢时就会使点动控制变为连续控制，这在某些极限状态下是十分危险的。

下面以图 5-10(b)为例说明其工作原理。

(1) 连续工作：

(2) 点动控制：

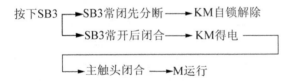

松开SB3 ──→ KM断电 ──→ 主触头断开 ──→ M断电停转

图 5-10(a)和图 5-10(b)所示的两种控制线路都具有线路简单、维修方便的特点，但可靠性还不够。可利用中间继电器 KA 的常开触头来接通 KM 线圈，虽然加了一个电器，但可靠性大大提高了。

二、技能实训

1. 实训器材

(1) SX-601 型技能实操柜，1 套。

(2) 电工工具，1 套。

(3) 导线，若干。

2. 实训电路

电动机单向运行控制线路如图 5-11 所示。

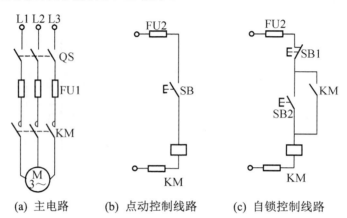

(a) 主电路　　　(b) 点动控制线路　　　(c) 自锁控制线路

图 5-11　电动机单向运行控制线路

3. 实训内容及要求

1) 电动机点动控制线路的安装接线

1) 安装步骤，如表 5-2 所示。

表 5-2　安装步骤

安装步骤	内　容	工艺要求
分析电路图	明确电路的控制要求、工作原理、操作方法、结构特点及所用电气元件的规格	画出电路的接线图与元件位置图(见图 5-8)
列出元件清单	按电气原理图及负载电动机功率的大小配齐电气元件及导线	电气元件的型号、规格、电压等级及电流容量等符合要求
检查电气元件	外观检查	外壳无裂纹，接线桩无锈，零部件齐全
	动作机构检查	动作灵活，不卡阻
	元件线圈、触头等检查	线圈无断路、短路；线圈无熔焊、变形或严重氧化锈蚀现象
安装元器件	安装固定电源开关、熔断器、接触器和按钮等元器件	① 元器件布置要整齐、合理，做到安装时便于布线，便于故障检修。② 安装紧固用力均匀，紧固程度适当，防止电气元件的外壳被压裂损坏
布线	按电气接线图确定走线方向进行布线	① 连线紧固、无毛刺。② 布线平直、整齐、紧贴敷设面，走线合理。③ 尽量避免交叉，中间不能有接头。④ 电源和电动机配线、按钮接线要接到端子排上，进出线槽的导线要有端子标号

(2) 通电前的检查。

安装完毕的控制电路板，必须经过认真检查后，才能通电试车，以防止错接、漏接而造成控制功能不能实现或短路事故。检查项目如表 5-3 所示。

表 5-3 检查项目

检查项目	检查内容	检查工具
接线检查	按电气原理图或电气接线图从电源端开始，逐段核对接线 ① 有无漏接，错接。 ② 导线压接是否牢固，接触是否良好	电工常用工具
检查电路通断	① 主回路有无短路现象(断开控制回路)。 ② 控制回路有无开路或短路现象(断开主回路)。 ③ 控制回路自锁、联锁装置的动作及可靠性	万用表
检查电路绝缘	电路的绝缘电阻不应小于 $1M\Omega$	500V 兆欧表

(3) 通电试车。

为保证人身安全，在通电试车时，应认真执行安全操作规程的有关规定：一人监护，一人操作。通电试车步骤如表 5-4 所示。

表 5-4 通电试车步骤

项 目	操作步骤	观察现象
空载试车 (不接电动机)	先合上电源开关，按下 SB，看电动机是否启动，然后松开 SB 后再观察电动机是否停车	① 接触器动作情况是否正常，是否符合电路功能要求。 ② 电气元件动作是否灵活，有无卡阻或噪声过大等现象。 ③ 有无异味。 ④ 检查负载接线端子三相电源是否正常
负载试车 (连接电动机)	合上电源开关	—
	按住启动按钮	接触器动作情况是否正常，电动机是否正常启动
	松开按钮	接触器动作情况是否正常，电动机是否停止
	电流测量	电动机平稳运行时，用钳形电流表测量三相电流是否平衡
	断开电源	先拆除三相电源线，再拆除电动机线，完成通电试车

2) 电动机点动控制线路的故障检查及排除

(1) 教师示范检修。

案例 5-1：按下按钮 SB，电动机时动时停，松开后电动机则停车。

检修过程：

① 故障调查。

目的在于收集故障的原始信息，以便对现有实际情况进行分析，并从中推导出最有可能存在故障区域的线索，作为下一步设备检查的参考。

可以采用试运转的方法，以对故障的原始状态有个综合的印象和准确描述。例如，试运转结果为：按下按钮 SB，KM 不吸合。

② 电路分析。

根据调查结果，参考电气原理图进行分析，初步判断出故障产生的部位——控制电路，然后逐步缩小故障范围——KM 线圈所在回路断路。

③ 用测量法确定故障点。

主要通过对电路进行带电或断电时的有关参数如电压、电阻、电流等的测量，来判断电气元件的好坏、电路的通断情况，常用的故障检查方法有分段电压测量法、分段电阻测量法等。这里采用分段电阻测量法：检查时，先切断电源，按下启动按钮 SB，用电阻挡测量控制电路两端的电阻值。如阻值无穷大，说明电路断路；如阻值为零，说明电路短路；如是线圈阻值，说明电路正常。

④ 故障排除。

对故障点进行检修后，通电试车，用试验法观察下一个故障现象，进行第二个故障点的检测、检修，直到试车运行正常。

⑤ 整理现场，做好维修记录。

(2) 学生故障检修训练。

在通电试车成功的电路上人为地设置故障，通电运行，在表 5-5 中记录故障现象并分析原因、排除故障。

表 5-5　故障的检查及排除

故障设置	故障现象	检查方法及排除
启动按钮触头接触不良		
KM 接触器触头接触不良		
KM 接触器线圈触头接触不良		
主电路一相熔断器熔断		

3) 电动机自锁控制线路的故障检查及排除

(1) 教师示范检修。

案例 5-2： 按下按钮 SB1，电动机正常运转，松开后则停机。

检修过程：

① 故障调查。

目的在于收集故障的原始信息，以便对现有实际情况进行分析，并从中推导出最有可能存在故障区域的线索，作为下一步设备检查的参考。

可以采用试运转的方法，以对故障的原始状态有个综合的印象和准确描述。如按下启动按钮和停止按钮，仔细观察故障的现象，从而判断和缩小故障范围。

② 电路分析。

根据调查结果，参考电气原理图进行分析，初步判断出故障产生的部位—控制线路，然后进一步缩小故障范围——KM 自锁所在回路。

③　用测量法确定故障点。

主要通过对电路进行带电或断电时的有关参数如电压、电阻、电流等的测量，来判断电气元件的好坏、电路的通断情况，常用的故障检查方法有分段电压测量法、分段电阻测量法等，以下介绍常用的两种检测故障方法。

方法 1：试电笔检修法：如图 5-12 所示，检修时用试电笔依次测试 1、2、3、4、5 各点(在去掉和 L2 端连接的熔断器中熔芯的情况下)，并按下 SB2，测量到哪一点试电笔不亮即为断路处。例如测到 2 号点时试电笔不亮，说明 FR 常闭触头有问题或者和 FR 常闭触头连接的导线有断路。

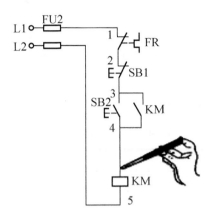

图 5-12　试电笔检修法示意图

用试电笔进行检测时的注意事项如下。

在有一端接地的 220V 电路中测量时，应从电源侧开始依次测量，并注意观察试电笔的亮度，防止由于外部电场，泄漏电流造成氖管发亮，而误认为电路没有断路。

当检查 380V 且有变压器的控制电路中的熔断器是否熔断时，需要防止由于电源通过另一相熔断器和变压器的一次侧绕组回到已熔断的熔断器的出线端，造成熔断器没有熔断的假象。

方法 2：电压分阶测量检修法：如图 5-13 所示，检查时首先用万用表测量 1、5 两点间的电压，若电路正常应为 380V，然后按住启动按钮 SB2 不放，同时将黑色表笔接到 5号线上，红色表笔按 2、3、4 标号依次测量，分别测量 5-2、5-3、5-4 各点之间的电压。电路正常情况下，各电压值均为 380V。如测到 5-3 电压为 380V，测到 5-4 无电压，则说明按钮 SB2 的动合触头(3-4)断路(当然也不能排除导线和 SB2 连接时出现故障或导线本身有故障等，以后类似处将不作说明)。

④　故障排除。

对故障点进行检修后，通电试车，用试验法观察下一个故障现象，进行第二个故障点的检测、检修，直到试车运行正常。

⑤　整理现场，做好维修记录。

(2)　学生故障检修训练。

在通电试车成功的电路上人为地设置故障，通电运行，在表 5-6 中记录故障现象并分析原因、排除故障。

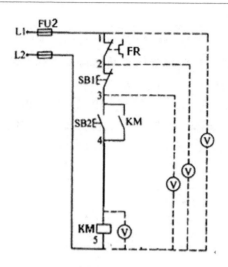

图 5-13 电压分阶测量检修法示意图

表 5-6 故障的检查及排除

故障设置	故障现象	检查方法及排除
启动按钮触头接触不良		
KM 接触器触头接触不良		
KM 接触器自锁触头接触不良		
主电路一相熔断器熔断		

4. 技能考核

技能考核评价标准与评分细则如表 5-7 所示。

表 5-7 三相异步电动机单向运行控制线路的装调与检修实训评价标准与评分细则

评价项目	序号	主要内容	考核要求	评分细则	配分	扣分	得分
单向运行控制线路的安装（70分）	1	元件检测	正确选择电气元件；对电气元件质量进行检验	① 元器件选择不正确，每个扣1分。 ② 电气元件漏检或错检，每个扣0.5分	5		
	2	元件安装	按图纸的要求，正确利用工具安装电气元件；元件安装要准确、紧固	① 元件安装不牢固、安装元件时漏装螺钉，每个扣2分。 ② 元件安装不整齐、不合理，每处扣2分。 ③ 损坏元件，每个扣5分	10		

续表

评价项目	序号	主要内容	考核要求	评分细则	配分	扣分	得分
单向运行控制线路的安装 (70分)	3	布线	按图接线，接线正确；走线整齐美观不交叉；连线紧固、无毛刺；电源和电动机配线、按钮接线要接到端子排上，进出线槽的导线要有端子标号	① 未按线路图接线，每处扣3分。 ② 布线不符合要求，每处扣2分。 ③ 接点松动、接头露铜过长、反圈、压绝缘层、标记线号不清楚、遗漏或误标，每处扣1分。 ④ 损伤导线绝缘或线芯，每根扣1分。	20		
	4	线路检查	在断电情况下会用万用表检查线路	漏检或错检，每个扣2分	10		
	5	通电试车	线路一次通电正常工作，且各项功能完好	① 热继电器整定值错误扣3分。 ② 主、控线路配错熔体，每个扣5分。 ③ 一次试车不成功扣5分；二次试车不成功扣10分；三次不成功本项分为0。 ④ 开机烧电源或其他线路，本项记0分	15		
	6	6S规范	整理、整顿、清扫、安全、清洁、素养	① 没有穿戴防护用品，扣4分。 ② 检修前未清点工具、仪器、耗材扣2分。 ③ 未经试电笔测试前用手触摸电器线端扣5分。 ④ 乱摆放工具，乱丢杂物，完成任务后不清理工位扣2～5分。 ⑤ 违规操作扣5～10分	10		
单向运行控制线路的检修 (30分)	7	故障分析	在电气控制线路上分析故障可能的原因，思路正确	① 标错故障范围，每处扣3分。 ② 不能标出最小故障范围，每个故障点扣2～5分	10		
	8	故障查找及排除	正确使用工具和仪器找出故障点并排除故障；试车成功，各项功能恢复	① 停电不验电扣3分。 ② 测量仪器和工具使用不正确，每次扣2分。 ③ 检修步骤顺序颠倒，逻辑不清，扣2分。 ④ 排除故障的方法不正确扣5分。 ⑤ 不能排除故障点，每处扣5分。 ⑥ 扩大故障范围或产生新故障，每处扣10分。 ⑦ 损坏万用表扣10分。 ⑧ 一次试车不成功扣5分；二次试车不成功扣10分；三次试车不成功本项得分为0	20		
评分人：		核分人：			总分		

三、思考与练习

(1) 电路中自锁作用是什么？什么是互锁？

(2) 试车时发现一接通电路，电动机即正常运转，分析其原因(经查主电路接线正确)。

(3) 在图 5-10(b)中按下 SB2 时，KM 线圈得电，但松开按钮 KM 时，接触器是否释放？

(4) 分析具有自锁的正转控制线路的失压(或零电压)与欠电压保护作用。

项目 5.3　三相异步电动机正反转控制线路的装调与检修

学习目标

1. 进一步掌握电气控制线路的读图方法。
2. 掌握三相异步电动机接触器联锁、接触器按钮双重联锁正反转控制电路的工作原理。
3. 掌握接触器联锁正反转控制线路常见故障的排除方法。

一、知识链接

生产机械的运动部件往往要求具有正反两个方向的运动，如机床主轴的正反转、工作台的前进后退，起重机吊钩的上升与下降等，这就要求电动机能够实现可逆运行。从电动机原理可知，改变三相交流电动机定子绕组相序即可改变电动机旋转方向。

1. 接触器联锁的正反转控制线路

三相交流电动机可借助正、反向接触器改变定子绕组相序(将三相电源互换两相)来实现电动机的转向。为避免正、反向接触器同时通电造成电源相间短路故障，正、反向接触器之间需要有一种制约关系——互锁，保证它们不能同时工作。图 5-14 给出了接触器联锁正反转控制线路。

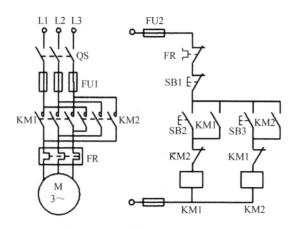

图 5-14　接触器联锁正反转控制线路

电路中采用了两个接触器，即正转用的接触器 KM1 和反转用的接触器 KM2，它们分别由正转按钮 SB2 和反转按钮 SB3 控制。从主电路图中可以看出，这两个接触器的主触头所接通的电源相序不同，KM1 按 L1-L2-L3 相序接线，KM2 则按 L3-L2-L1 相序接线。相应的控制电路有两条，一条是由按钮 SB2 和 KM1 线圈等组成的正转控制电路；另一条是由按钮 SB3 和 KM2 线圈等组成的反转控制电路。接触器 KM1 和 KM2 的主触头绝对不允许同时闭合，否则将造成两相电源(L1 相和 L3 相)短路事故。为避免两个接触器 KM1 和 KM2 同时得电动作，就在正、反转控制电路中分别串接了对方接触器的一对常闭辅助触头。这样，当一个接触器得电动作时，通过其常闭辅助触头使另一个接触器不能得电动作，接触器间这种相互制约的作用称为接触器联锁(或互锁)。这种只有接触器互锁的可逆控制线路在正转运行时，要想反转必先停车，否则不能反转，因此也称为"正—停—反"控制线路。

电路工作原理如下。

(1)　正转控制：

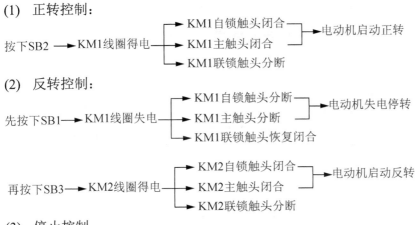

(2)　反转控制：

(3)　停止控制：

按下停止按钮 SB1→控制电路失电→KM1(或 KM2)主触头分断→电动机失电停转

2. 接触器按钮双重联锁的正反转控制线路

上述三相交流电动机接触器联锁的正反转控制线路，要改变电动机的转向必须先进行停止操作，操作不便。下面介绍电动机正反转控制的另外一种控制线路。图 5-15 给出了接触器按钮双重联锁正反转控制线路。

图 5-15 所示控制线路中加入了两只复合按钮，正转启动按钮 SB2 的常开触头用来使正转接触器 KM1 的线圈瞬时通电，其常闭触头则串联在反转接触器 KM2 线圈的电路中，用来锁住 KM2；反转启动按钮 SB3 也按 SB2 的道理同样安排。当按下 SB2 或 SB3 时，首先是常闭触头断开，然后才是常开触头闭合。这样，在需要改变电动机运动方向时，就不必按 SB1 停止按钮了，直接操作正反转按钮即能实现电动机可逆运转。

这个线路既有接触器联锁，又有按钮联锁，故称为接触器按钮双重联锁正反转控制线路，为机床电气控制系统所常用。由于这种可逆控制线路在正转运行时，要想反转可直接控制反转控制按钮，而不必先按停止按钮，因此也称为"正—反—停"控制线路。

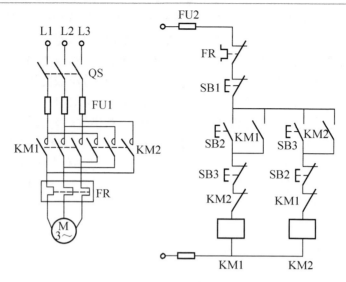

图 5-15　接触器按钮双重联锁正反转控制线路

电路工作原理如下。

(1)　正转控制：

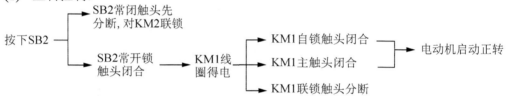

(2)　反转控制：

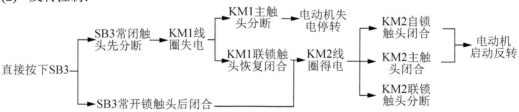

二、技能实训

1. 实训器材

(1)　SX-601 型技能实操柜，1 套。

(2)　电工工具，1 套。

(3)　导线，若干。

2. 实训电路

三相异步电动机正反转控制线路如图 5-14 和图 5-15 所示。

3. 实训内容及要求

1) 安装步骤

安装步骤如图 5-8 所示。

表 5-8 安装步骤

安装步骤	内 容	工艺要求
分析电路图	明确电路的控制要求、工作原理、操作方法、结构特点及所用电气元件的规格	画出电路的接线图与元件位置图(见图 5-15)
列出元件清单	按电气原理图及负载电动机功率的大小配齐电气元件及导线	电气元件的型号、规格、电压等级及电流容量等符合要求
检查电气元件	外观检查	外壳无裂纹,接线桩无锈,零部件齐全
	动作机构检查	动作灵活,不卡阻
	元件线圈、触头等检查	线圈无断路、短路;线圈无熔焊、变形或严重氧化锈蚀现象
安装元器件	安装固定电源开关、熔断器、接触器、热继电器和按钮等元器件	① 元器件布置要整齐、合理,做到安装时便于布线,便于故障检修。 ② 安装紧固用力均匀,紧固程度适当,防止电气元件的外壳被压裂损坏
布线	按电气接线图确定走线方向进行布线	① 连线紧固、无毛刺。 ② 布线平直、整齐、紧贴敷设面,走线合理。 ③ 尽量避免交叉,中间不能有接头。 ④ 电源和电动机配线、按钮接线要接到端子排上,进出线槽的导线要有端子标号

2) 通电前的检查

安装完毕的控制电路板,必须经过认真检查后,才能通电试车,以防止错接、漏接而造成控制功能不能实现或短路事故。检查项目如表 5-9 所示。

表 5-9 检查项目

检查项目	检查内容	检查工具
接线检查	按电气原理图或电气接线图从电源端开始,逐段核对接线 ① 有无漏接,错接。 ② 导线压接是否牢固,接触是否良好	电工常用工具
检查电路通断	① 主回路有无短路现象(断开控制回路)。 ② 控制回路有无开路或短路现象(断开主回路)。 ③ 控制回路自锁、联锁装置的动作及可靠性	万用表
检查电路绝缘	电路的绝缘电阻不应小于 $1M\Omega$	500V 兆欧表

3) 通电试车

为保证人身安全，在通电试车时，应认真执行安全操作规程的有关规定：一人监护，一人操作。通电试车步骤如表 5-10 所示。

表 5-10　通电试车步骤

项　目	操作步骤	观察现象
空载试车 (不接电动机)	先合上电源开关，再按下 SB2(或 SB3) 及 SB1，看正转、反转、停止控制是否正常，然后按下 SB2 后再按下 SB3，观察有无联锁作用	① 接触器动作情况是否正常，是否符合电路功能要求。 ② 电气元件动作是否灵活，有无卡阻或噪声过大等现象。 ③ 有无异味。 ④ 检查负载接线端子三相电源是否正常
负载试车 (连接电动机)	合上电源开关	—
	按正转按钮	接触器动作情况是否正常，电动机是否正转
	按反转按钮	接触器动作情况是否正常，电动机是否反转
	按停止按钮	接触器动作情况是否正常，电动机是否停止
	电流测量	电动机平稳运行时，用钳形电流表测量三相电流是否平衡
	断开电源	先拆除三相电源线，再拆除电动机线，完成通电试车

4)　双重联锁正反转控制线路的故障检查及排除

(1)　教师示范检修。

案例 5-3：按下按钮 SB2，电动机不转。

检修过程：

① 故障调查。

目的在于收集故障的原始信息，以便对现有实际情况进行分析，并从中推导出最有可能存在故障区域的线索，作为下一步设备检查的参考。

可以采用试运转的方法，以对故障的原始状态有个综合的印象和准确描述。例如，试运转结果为：按下按钮 SB2，KM1 不吸合。

② 电路分析。

根据调查结果，参考电气原理图进行分析，初步判断出故障产生的部位——控制电路，然后逐步缩小故障范围——KM1 线圈所在回路断路。

③ 用测量法确定故障点。

主要通过对电路进行带电或断电时的有关参数如电压、电阻、电流等的测量，来判断电气元件的好坏、电路的通断情况，常用的故障检查方法有分段电压测量法、分段电阻测量法等。这里采用分段电阻测量法：如图 5-16 所示，检查时，先切断电源，按下启动按钮 SB2，然后依次逐段测量相邻两标号点 1-2、2-3、3-4、4-5、5-6、6-7 间的电阻。如测得某两点间的电阻为无穷大，说明这两点间的触头或连接导线断路。例如，当测得 2-3 两点间电阻值为无穷大时，说明停止按钮 SB1 或连接 SB1 的导线断路。

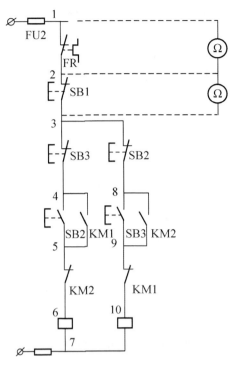

图 5-16　分段电阻测量示意图

④　故障排除。

对故障点进行检修后，通电试车，用试验法观察下一个故障现象，进行第二个故障点的检测、检修，直到试车运行正常。

⑤　整理现场，做好维修记录。

(2)　学生故障检修训练。

在通电试车成功的电路上人为地设置故障，通电运行，在表 5-11 中记录故障现象并分析原因、排除故障。

表 5-11　故障的检查及排除

故障设置	故障现象	检查方法及排除
反向启动按钮触头接触不良		
KM1 接触器互锁触头接触不良		
KM2 接触器自锁触头接触不良		
主电路一相熔断器熔断		
热继电器常闭触头接触不良		

4. 技能考核

技能考核评价标准与评分细则如表 5-12 所示。

表 5-12　三相异步电动机正反转控制线路的装调与检修实训评价标准与评分细则

评价项目	序号	主要内容	考核要求	评分细则	配分	扣分	得分
双重联锁正反转控制线路的安装（70 分）	1	元件检测	正确选择电气元件；对电气元件质量进行检验	① 元器件选择不正确，每个扣 1 分。 ② 电气元件漏检或错检，每个扣 0.5 分	5		
	2	元件安装	按图纸的要求，正确利用工具安装电气元件；元件安装要准确、紧固	① 元件安装不牢固、安装元件时漏装螺钉，每个扣 2 分。 ② 元件安装不整齐、不合理，每处扣 2 分。 ③ 损坏元件，每个扣 5 分	10		
	3	布线	按图接线，接线正确；走线整齐美观不交叉；连线紧固、无毛刺；电源和电动机配线、按钮接线要接到端子排上，进出线槽的导线要有端子标号	① 未按线路图接线，每处扣 3 分。 ② 布线不符合要求，每处扣 2 分。 ③ 接点松动、接头露铜过长、反圈、压绝缘层、标记线号不清楚、遗漏或误标，每处扣 1 分。 ④ 损伤导线绝缘或线芯，每根扣 1 分	20		
	4	线路检查	在断电情况下会用万用表检查线路	漏检或错检，每个扣 2 分	10		
	5	通电试车	线路一次通电正常工作，且各项功能完好	① 热继电器整定值错误扣 3 分。 ② 主、控线路配错熔体，每个扣 5 分。 ③ 一次试车不成功扣 5 分；二次试车不成功扣 10 分；三次不成功本项分为 0。 ④ 开机烧电源或其他线路，本项记 0 分	15		
	6	6S 规范	整理、整顿、清扫、安全、清洁、素养	① 没有穿戴防护用品扣 4 分。 ② 检修前未清点工具、仪器、耗材扣 2 分。 ③ 未经试电笔测试前用手触摸电器线端，扣 5 分。 ④ 乱摆放工具，乱丢杂物，完成任务后不清理工位扣 2～5 分。 ⑤ 违规操作扣 5～10 分	10		

续表

评价项目	序号	主要内容	考核要求	评分细则	配分	扣分	得分
双重联锁正反转控制线路的检修(30分)	7	故障分析	在电气控制线路上分析故障可能的原因，思路正确	① 标错故障范围，每处扣3分。 ② 不能标出最小故障范围，每个故障点扣2~5分	10		
	8	故障查找及排除	正确使用工具和仪器找出故障点并排除故障；试车成功，各项功能恢复	① 停电不验电扣3分。 ② 测量仪器和工具使用不正确，每次扣2分。 ③ 检修步骤顺序颠倒，逻辑不清，扣2分。 ④ 排除故障的方法不正确扣5分。 ⑤ 不能排除故障点，每处扣5分。 ⑥ 扩大故障范围或产生新故障，每处扣10分。 ⑦ 损坏万用表扣10分。 ⑧ 一次试车不成功扣5分；二次试车不成功扣10分；三次试车不成功本项得分为0	20		
评分人：　　　　　　　核分人：					总分		

三、思考与练习

(1) 分析接触器联锁正反转控制线路的工作原理，说明这种线路的安全可靠性。

(2) 分析双重联锁正反转控制线路的工作原理，说明这种线路的安全可靠性和操作方便情况。

(3) 在实验电路中，按下 SB2(或 SB3)电动机正常启动运行，若再很轻地按一下 SB3(或 SB2)，电动机运行有什么变化？为什么？

(4) 实验中发现按下 SB2、SB3 后，电动机旋转方向不变，分析故障原因。

项目 5.4　三相异步电动机降压启动控制线路的装调与检修

学习目标

1. 掌握时间继电器的作用与使用方法。

2. 掌握笼型异步电动机 Y-△降压启动控制线路的组成，并能画出其控制线路图。

3. 掌握笼型异步电动机 Y-△降压启动控制线路的安装接线步骤、工艺要求和检修方法。

一、知识链接

星形-三角形(Y-△)降压启动是指电动机启动时，把定子绕组接成星形，以降低启动电压，减小启动电流；待电动机启动后，再把定子绕组改接成三角形，使电动机全压运行。Y-△启动只能用于正常运行时为三角形接法的电动机，且启动电流和启动转矩只有全压启动时的1/3。

1. 手动 Y-△启动控制

手动 Y-△启动控制是指通过 SA 开关对电动机进行手动控制。

手动 Y-△启动控制线路如图 5-17 所示。

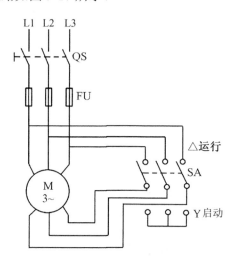

图 5-17 手动 Y-△启动控制线路

图中手动控制开关 SA 有两个位置，分别使电动机定子绕组呈星形和三角形连接；QS 为三相电源开关；FU 作短路保护。

1) 工作原理

线路工作原理为：启动时，将开关 SA 置于"启动"位置，电动机定子绕组被接成星形，电动机降压启动；当电动机转速上升到一定值后，再将开关 SA 置于"运行"位置，使电动机定子绕组接成三角形，电动机全压运行。

2) 优缺点

此线路较简单，所需的电气也比较少，操作简单。但其安全性、稳定性差，操作人员必须用手来扳动 SA 开关，只适合小容量的电机启动，且时间很难掌握。为克服此线路的不足，可采用按钮转换的 Y-△启动控制线路。

2. 按钮转换的 Y-△启动控制

如图 5-18 所示，按钮转换的 Y-△启动控制线路的特点如下。

(1) 为克服手动 Y-△启动控制电路的不足，可用 SB 按钮和接触器来取代 SA 开关的手动控制。

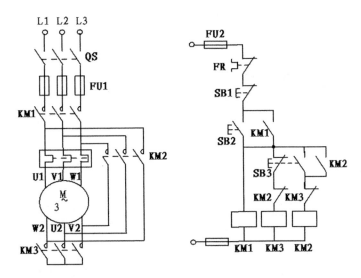

图 5-18 按钮转换的 Y-△启动控制线路

(2) 图中采用了三个接触器，三个按钮。KM1 和 KM3 构成星形启动，KM1 和 KM2 构成三角形启动。SB1 为总停止按钮，SB2 为星形启动按钮，SB3 为三角形启动按钮。

(3) 该电路具有必要的电气保护和互锁的优点，操作方便，工作安全可靠。

1) 工作原理

(1) 星形启动：按下启动按钮 SB2，KM1、KM3 线圈同时得电自锁，电机做星形启动。

(2) 三角形启动：待电动机转速接近额定转速时，按下启动按钮 SB3，KM3 线圈失电，星形停止，同时接通 KM2 线圈自锁，电动机转换成三角形全压运行。按下 SB1 停止。

(3) KM2 和 KM3 常闭触头为互锁保护。

2) 优缺点

此线路采用按钮来手动控制星形、三角形的切换，同样存在操作不方便、切换时间不易掌握的缺点。为克服此线路的不足，可采用时间继电器控制的自动 Y-△降压启动控制线路。

3. 时间继电器转换的 Y-△启动控制

时间继电器转换的 Y-△启动控制线路如图 5-19 所示。该线路由三个接触器、一个热继电器、一个时间继电器和两个按钮组成。接触器 KM 作引入电源用，接触器 KM_Y 和 $KM_\triangle$ 分别作星形降压启动和三角形运行用，时间继电器 KT 用于控制星形降压启动时间和完成 Y-△自动切换。SB1 是启动按钮，SB2 是停止按钮，FU1 作主电路的短路保护，FU2 作控制电路的短路保护，FR 作过载保护。

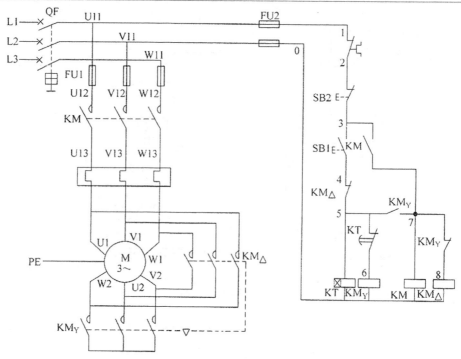

图 5-19　时间继电器转换的 Y-△ 启动控制线路

1)　工作原理

降压启动：先合上电源开关 QF。

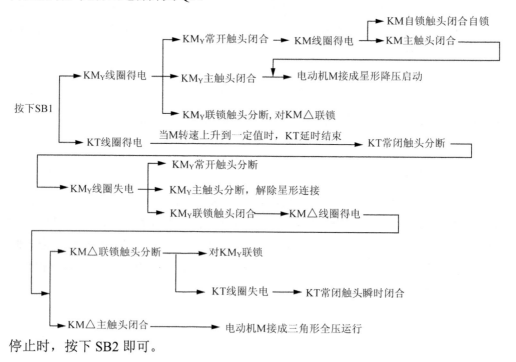

停止时，按下 SB2 即可。

2) 优缺点

该线路中，接触器 KM$_Y$ 得电以后，通过 KM$_Y$ 的辅助常开触头使接触器 KM 得电动作，这样 KM$_Y$ 的主触头是在无负载的条件下进行闭合的，故可延长接触器 KM$_Y$ 主触头的使用寿命。此外，Y-△降压启动的电路简单、成本低。启动时启动电流降低为直接启动电流的 1/3，启动转矩也降为直接启动转矩的 1/3，这种方法仅仅适合于电动机轻载或空载启动的场合。

二、技能实训

1. 实训器材

(1) SX-601 型技能实操柜，1 套。

(2) 电工工具，1 套。

(3) 导线，若干。

2. 实训电路

三相异步电动机 Y-△降压启动控制线路如图 5-17 所示。

3. 实训内容及要求

1) 安装步骤

安装步骤如表 5-13 所示。

表 5-13 安装步骤

安装步骤	内 容	工艺要求
分析电路图	明确电路的控制要求、工作原理、操作方法、结构特点及所用电气元件的规格	画出电路的接线图与元件位置图(见图 5-19)
列出元件清单	按电气原理图及负载电动机功率的大小配齐电气元件及导线	电气元件的型号、规格、电压等级及电流容量等符合要求
检查电气元件	外观检查	外壳无裂纹，接线桩无锈，零部件齐全
	动作机构检查	动作灵活，不卡阻
	元件线圈、触头等检查	线圈无断路、短路；线圈无熔焊、变形或严重氧化锈蚀现象
安装元器件	安装固定电源开关、熔断器、接触器、热继电器和按钮等元器件	① 元器件布置要整齐、合理，做到安装时便于布线，便于故障检修。② 安装紧固用力均匀，紧固程度适当，防止电气元件的外壳被压裂损坏
布线	按电气接线图确定走线方向进行布线	① 连线紧固、无毛刺。② 布线平直、整齐、紧贴敷设面，走线合理。③ 尽量避免交叉，中间不能有接头。④ 电源和电动机配线、按钮接线要接到端子排上，进出线槽的导线要有端子标号

2) 通电前的检查

安装完毕的控制电路板，必须经过认真检查后，才能通电试车，以防止错接、漏接而造成控制功能不能实现或短路事故。检查项目如表 5-14 所示。

表 5-14 检查项目

检查项目	检查内容	检查工具
接线检查	按电气原理图或电气接线图从电源端开始，逐段核对接线 ① 有无漏接，错接。 ② 导线压接是否牢固，接触是否良好	电工常用工具
检查电路通断	① 主回路有无短路现象(断开控制回路)。 ② 控制回路有无开路或短路现象(断开主回路)。 ③ 控制回路自锁、联锁装置的动作及可靠性	万用表
检查电路绝缘	电路的绝缘电阻不应小于 1MΩ	500V 兆欧表

3) 通电试车

为保证人身安全，在通电试车时，应认真执行安全操作规程的有关规定：一人监护，一人操作。通电试车步骤如表 5-15 所示。

表 5-15 通电试车步骤

项 目	操作步骤	观察现象
空载试车 (不接电动机)	先合上电源开关，再按下 SB1 和 SB2 看 Y-△降压启动、停止控制是否正常	① 接触器动作情况是否正常，是否符合电路功能要求。 ② 电气元件动作是否灵活，有无卡阻或噪声过大等现象。 ③ 延时的时间是否准确。 ④ 检查负载接线端子三相电源是否正常
负载试车 (连接电动机)	合上电源开关	——
	按启动按钮	仔细观察 Y-△降压启动是否正常，时间继电器是否起作用
	按停止按钮	接触器动作情况是否正常，电动机是否停止
	电流测量	电动机平稳运行时，用钳形电流表测量三相电流是否平衡
	断开电源	先拆除三相电源线，再拆除电动机线，完成通电试车

4) Y-△降压启动控制线路的故障检查及排除

(1) 教师示范检修。

案例 5-4：如果电路连接良好，按下启动按钮，无任何接触器动作，试采用分阶电阻测量法检修故障。

检修过程：

① 故障调查。

目的在于收集故障的原始信息，以便对现有实际情况进行分析，并从中推导出最有可能存在故障区域的线索，作为下一步设备检查的参考。

可以采用试运转的方法，以对故障的原始状态有个综合的印象和准确描述。按下启动按钮仔细观察故障现象，并对故障进行简单判断和分析。

② 电路分析。

根据调查结果，参考电气原理图进行分析。由于按下启动按钮后无任何接触器动作，且线路连接良好，因此可初步判定故障发生在公共回路，对该故障可采用分阶电阻测量法和分段电阻测量法来分别进行检修。

③ 确定故障点。

● 分阶电阻测量法：如图 5-20 所示，检查时，先切断电源，用万用表的电阻挡检测故障前应先断开电源，然后按下 SB2 不放，先测量 1-4 两点间的电阻，如电阻值为无穷大，说明 1-4 之间的电路断路。然后分阶测量 1-2、1-3 各点间电阻值。若电路正常，则各点间的电阻值为"0"；若测量到某标号间的电阻值为无穷大，则说明表笔刚跨过的触头或连接导线断路。

● 分段电阻测量法：如图 5-21 所示，检查时，同样应先切断电源，按下启动按钮 SB2，然后依次逐段测量相邻两标号点 1-2、2-3、3-4 间的电阻。如测得某两点间的电阻为无穷大，说明这两点间的触头或连接导线断路。例如，当测得 2-3 两点间电阻为无穷大时，说明停止按钮 SB1 或连接 SB1 的导线断路。

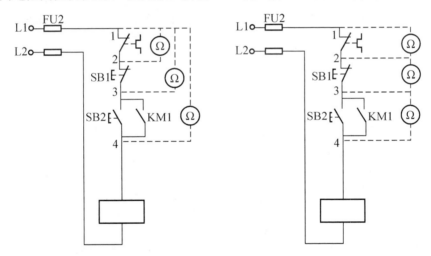

图 5-20　分阶电阻测量示意图　　　图 5-21　分段电阻测量示意图

④ 故障排除。

对故障点进行检修后，通电试车，用试验法观察下一个故障现象，进行第二个故障点的检测、检修，直到试车运行正常。

⑤ 注意事项。

● 用电阻测量法检查故障时一定要断开电源。

● 如被测的电路与其他电路并联时，必须将该电路与其他电路断开，否则所测得的电阻值是不准确的。

● 测量高电阻值的电器元件时，应把万用表的选择开关旋转至适合的电阻挡。

⑥ 整理现场，做好维修记录。

(2) 学生故障检修训练。

在通电试车成功的电路上人为地设置故障，通电运行，在表 5-16 中记录故障现象并分析原因、排除故障。

表 5-16　故障的检查及排除

故障设置	故障现象	检查方法及排除
按下启动按钮无任何动作		
星形启动后延时停车了		
KM2 接触器自锁触头接触不良		
主电路一相熔断器熔断		
热继电器常闭触头接触不良		

4. 技能考核

技能考核评价标准与评分细则如表 5-17 所示。

表 5-17　三相异步电动机 Y-△降压启动控制线路的装调与检修实训评价标准与评分细则

评价项目	序号	主要内容	考核要求	评分细则	配分	扣分	得分
Y-△降压启动控制线路的安装 (70 分)	1	元件检测	正确选择电气元件；对电气元件质量进行检验	① 元器件选择不正确，每个扣 1 分。 ② 电气元件漏检或错检，每个扣 0.5 分	5		
	2	元件安装	按图纸的要求，正确利用工具安装电气元件；元件安装要准确、紧固	① 元件安装不牢固、安装元件时漏装螺钉，每个扣 2 分。 ② 元件安装不整齐、不合理，每处扣 2 分。 ③ 损坏元件，每个扣 5 分	10		
	3	布线	按图接线，接线正确；走线整齐美观不交叉；连线紧固、无毛刺；电源和电动机配线、按钮接线要接到端子排上，进出线槽的导线要有端子标号	① 未按线路图接线，每处扣 3 分。 ② 布线不符合要求，每处扣 2 分。 ③ 接点松动、接头露铜过长、反圈、压绝缘层、标记线号不清楚、遗漏或误标，每处扣 1 分。 ④ 损伤导线绝缘或线芯，每根扣 1 分	20		
	4	线路检查	在断电情况下会用万用表检查线路	漏检或错检，每个扣 2 分	10		
	5	通电试车	线路一次通电正常工作，且各项功能完好	① 热继电器整定值错误扣 3 分。 ② 主、控线路配错熔体，每个扣 5 分。 ③ 一次试车不成功扣 5 分；二次试车不成功扣 10 分；三次不成功本项分为 0。 ④ 开机烧电源或其他线路，本项记 0 分	15		

续表

评价项目	序号	主要内容	考核要求	评分细则	配分	扣分	得分
Y-△降压启动控制线路的安装（70分）	6	6S规范	整理、整顿、清扫、安全、清洁、素养。	① 没有穿戴防护用品扣4分。 ② 检修前未清点工具、仪器、耗材扣2分。 ③ 未经试电笔测试前用手触摸电器线端，扣5分。 ④ 乱摆放工具，乱丢杂物，完成任务后不清理工位扣2~5分。 ⑤ 违规操作扣5~10分	10		
	7	故障分析	在电气控制线路上分析故障可能的原因，思路正确	① 标错故障范围，每处扣3分。 ② 不能标出最小故障范围，每个故障点扣2~5分	10		
Y-△降压启动控制线路的检修（30分）	8	故障查找及排除	正确使用工具和仪器找出故障点并排除故障；试车成功，各项功能恢复	① 停电不验电扣3分。 ② 测量仪器和工具使用不正确，每次扣2分。 ③ 检修步骤顺序颠倒，逻辑不清，扣2分。 ④ 排除故障的方法不正确扣5分。 ⑤ 不能排除故障点，每处扣5分。 ⑥ 扩大故障范围或产生新故障，每处扣10分。 ⑦ 损坏万用表扣10分。 ⑧ 一次试车不成功扣5分；二次试车不成功扣10分；三次试车不成功本项得分为0	20		
评分人：		核分人：			总分		

三、思考与练习

(1) Y-△降压启动控制电路有何优点和缺点，适用于什么情况？

(2) 电动机在什么情况下应采用降压启动？定子绕组为星形接法的三相异步电动机能否用 Y-△降压启动？为什么？

项目5.5　三相异步电动机制动控制线路的装调与检修

学习目标

1. 了解三相异步电机制动的目的及常见方法。

2. 掌握电动机各种制动方法的工作原理及特点。

3. 掌握电动机反接制动和能耗制动控制线路的安装接线步骤、工艺要求和检修方法。

一、知识链接

三相异步电动机切断工作电源后，因惯性需要一段时间才能完全停止下来，但有些生产机械要求迅速停车，有些生产机械要求准确停车，因而需要采取一些使电动机在切断电源后能迅速准确停车的措施，这种措施称为电动机的制动。异步电动机的制动方法有机械制动和电气制动。所谓机械制动是指用电磁铁操纵机械机构进行制动的方法，常用电磁抱闸制动。电气制动是指用电气的办法，使电动机产生一个与转子原转动方向相反的力矩进行制动，分为反接制动、能耗制动和回馈制动等。

1. 能耗制动控制线路

能耗制动是指，电动机脱离三相交流电源后，给定子绕组加一直流电压，通入直流电流，定子绕组产生一个恒定的磁场，转子因惯性继续旋转而切割该恒定的磁场，在转子导条中便产生感应电动势和感应电流，同时将运动过程中存储在转子中的机械能转变为电能，又消耗在转子电阻上的一种制动方法。能耗制动的制动转矩的大小与通入定子绕组的直流电流的大小有关。电流越大，静止磁场越强，产生的制动转矩就越大。电流用可调电阻 R 调节，但通入的直流电流不能太大，一般为异步电动机空载电流的 $3\sim5$ 倍。图 5-22 所示为时间原则控制的单向能耗制动控制线路。

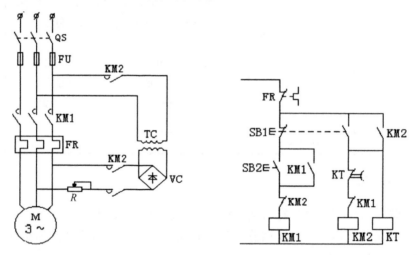

图 5-22　时间原则控制的单向能耗制动控制线路

图中，VC 为单相桥式整流器，在能耗制动时提供直流电。TC 为变压器，将 380V 的交流电压变为适合 VC 的电压。R 为可变电阻，可调节整流电流的大小。时间继电器 KT 用来控制制动时间，并切除制动电源。

线路的工作原理如下。

(1) 按下 SB2，KM1 线圈得电自锁，电动机启动。

(2) 按下 SB1，KM1 线圈失电，KM2 线圈得电自锁，KT 线圈得电计时。时间到制动结束。

补充：KM2 常开触头上方应串接 KT 瞬动常开触头，防止 KT 出故障时其通电延时常闭触头无法断开，致使 KM2 不能失电而导致电动机定子绕组长期通入直流电。

能耗制动的优点是制动准确、平稳和能量消耗较小。其缺点是需附加直流电源装置，制动力量较弱，特别是低速时制动转矩更小。能耗制动一般用于制动要求平稳准确的场合，如磨床、立式铣床等的控制线路中。

2. 反接制动控制线路

反接制动是指通过改变电动机电源的相序，使定子绕组产生相反方向的旋转磁场，从而产生制动转矩的制动方法。反接制动常采用转速为变化参量进行控制。由于反接制动时转子与旋转磁场的相对速度接近于两倍的同步转速，所以定子绕组中流过的反接制动电流相当于全电压直接启动时电流的两倍，因此反接制动的特点是制动迅速，效果好，冲击大，通常仅适用于 10kW 以下的小容量电动机。为了减小冲击电流，通常要求在电动机主电路中串接限流电阻，图 5-23 所示为单向反接制动控制线路。

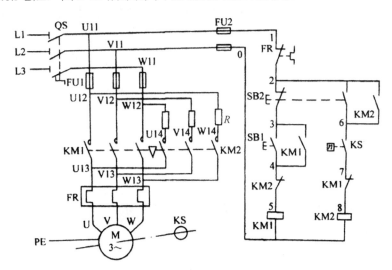

图 5-23 单向反接制动控制线路

线路中采用了两个接触器 KM1 和 KM2，构成了正反转电路，其中 KM2 和 KM1 常闭为互锁，常开为自锁。KS 为速度继电器，当电动机的转速接近于零时，KS 常开触头就会复位，从而切断电路，实现制动。为防止绕组过热和减小制动冲击，一般容量在 10kW 以上的电动机定子电路中串入反接制动电阻。

线路工作原理如下。

(1) 单向启动：

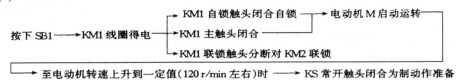

(2) 反接制动：

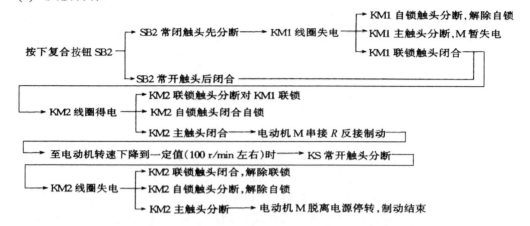

反接制动的特点是制动力强、制动迅速；准确性差、制动过程中冲击强烈、易损坏传动零件、制动能量消耗较大、不宜经常制动。因此，反接制动一般适用于制动要求迅速、系统惯性较大、不经常启动与制动的场合(如铣床、龙门刨床及组合机床的主轴定位等)。

二、技能实训

1. 实训器材

(1) SX-601 型技能实操柜，1 套。

(2) 电工工具，1 套。

(3) 导线，若干。

2. 实训电路

时间原则控制的单向能耗制动控制线路如图 5-22 所示。

3. 实训内容及要求

1) 安装步骤

安装步骤如表 5-18 所示。

表 5-18　安装步骤

安装步骤	内　容	工艺要求
分析电路图	明确电路的控制要求、工作原理、操作方法、结构特点及所用电气元件的规格	画出电路的接线图与元件位置图(见图 5-22)
列出元件清单	按电气原理图及负载电动机功率的大小配齐电气元件及导线	电气元件的型号、规格、电压等级及电流容量等符合要求
检查电气元件	外观检查	外壳无裂纹，接线桩无锈，零部件齐全
	动作机构检查	动作灵活，不卡阻

安装步骤	内　容	工艺要求
检查电气元件	元件线圈、触头等检查	线圈无断路、短路；线圈无熔焊、变形或严重氧化锈蚀现象
安装元器件	安装固定电源开关、熔断器、接触器和按钮等元器件	① 元器件布置要整齐、合理，做到安装时便于布线，便于故障检修。 ② 安装紧固用力均匀，紧固程度适当，防止电气元件的外壳被压裂损坏
布线	按电气接线图确定走线方向进行布线	① 连线紧固、无毛刺。 ② 布线平直、整齐、紧贴敷设面，走线合理。 ③ 尽量避免交叉，中间不能有接头。 ④ 电源和电动机配线、按钮接线要接到端子排上，进出线槽的导线要有端子标号

2)　通电前的检查

安装完毕的控制电路板，必须经过认真检查后，才能通电试车，以防止错接、漏接而造成控制功能不能实现或短路事故。检查项目如表 5-19 所示。

表 5-19　检查项目

检查项目	检查内容	检查工具
接线检查	按电气原理图或电气接线图从电源端开始，逐段核对接线 ① 有无漏接，错接。 ② 导线压接是否牢固，接触是否良好	电工常用工具
检查电路通断	① 主回路有无短路现象(断开控制回路)。 ② 控制回路有无开路或短路现象(断开主回路)。 ③ 控制回路自锁、联锁装置的动作及可靠性	万用表
检查电路绝缘	电路的绝缘电阻不应小于1MΩ	500 V 兆欧表

3)　通电试车

为保证人身安全，在通电试车时，应认真执行安全操作规程的有关规定：一人监护，一人操作。通电试车步骤如表 5-20 所示。

表 5-20　通电试车步骤

项　目	操作步骤	观察现象
空载试车 (不接电动机)	先合上电源开关，按下 SB，看电机是否启动，然后松开 SB 后再观察电机是否停车	① 接触器动作情况是否正常，是否符合电路功能要求。 ② 电气元件动作是否灵活，有无卡阻或噪声过大等现象。 ③ 有无异味。 ④ 检查负载接线端子三相电源是否正常

续表

项　　目	操作步骤	观察现象
负载试车 (连接电动机)	合上电源开关	—
	按住启动按钮	接触器动作情况是否正常，电动机是否正常启动
	松开按钮	接触器动作情况是否正常，电动机是否停止
	电流测量	电动机平稳运行时，用钳形电流表测量三相电流是否平衡
	断开电源	先拆除三相电源线，再拆除电动机线，完成通电试车

4) 电动机能耗制动控制线路的故障检查及排除

(1) 教师示范检修。

案例 5-5：按下启动按钮 SB2，接触器 KM1 不动作，试分析并排除故障。

检修过程：

① 故障调查。

目的在于收集故障的原始信息，以便对现有实际情况进行分析，并从中推导出最有可能存在故障区域的线索，作为下一步设备检查的参考。

可以采用试运转的方法，以对故障的原始状态有个综合的印象和准确描述。例如，试运转结果为：按下按钮 SB2，KM1 不吸合。

② 电路分析。

根据调查结果，参考电气原理图进行分析，初步判断出故障产生的部位——控制线路，然后逐步缩小故障范围——KM 线圈所在回路断路。

③ 用短路法测量确定故障点。

● 局部短接法：如图 5-24 所示，检查时先用万用表电压挡测量 1-10 两点间电压值，若电压正常，可按下启动按钮 SB2 不放，然后用一根绝缘良好的导线分别短接 1-2、2-4、4-6、6-8，当短接到某两点时接触器 KM1 吸合，说明断路故障就在这两点之间。

● 长短接法：长短接法是指一次短接两个或多个触头来检查断路故障的方法，长短接法如图 5-25 所示。当 FR 的动断触头和 SB1 的动断触头同时接触不良时，如果用上述局部短接法短接 1-2 点，按下启动按钮 SB2，KM1 仍然不会吸合，故可能会造成判断错误。这时可采用长短接法将 1-8 短接，如 KM1 吸合，说明 1-8 段电路中有断路故障，然后再短接 1-4 和 4-8，若短接 1-4 时，按下 SB2 后 KM1 吸合，说明故障在 1-4 段范围内，再用局部短接法短接 1-2 和 2-4，很快就能将断路故障排除。

注意事项：短接法是用手拿绝缘导线带电操作的，所以一定要注意安全，避免触电事故发生。此外，短接法只适用于检查压降极小的导线和触头之间的断路故障。对于压降较大的电器，如电阻、接触器和继电器的线圈等断路故障，不能采用短接法，否则会出现短路故障。对于机床的某些要害部位，必须在保障电气设备或机械部位不会出现事故的情况下，才能使用短接法。

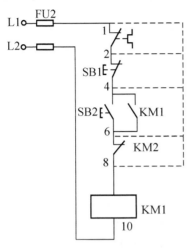

图 5-24　局部短接法

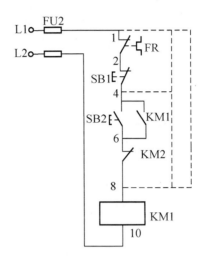

图 5-25　长短接法

④　故障排除。

对故障点进行检修后，通电试车，用试验法观察下一个故障现象，进行第二个故障点的检测、检修，直到试车运行正常。

⑤　整理现场，做好维修记录。

(2) 学生故障检修训练。

在通电试车成功的电路上人为地设置故障，通电运行，在表 5-21 中记录故障现象并分析原因、排除故障。

表 5-21　故障的检查及排除

故障设置	故障现象	检查方法及排除
启动按钮触头接触不良		
KM2 接触器触头接触不良		
KT 常闭触头内部短路		
主电路一相熔断器熔断		

4．技能考核

技能考核评价标准与评分细则如表 5-22 所示。

表 5-22　三相异步电动机能耗制动控制线路的装调与检修实训评价标准与评分细则

评价项目	序号	主要内容	考核要求	评分细则	配分	扣分	得分
能耗制动控制线路的安装（70分）	1	元件检测	正确选择电气元件；对电气元件质量进行检验	① 元器件选择不正确，每个扣1分。② 电气元件漏检或错检，每个扣0.5分	5		
	2	元件安装	按图纸的要求，正确利用工具安装电气元件；元件安装要准确、紧固	① 元件安装不牢固、安装元件时漏装螺钉，每个扣2分。② 元件安装不整齐、不合理，每处扣2分。③ 损坏元件，每个扣5分	10		
	3	布线	按图接线，接线正确；走线整齐美观不交叉；连线紧固、无毛刺；电源和电动机配线、按钮接线要接到端子排上，进出线槽的导线要有端子标号	① 未按线路图接线，每处扣3分。② 布线不符合要求，每处扣2分。③ 接点松动、接头露铜过长、反圈、压绝缘层、标记线号不清楚、遗漏或误标，每处扣1分。④ 损伤导线绝缘或线芯，每根扣1分	20		
	4	线路检查	在断电情况下会用万用表检查线路	漏检或错检，每个扣2分	10		
	5	通电试车	线路一次通电正常工作，且各项功能完好	① 热继电器整定值错误扣3分。② 主、控线路配错熔体，每个扣5分。③ 一次试车不成功扣5分；二次试车不成功扣10分；三次不成功本项分为0。④ 开机烧电源或其他线路，本项记0分	15		
	6	6S规范	整理、整顿、清扫、安全、清洁、素养	① 没有穿戴防护用品扣4分。② 检修前未清点工具、仪器、耗材扣2分。③ 未经试电笔测试前用手触摸电器线端扣5分。④ 乱摆放工具，乱丢杂物，完成任务后不清理工位扣2~5分。⑤ 违规操作扣5~10分	10		

续表

评价项目	序号	主要内容	考核要求	评分细则	配分	扣分	得分
能耗制动控制线路的检修（30分）	7	故障分析	在电气控制线路上分析故障可能的原因，思路正确	① 标错故障范围，每处扣3分。 ② 不能标出最小故障范围，每个故障点扣2～5分	10		
	8	故障查找及排除	正确使用工具和仪器找出故障点并排除故障；试车成功，各项功能恢复	① 停电不验电，扣3分。 ② 测量仪器和工具使用不正确，每次扣2分。 ③ 检修步骤顺序颠倒，逻辑不清，扣2分。 ④ 排除故障的方法不正确扣5分。 ⑤ 不能排除故障点，每处扣5分。 ⑥ 扩大故障范围或产生新故障，每处扣10分。 ⑦ 损坏万用表扣10分。 ⑧ 一次试车不成功扣5分；二次试车不成功扣10分；三次试车不成功本项得分为0	20		
评分人：		核分人：			总分		

三、思考与练习

(1) 什么是反接制动？什么是能耗制动？各有什么特点及适用于什么场合？

(2) 转子回路制动电阻的大小对制动效果有何影响？

项目 5.6　双速电动机控制线路的装调与检修

学习目标

1. 掌握三相异步电动机调速的方法及原理。

2. 掌握按钮和时间继电器转换的双速电动机控制线路的工作原理。

3. 掌握按钮和时间继电器转换的双速电动机控制线路的安装接线步骤、工艺要求和检修方法。

一、知识链接

根据三相异步电动机的工作原理可知，电动机转速为

$$n = n_1(1-s) = \frac{60 f_1}{p}(1-s)$$

式中，n_1——同步转速(r/min)；

s——转差率(%)；

f_1——电源频率(Hz)；

p——磁极对数。

由上式可知，改变异步电动机的调速有以下三条途径。

(1) 变极调速：改变电动机的磁极对数 p，以改变电动机的同步转速 n_1，从而调速。

(2) 变频调速：改变电动机的电源频率 f_1，以改变电动机的同步转速 n_1，从而调速。

(3) 变差调速：改变电动机的转差率 s 进行调速，如定子调压调速、转子回路串电阻调速、串级调速、无级调速等。

改变定子绕组的磁极对数(变极)是常用的一种调速方法，采用三相双速异步电动机就是变极调速的一种形式。定子绕组接成三角形时，电动机磁极对数为 4 极，同步转速为 1500r/min；定子绕组接成双星形时，电动机磁极对数为 2 极，同步转速为 3000r/min。

1. 双速异步电动机定子绕组的连接

图 5-26(a)所示为电动机的三相绕组接成三角形连接，三相电源线连接在接线端 U、V、W；每相绕组的中心抽头 U′、V′、W″空着不接。此时电动机磁极为 4 极，同步转速为 1500r/min。

图 5-26(b)中，电动机绕组接线端 U、V、W 连接在一起，三相电源分别连接于 U′、V′、W′的三个接线端。此时电动机定子绕组为双星连接，磁极为 2 极，同步转速为 3000r/min。

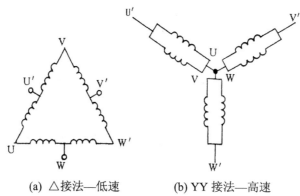

(a) △接法—低速　　　(b) YY 接法—高速

图 5-26　双速电动机定子绕组接线图

2. 按钮转换的双速电动机控制线路

三相异步电动机常常要进行调速控制，对于笼型电动机常采用双速异步电动机接线调速控制，如图 5-27 所示。

图中 KM1 为△连接低速运转继电器，KM2、KM3 为 YY 连接高速运转继电器，SB1 为△连接低速启动运行按钮，SB2 为 YY 连接高速启动运行按钮。

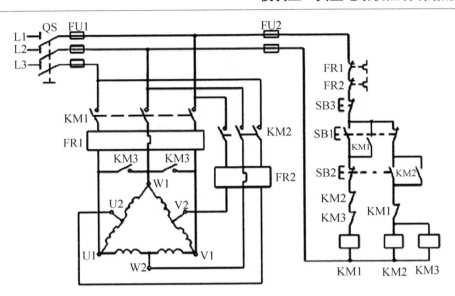

图 5-27　双速电动机控制线路

电路工作原理如下：先合上电源开关 QS。

(1)　电动机△连接低速启动运转：

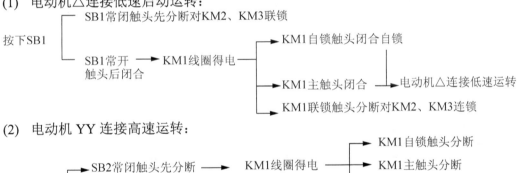

(2)　电动机 YY 连接高速运转：

(3)　停转时，按下 SB3 即可实现。

手动按钮转换双速电动机控制线路较简单，安全可靠。但在有些场合为了减小电动机高速启动时的能耗，启动时先以△连接接低速启动运行，然后自动地转为 YY 连接，电动机做高速运转，这一过程可以用时间继电器来控制。

3. 时间继电器转换的双速电动机控制线路

为减小高速启动时的能耗，可以启动时电动机先以△连接启动，然后用时间继电器控制其自动地转为双 Y 连接运行，如图 5-28 所示。

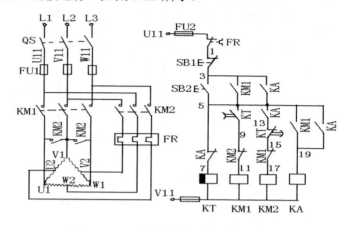

图 5-28　双速电动机自动加速控制线路

其工作原理如下：先合上电源开关 QS。

按下SB2　KT线圈通电 ┬→ KT动断触头(13-15)瞬时断开
　　　　　　　　　　　└→ KT动合触头(5-9)瞬时闭合 ──→ KM1线圈通电 ─┐

┌→ KM1 触头(3-5)闭合自锁
├→ KM1 主触头闭合──→ 电动机接成△低速启动　　　　┬→ KA 触头(5-9)闭合自锁
├→ KM1 触头(5-9)闭合──→ KA 线圈通电 ─┤　　　　├→ KA 触头(3-5)闭合自锁
└→ KM1 触头(15-17)断开(联锁)　　　　　　　├→ KA 触头(5-7)闭合
　　　　　　　　　　　　　　　　　　　　　　└→ KA 触头(5-7)断开 ─┐

└→ KT 线圈断电 ┬→ KT 触头(13-15)延时闭合
　　　　　　　　└→ KT 触头(5-9)延时断开 ──→ KM1 线圈断电 ─┐

┌→ KM1 触头(3-5)断开
├→ KM1 触头(5-9)断开
├→ KM1 主触头断开
└→ KM1 触头(15-17)闭合 ──→ KM2 线圈通电 ┬→ KM2 触头(9-11)断开连锁
　　　　　　　　　　　　　　　　　　　　　└→ KM2 主触头闭合 ──→ 电动机接成YY高速运行

二、技能实训

1. 实训器材

(1) SX-601 型技能实操柜，1 套。

(2) 电工工具，1 套。

(3) 导线，若干。

2. 实训电路

双速电动机自动加速控制线路如图 5-26 所示。

3. 实训内容及要求

1)　安装步骤

安装步骤如表 5-23 所示。

表 5-23　安装步骤

安装步骤	内　容	工艺要求
分析电路图	明确电路的控制要求、工作原理、操作方法、结构特点及所用电气元件的规格	画出电路的接线图与元件位置图(见图 5-28)
列出元件清单	按电气原理图及负载电动机功率的大小配齐电气元件及导线	电气元件的型号、规格、电压等级及电流容量等符合要求
检查电气元件	外观检查	外壳无裂纹,接线桩无锈,零部件齐全
	动作机构检查	动作灵活,不卡阻
	元件线圈、触头等检查	线圈无断路、短路;线圈无熔焊、变形或严重氧化锈蚀现象
安装元器件	安装固定电源开关、熔断器、接触器和按钮等元器件	① 元器件布置要整齐、合理,做到安装时便于布线,便于故障检修。 ② 安装紧固用力均匀,紧固程度适当,防止电气元件的外壳被压裂损坏
布线	按电气接线图确定走线方向进行布线	① 连线紧固、无毛刺。 ② 布线平直、整齐、紧贴敷设面,走线合理。 ③ 尽量避免交叉,中间不能有接头。 ④ 电源和电动机配线、按钮接线要接到端子排上,进出线槽的导线要有端子标号

2)　通电前的检查

安装完毕的控制线路板,必须经过认真检查后,才能通电试车,以防止错接、漏接而造成控制功能不能实现或短路事故。检查项目如表 5-24 所示。

表 5-24　检查项目

检查项目	检查内容	检查工具
接线检查	按电气原理图或电气接线图从电源端开始,逐段核对接线 ① 有无漏接,错接。 ② 导线压接是否牢固,接触是否良好	电工常用工具

检查项目	检查内容	检查工具
检查电路通断	① 主回路有无短路现象(断开控制回路)。 ② 控制回路有无开路或短路现象(断开主回路)。 ③ 控制回路自锁、联锁装置的动作及可靠性	万用表
检查电路绝缘	电路的绝缘电阻不应小于 1MΩ	500V 兆欧表

3) 通电试车

为保证人身安全，在通电试车时，应认真执行安全操作规程的有关规定：一人监护，一人操作。通电试车步骤如表 5-25 所示。

表 5-25　通电试车步骤

项　目	操作步骤	观察现象
空载试车 (不接电动机)	先合上电源开关，按下 SB，看电机是否启动，然后松开 SB 后再观察电机是否停车	① 接触器动作情况是否正常，是否符合电路功能要求。 ② 电气元件动作是否灵活，有无卡阻或噪声过大等现象。 ③ 有无异味。 ④ 检查负载接线端子三相电源是否正常
负载试车 (连接电动机)	合上电源开关	—
	按住启动按钮	接触器动作情况是否正常，电动机是否正常启动
	按下停止按钮	接触器动作情况是否正常，电动机是否停止
	电流测量	电动机平稳运行时，用钳形电流表测量三相电流是否平衡
	断开电源	先拆除三相电源线，再拆除电动机线，完成通电试车

4) 双速电动机控制线路的故障检查及排除

(1) 教师示范检修。

案例 5-6： 在控制电路或主电路中人为设置非短路电气故障两处。

检修过程：

① 用通电试验法观察故障现象。观察电动机、各电器元件及线路工作是否正常，如发现异常现象，应立即断电检查。

② 用逻辑分析法缩小故障范围，并在电路图上用虚线标出故障部位的最小范围。

③ 用测量法正确、迅速地找出故障点。

④ 根据故障点的不同情况，采取正确的方法迅速排除故障。

⑤ 排除故障后再通电试车。

注意事项如下。

① 检修前要先掌握电路图中各个控制环节的作用和原理，并熟悉电动机的接线方法。

② 在检修过程中严禁扩大和产生新的故障，否则要立即停止检修。

③ 检修思路和方法要正确。

④ 带电检修故障时，必须有指导老师在现场监护，并要确保用电安全。

⑤ 检修必须在规定时间内完成。

(2) 学生故障检修训练。

在通电试车成功的电路上人为地设置故障，通电运行，在表 5-26 中记录故障现象并分析原因、排除故障。

表 5-26　故障的检查及排除

故障设置	故障现象	检查方法及排除
按钮触头接触不良		
KM 接触器触头接触不良		
KT 触头不能延时动作		
主电路一相熔断器熔断		

4. 技能考核

技能考核评价标准与评分细则如表 5-27 所示。

表 5-27　双速电动机控制线路的装调与检修实训评价标准与评分细则

评价项目	序号	主要内容	考核要求	评分细则	配分	扣分	得分
双速电动机控制线路的安装(70 分)	1	元件检测	正确选择电气元件；对电气元件质量进行检验	① 元器件选择不正确，每个扣1分。 ② 电气元件漏检或错检，每个扣0.5分	5		
	2	元件安装	按图纸的要求，正确利用工具安装电气元件；元件安装要准确、紧固	① 元件安装不牢固、安装元件时漏装螺钉，每个扣2分。 ② 元件安装不整齐、不合理，每处扣2分。 ③ 损坏元件，每个扣5分	10		
	3	布线	按图接线，接线正确；走线整齐美观不交叉；连线紧固、无毛刺；电源和电动机配线、按钮接线要接到端子排上，进出线槽的导线要有端子标号	① 未按线路图接线，每处扣3分。 ② 布线不符合要求，每处扣2分。 ③ 接点松动、接头露铜过长、反圈、压绝缘层、标记线号不清楚、遗漏或误标，每处扣1分。 ④ 损伤导线绝缘或线芯，每根扣1分	20		
	4	线路检查	在断电情况下会用万用表检查线路	漏检或错检，每个扣2分	10		

评价项目	序号	主要内容	考核要求	评分细则	配分	扣分	得分
	5	通电试车	线路一次通电正常工作，且各项功能完好	① 热继电器整定值错误扣3分。 ② 主、控线路配错熔体，每个扣5分。 ③ 一次试车不成功扣5分；二次试车不成功扣10分；三次不成功本项分为0。 ④ 开机烧电源或其他线路，本项记0分	15		
	6	6S规范	整理、整顿、清扫、安全、清洁、素养	① 没有穿戴防护用品扣4分。 ② 检修前未清点工具、仪器、耗材扣2分。 ③ 未经试电笔测试前用手触摸电器线端，扣5分。 ④ 乱摆放工具，乱丢杂物，完成任务后不清理工位扣2~5分。 ⑤ 违规操作扣5~10分	10		
	7	故障分析	在电气控制线路上分析故障可能的原因，思路正确	① 标错故障范围，每处扣3分。 ② 不能标出最小故障范围，每个故障点扣2~5分	10		
双速电动机控制线路的检修(30分)	8	故障查找及排除	正确使用工具和仪器找出故障点并排除故障；试车成功，各项功能恢复	① 停电不验电，扣3分。 ② 测量仪器和工具使用不正确，每次扣2分。 ③ 检修步骤顺序颠倒，逻辑不清，扣2分。 ④ 排除故障的方法不正确扣5分。 ⑤ 不能排除故障点，每处扣5分。 ⑥ 扩大故障范围或产生新故障，每处扣10分。 ⑦ 损坏万用表扣10分。 ⑧ 一次试车不成功扣5分；二次试车不成功扣10分；三次试车不成功本项得分为0	20		
评分人：			核分人：		总分		

三、思考与练习

(1) 说明双速电动机调速控制线路的工作原理。

(2) 电动机的调速是指什么？常用的三种调速方法是什么？高速与低速时可以相互直接转换吗？说明原理。

项目 5.7 工作台自动往复控制线路的装调与检修

学习目标

1. 掌握自动往返控制线路安装的步骤、工艺要求和安装技能。
2. 了解工作台自动往复控制线路的设计方法与要领。
3. 理解工作台自动往复控制线路的电气控制原理。
4. 熟悉自动往复控制线路设计的技能。

一、知识链接

有些生产机械，如万能铣床，要求工作台在一定距离内能自动往返，通常是利用行程开关控制电动机的正反转来实现工作台的自动往返运动的。图 5-29 所示为工作台自动往返运动示意图。

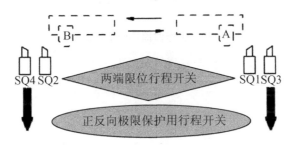

图 5-29　工作台自动往返运动示意图

1. 识读电路图

由行程开关组成的工作台自动往返控制线路如图 5-30 所示。为了使电动机的正反转控制与工作台的左右相配合，在控制电路中设置了四个行程开关 SQ1、SQ2、SQ3 和 SQ4，并把它们安装在工作台需限位的地方。其中 SQ1、SQ2 被用来自动换接正反转控制电路，实现工作台自动往返行程控制；SQ3 和 SQ4 被用来作终端保护，以防止 SQ1、SQ2 失灵，工作台越过限定位置而造成事故。工作台边的 T 形槽中装有两块挡铁，挡铁 1 只能和 SQ1、SQ3 相碰，挡铁 2 只能和 SQ2、SQ4 相碰。当工作台达到限定位置时，挡铁碰撞行程开关，使其触头动作，自动换接电动机正反转控制线路，通过机械机构使工作台自动往返运动。工作台行程可通过移动挡铁位置来调节。

2. 工作原理

按下启动按钮 SB2，KM1 得电并自锁，电动机正转工作台向左移动，当到达左移预定位置后，挡铁 1 压下 SQ2，SQ2 常闭触头打开使 KM1 断电，SQ2 常开触头闭合使 KM2 得电，电动机由正转变为反转，工作台向右移动。当到达右移预定位置后，挡铁 2 压下 SQ1，使 KM2 断电，KM1 得电，电动机由反转变为正转，工作台向左移动。如此周而复始，电动机即可自动往返工作。当按下停止按钮 SB1 时，电动机停转，工作台停止移动。

若因行程开关 SQ1、SQ2 失灵，则由极限保护行程开关 SQ3、SQ4 实现保护，避免运动部件因超出极限位置而发生事故。

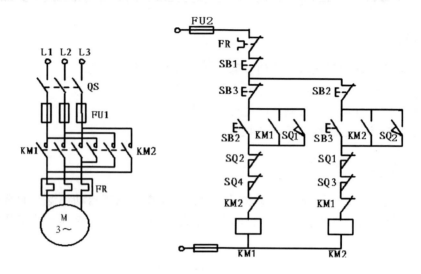

图 5-30　工作台自动往复控制线路

二、技能实训

1. 实训器材

(1)　SX-601 型技能实操柜，1 套。

(2)　电工工具，1 套。

(3)　导线，若干。

2. 实训电路

工作台自动往复控制线路如图 5-30 所示。

3. 实训内容及要求

(1)　在 SX-601 型技能实操柜内按图 5-30 安装接线。

(2)　安装时文明操作，注意接点牢靠、接触良好。

(3)　安装电路经检查无误后，接上试车电动机，通电试操作。

(4)　仔细观察电器及电动机的动作、运行情况，掌握正确的操作方法。

4. 技能考核

技能考核评价标准与评分细则如表 5-28 所示。

表 5-28 工作台自动往返控制线路实训评价标准与评分细则

评价项目	序号	主要内容	考核要求	评分细则	配分	扣分	得分
自动往返控制线路的安装（70 分）	1	元件检测	正确选择电气元件；对电气元件质量进行检验	① 元器件选择不正确，每个扣 1 分。 ② 电气元件漏检或错检，每个扣 0.5 分	5		
	2	元件安装	按图纸的要求，正确利用工具安装电气元件；元件安装要准确、紧固	① 元件安装不牢固、安装元件时漏装螺钉，每个扣 2 分。 ② 元件安装不整齐、不合理，每处扣 2 分。 ③ 损坏元件，每个扣 5 分	10		
	3	布线	按图接线，接线正确；走线整齐美观不交叉；连线紧固、无毛刺；电源和电动机配线、按钮接线要接到端子排上，进出线槽的导线要有端子标号	① 未按线路图接线，每处扣 3 分。 ② 布线不符合要求，每处扣 2 分。 ③ 接点松动、接头露铜过长、反圈、压绝缘层、标记线号不清楚、遗漏或误标，每处扣 1 分。 ④ 损伤导线绝缘或线芯，每根扣 1 分	20		
	4	线路检查	在断电情况下会用万用表检查线路	漏检或错检，每个扣 2 分	10		
	5	通电试车	线路一次通电正常工作，且各项功能完好	① 热继电器整定值错误扣 3 分。 ② 主、控线路配错熔体，每个扣 5 分。 ③ 一次试车不成功扣 5 分；二次试车不成功扣 10 分；三次不成功本项分为 0。 ④ 开机烧电源或其他线路，本项记 0 分	15		
	6	6S 规范	整理、整顿、清扫、安全、清洁、素养	① 没有穿戴防护用品扣 4 分。 ② 检修前未清点工具、仪器、耗材扣 2 分。 ③ 未经试电笔测试前用手触摸电器线端扣 5 分。 ④ 乱摆放工具，乱丢杂物，完成任务后不清理工位扣 2～5 分。 ⑤ 违规操作扣 5～10 分	10		

续表

评价项目	序号	主要内容	考核要求	评分细则	配分	扣分	得分
自动往返控制线路的检修(30分)	7	故障分析	在电气控制线路上分析故障可能的原因，思路正确	① 标错故障范围，每处扣3分。 ② 不能标出最小故障范围，每个故障点扣2~5分	10		
	8	故障查找及排除	正确使用工具和仪器找出故障点并排除故障；试车成功，各项功能恢复	① 停电不验电扣3分。 ② 测量仪器和工具使用不正确，每次扣2分。 ③ 检修步骤顺序颠倒，逻辑不清，扣2分 ④ 排除故障的方法不正确扣5分。 ⑤ 不能排除故障点，每处扣5分。 ⑥ 扩大故障范围或产生新故障，每处扣10分。 ⑦ 损坏万用表扣10分。 ⑧ 一次试车不成功扣5分；二次试车不成功扣10分；三次试车不成功本项得分为0	20		
评分人：			核分人：		总分		

三、思考与练习

说明工作台自动往复控制线路的工作原理。

模块六　电气控制线路的设计与制作

1. 掌握电气设计的一般原则。
2. 了解电气设计的基本内容与任务。
3. 学会编写设计方案与设计书。

项目 6.1　多地控制线路的设计与制作

1. 熟悉基本控制线路的设计方法。
2. 熟悉多地控制线路的电气接线。
3. 理解多地控制线路的接线要领。
4. 掌握控制线路设计的技能。

一、知识链接

1. 多地控制线路

能在两地或多地控制同一台电动机的控制方式称为多地控制。

在大型生产设备上，为使操作人员在不同方位均能进行启停操作，常常要求组成多地控制线路。

图 6-1 所示为两地控制的控制线路。其中 SB1、SB3 为安装在甲地的启动按钮和停止按钮，SB2、SB4 为安装在乙地的启动按钮和停止按钮。

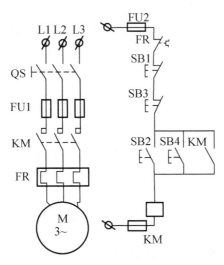

图 6-1　两地控制线路

线路的特点为：启动按钮应并接在一起，停止按钮应串接在一起，这样就可以分别在甲、乙两地控制同一台电动机，达到操作方便的目的。对于三地或多地控制，只要将各地的启动按钮并联、停止按钮串联即可实现。

2. 电气控制设计的一般原则

(1) 最大限度满足生产机械和工艺对电气控制的要求。生产机械和工艺对电气控制系统的要求是电气设计的依据，这些要求常常以工作循环图、执行元件动作节拍表、检测元件状态表等形式提供，对于有调速要求的场合，还应给出调速技术指标。其他如启动、转向、制动、照明、保护等要求，应根据生产需要充分考虑。

(2) 在满足强制要求的前提下，设计方案应力求简单、经济，不宜盲目追求自动化和高指标。

(3) 妥善处理机械与电气关系。很多生产机械是采用机电结合的控制方式来实现控制要求的，要从工艺要求、制造成本、结构复杂性、使用维护方便等方面协调处理好二者关系。

(4) 正确合理地选用电气元件，确保使用安全、可靠。

(5) 造型美观、使用维修方便。

3. 电气控制设计的内容

(1) 拟订电气设计任务书。

(2) 选择拖动方案与控制方式。

(3) 确定电动机的类型、容量、转速，并选择具体型号。

(4) 设计电气控制原理框图，确定各部分之间的关系，拟订各部分技术要求。

(5) 设计并绘制电气原理图，计算主要技术参数。电气原理图是整个设计的中心环节，因为它是工艺设计和制订其他技术资料的依据。

(6) 选择电气元件，制订元器件目录清单，编写设计说明书。

4. 电气控制设计的一般过程

(1) 拟订设计任务书。设计任务书是整个系统设计的依据，同时又是今后设备竣工验收的依据。

(2) 选择拖动方案与控制方式。

(3) 选择电动机等执行机构。

(4) 选择控制方式。

(5) 设计电气控制原理线路图并合理选用元器件，编制元器件目录清单。

(6) 设计电气设备制造、安装、调试所必需的各种施工图纸并以此为根据编制各种材料定额清单。

(7) 编写说明书。

5. 电路的保护环节

电气控制系统除了要能满足生产机械加工工艺的要求外，还应保证设备长期安全、可靠、无故障地运行，因此保护环节是不可缺少的，要用来保护电动机、电网、电气控制设备及人身安全。电气控制系统中常用的保护环节有短路保护、过电流保护、过载保护、零压保护、欠电压保护及弱磁保护等。

1) 短路保护

电机、电器以及导线的绝缘损坏或线路发生故障时，都可能造成短路事故。短路电流可能使电器设备损坏，因此要求一旦发生短路故障时，控制线路能迅速切断电源。

常用的短路保护元件有熔断器和自动开关。

2) 过电流保护

电动机不正确地启动或负载转矩剧烈增加会引起电动机过电流运行。这种过电流比短路电流小，但比电动机额定电流却大得多。

在电动机运行过程中产生过电流比发生短路的可能性更大，尤其是在频繁正反转启动的重复短时工作制的电动机中更是如此。过电流的危害虽没有短路那么严重，但同样会造成电动机的损坏。

原则上，短路保护所用元件均可以用作过电流保护，不过断弧能力可以低些，完全可以利用控制电动机的接触器来断开过电流，因此常用瞬时动作的过电流继电器与接触器配合来作过电流保护，过电流继电器作为测量元件，接触器作为执行元件断开电路。

3) 过载保护

电动机长期超载运行，绕组温升将超过其允许值，造成绝缘材料变脆，寿命减少，严重时会使电动机损坏。过载电流越大，达到允许温升的时间就越短。常用的过载保护元件是热继电器。必须强调指出，短路、过电流、过载保护虽然都是电流保护，但由于故障电流的动作值、保护特性和保护要求以及使用元件的不同，它们之间是不能相互取代的。

4) 零压保护和欠电压保护

(1) 零压保护。

电动机正常运转时如电源电压突然消失，则电动机将停转。一旦电源电压恢复正常，电动机就有可能自行启动，从而造成机械设备损坏，甚至造成人身事故。零压保护是为防止电压恢复时电动机自行启动或电器元件自行投入工作而设置的保护环节。采用接触器和按钮控制的启动、停止控制线路就具有零压保护作用。因为当电源电压突然消失时，接触器线圈就会断电而自动释放，从而切断电动机电源。当电源电压恢复时，由于接触器自锁触头已断开，所以不会自行启动。但在采用不能自动复位的手动开关、行程开关控制接触器的线路中，就需要采用专门的零电压继电器，一旦断电，零电压继电器释放，其自锁电路断开，电源恢复时，就不会自行启动。

(2) 欠电压保护。

当电源电压降至 60%～80%额定电压时，将电动机电源切断而停止工作的环节称为欠压保护环节。除了采用接触器有按钮控制方式本身的欠电压保护作用外，还可采用欠电压继电器进行欠电压保护。将欠电压继电器的吸合电压整定为 $0.8～0.85U_N$、释放电压整定为 $0.5～0.7\ U_N$。欠电压继电器跨接在电源上，其常开触头串接在接触器线圈电路中，当电源电压低于释放值时，欠电压继电器动作，使接触器释放，接触器主触头断开电动机电源，实现欠电压保护。

5) 弱磁保护

直流电动机在一定的磁场强度下才能启动，如果磁场太弱，电动机的启动电流就会很大；直流电动机正在运行时磁场突然减弱或消失，电动机转速就会迅速升高，甚至发生"飞车"，因此需要采取弱磁保护。

弱磁保护是通过在电动机励磁回路中串入欠电流继电器来实现的。在电动机运行中，如果励磁电流消失或降低太多，欠电流继电器就会释放，其触头切断接触器线圈电路，使电动机断电停车。

6）其他保护

除上述几种保护外，控制系统中还可能有其他各种保护，如联锁保护、终端(极限)保护、油压保护、温度保护等。只要在控制电路中串接能反映这些参数的控制电器的常开触头或常闭触头，就可实现有关保护。

二、技能实训

1．实训器材

(1) SX-601 型技能实操柜，1 套。

(2) 电工工具，1 套。

(3) 导线，若干。

2．实训内容及要求

(1) 熟悉图 6-1 所示的电气控制线路图。

(2) 拟定电气设计任务书，确定各电器的具体型号，制订元器件清单，编写设计说明书。

(3) 按要求设计线路，能达到控制要求，应有必要的电气保护。

(4) 按电工工艺要求来制作线路，并通电试车。

3．技能考核

(1) 分组与布置任务。

(2) 确定工程解决方案和控制电路。

(3) 方案验证。

(4) 学习评价。

技能考核评价标准与评分细则如表 6-1 所示。

表 6-1　两地控制线路的设计与制作实训评价标准与评分细则

序号	项　目	评分标准	标准分	得分
1	方案制作	符合工程实际，否则扣 10 分	20	
2	线路设计	满足工程控制要求，否则扣 10 分	30	
3	线路制作	按照设计的线路安装线路，每错一处扣 5 分	30	
4	制作工艺	不能正确使用仪表扣 5 分；损坏元器件扣 10 分；违反安全规程，造成事故者酌情扣分	20	

三、思考与练习

(1) 说明控制线路的基本设计原则及过程。

(2) 在实训中，通电试车是否一次成功？碰到故障是怎样解决的？

项目 6.2　电动机顺序控制线路的设计与制作

学习目标

1. 熟悉基本控制线路的设计方法。

2. 熟悉电动机顺序控制线路的控制要求。

3. 掌握电路设计的基本方法和技能。

一、知识链接

在机床的控制线路中，常常要求电动机的启停有一定的顺序。例如磨床要求先启动润滑油泵，然后再启动主轴电机；龙门刨床在工作台移动前，导轨润滑油泵要先启动；铣床的主轴旋转后，工作台方可移动等。顺序控制线路有顺序启动、同时停止控制线路，顺序启动、顺序停止控制线路，以及顺序启动、逆序停止控制线路等。图 6-2 所示为电动机顺序控制原理图。

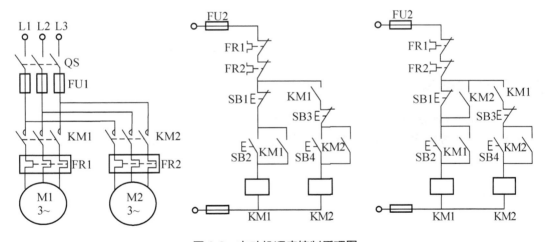

图 6-2　电动机顺序控制原理图

二、技能实训

1. 实训器材

(1) SX-601 型技能实操柜，1 套。

(2) 电工工具，1 套。

(3) 导线，若干。

2．实训内容及要求

(1) 熟悉图 6-2 所示的电气控制线路图。

(2) 拟定电气设计任务书，确定各电器的具体型号，制订元器件清单，编写设计说明书。

(3) 按要求设计线路，能达到控制要求，应有必要的电气保护。

(4) 按电工工艺要求来制作线路，并通电试车。

3．技能考核

(1) 分组与布置任务。

(2) 确定工程解决方案和控制电路。

(3) 方案验证。

(4) 学习评价。

技能考核评价标准与评分细则如表 6-2 所示。

表 6-2　电动机顺序控制线路的设计与制作实训评价标准与评分细则

序号	项　目	评分标准	标准分	得分
1	方案制作	符合工程实际，否则扣 10 分	20	
2	线路设计	满足工程控制要求，否则扣 10 分	30	
3	线路制作	按照设计的线路安装线路，每错一处扣 5 分	30	
4	制作工艺	不能正确使用仪表扣 5 分；损坏元器件扣 10 分；违反安全规程，造成事故者酌情扣分	20	

三、思考与练习

(1) 说明控制线路的基本设计原则及过程。

(2) 实训中按顺序启动后，可以同时停止 M1 和 M2 吗？如不行，应该如何改进？

模块七 典型机床电气控制线路的分析与故障排除

1. 能读懂机床电气控制原理图及接线图。
2. 熟悉机床的各种工作状态及操作。
3. 熟悉机床电气元件的分布位置和走线情况。
4. 能分析、检修、排除典型机床的电路及电气故障。

项目 7.1 CA6140 普通车床线路分析与故障排除

1. 能读懂CA6140车床的电气控制原理图及接线图。
2. 熟悉CA6140车床的各种工作状态及操作方法。
3. 熟悉CA6140车床电气元件的分布位置和走线情况。
4. 能分析、检修、排除CA6140车床的电路及电气故障。

一、知识链接

1. CA6140 车床的结构

CA6140 车床主要由床身、主轴变速箱、溜板与刀架、尾座、丝杠、光杠等几部分组成，如图 7-1 所示。

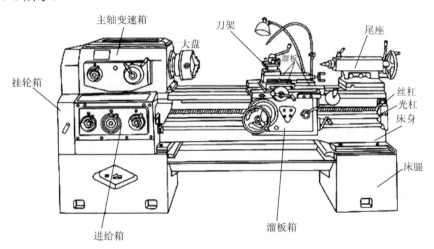

图 7-1 CA6140 普通车床实物图示

2. CA6140 车床的运动情况

CA6140 车床的纵、横向机动进给(feed)和快速移动采用单手柄操纵。自动进给手柄在溜板箱右侧，可沿十字槽纵、横扳动，手柄扳动方向与刀架运动方向一致。手柄在十字槽中央位置时，停止进给运动手柄，用于控制溜板箱与丝杠之间的运动联系。车削非螺纹表面时，开合螺母手柄位于上方。车削螺纹时，压下开合螺母手柄，使开合螺母闭合并与丝杠啮合。在自动进给手柄顶部有一快速移动按钮，按下此钮，快速移动电动机工作，床鞍或中滑板按手柄扳动方向作纵向或横向快速移动；松开按钮，快速移动电动机停止转动，快速移动中止。溜板箱正面右侧有一开合螺母操作手柄，可用于控制使溜板箱与丝杠之间的运动。车完螺纹应立即将开合螺母手柄扳回原位。

3. CA6140 车床电气线路分析

CA6140 车床控制线路的控制电路图如图 7-2 所示。

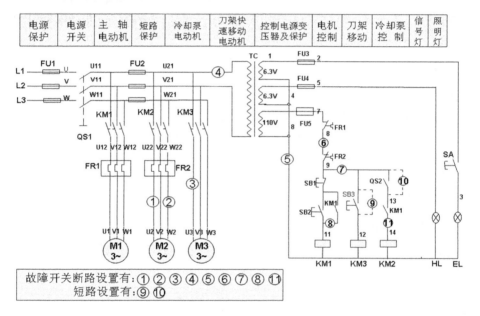

图 7-2　CA6140 车床控制线路的控制电路图

1)　主电路分析

主电路中共有三台电动机，M1 为主轴电动机，用于实现主轴旋转和进给运动；M2 为冷却泵电动机；M3 为溜板快速移动电动机。M1、M2、M3 均为三相异步电动机，容量均小于 10kW，全部采用全压直接启动，并有交流接触器控制单向旋转。

M1 电动机由启动按钮 SB2、停止按钮 SB1 和接触器 KM1 构成电动机单向连续运转控制电路。主轴的正反转由摩擦离合器改变传动来实现。

M2 电动机是在主轴电动机启动之后，通过扳动冷却泵控制开关 QS2 来控制接触器 KM2 的通断，以实现冷却泵电动机的启动与停止。由于 QS2 开关具有定位功能，故不需自锁。

M3 电动机由装在溜板箱上的自动进给手柄顶部的快速移动按钮 SB3 来控制 KM3 接触器，从而实现 M3 的点动。操作时，先将快速进给手柄扳到所需移动方向，再按下

SB3，即实现该方向的快速移动。

三相电源通过转换开关 QS1 引入，FU1 和 FU2 作短路保护。主轴电动机 M1 由接触器 KM1 控制启动，热继电器 FR1 为主轴电动机 M1 的过载保护。冷却泵电动机 M2 由接触器 KM2 控制启动，热继电器 FR2 为它的过载保护。溜板快速移动电动机 M3 由接触器 KM3 控制启动。

2) 控制电路分析

控制回路的电源由控制变压器 TC 二次侧输出 110V 电压提供，采用 FU3 作短路保护。

(1) 主轴电动机的控制：按下启动按钮 SB2，接触器 KM1 的线圈得电动作，其主触头闭合，主轴电动机 M1 启动运行。同时 KM1 的自锁触头和另一副常开触头闭合。按下停止按钮 SB1，主轴电动机 M1 停车。

(2) 冷却泵电动机的控制：如果车削加工过程中，工艺需要使用冷却液时，合上开关 QS2，在主轴电动机 M1 运转情况下，接触器 KM1 线圈得电吸合，其主触头闭合，冷却泵电动机得电运行。由电气原理图可知，只有当主轴电动机 M1 启动后，冷却泵电动机 M2 才有可能启动，当 M1 停止运行时，M2 也就自动停止。

(3) 溜板快速移动的控制：溜板快速移动电动机 M3 的启动是由安装在自动进给手柄顶端的按钮 SB3 来控制的，它与中间继电器 KM3 组成点动控制环节。将进给操纵手柄扳到所需要的方向，按下按钮 SB3，继电器 KM3 得电吸合，M3 启动，溜板就向指定方向快速移动。

3) 照明、信号灯电路分析

控制变压器 TC 的二次侧分别输出 6.3V 电压，作为机床低压照明灯和信号灯的电源。EL 为机床的低压照明灯，由开关 SA 控制；HL 为电源的信号灯，采用 FU4 作短路保护。

4) 电路的保护环节

(1) 电路电源开关是断路器 QS1。机床接通电源时需用钥匙开关操作，再合上 QS1，增加了安全性。需要送电时，扳动断路器 QS1 将其合上，此时，机床电源送入主电路 380V 交流电压，并经控制变压器 TC 输出 110V 控制电路、6.3V 安全照明电路、6.3V 信号灯电压。断电时，断路器 QS1 断开，机床断电。若出现误操作，QS1 将在 0.1s 内再次自动跳闸。

(2) 电动机 M1、M2 由热继电器 FR1、FR2 实现电动机长期过载保护；断路器 QS 实现全电路的过流、欠电压保护及热保护；熔断器、FU1～FU4 实现各部分电路的短路保护。

此外，还设有 EL 机床照明灯和 HL 信号灯进行刻度照明。

CA6140 车床的主要电气元件如表 7-1 所示。

4. CA6140 车床电气线路常见故障分析

(1) 故障现象：主轴电动机 M1 不能启动。

原因分析：①控制电路没有电压。②控制线路中的熔断器 FU5 熔断。③按启动按钮 SB2，若接触器 KM1 不动作，故障必定在控制电路，如按钮 SB1、SB2 的触头接触不良，接触器线圈断线，就会导致 KM1 不能通电动作。当按下 SB2 后，若接触器 KM1 吸合，但主轴电动机不能启动，故障原因必定在主线路中，可依次检查接触器 KM1 主触头及三相电动机的接线端子等是否接触良好。

(2) 故障现象：主轴电动机 M1 不能停转。

原因分析：这类故障多数是由于接触器 KM1 的铁芯面上的油污使铁芯不能释放,或 KM1 的主触头发生熔焊，或停止按钮 SB1 的常闭触头短路所造成的。应切断电源，清洁铁芯面上的污垢或更换触头，即可排除故障。

(3) 故障现象：主轴电动机 M1 的运转不能自锁。

原因分析：当按下按钮 SB2 时，电动机能运转，但放松按钮后电动机即停转，这是由于接触器 KM1 的辅助常开触头接触不良或位置偏移、卡阻现象引起的故障。这时只要将接触器 KM1 的辅助常开触头进行修整或更换即可排除故障。辅助常开触头的连接导线松脱或断裂也会使电动机不能自锁。

(4) 故障现象：刀架快速移动电动机 M3 不能运转。

原因分析：按点动按钮 SB3，接触器 KM3 未吸合，故障必然在控制线路中，这时可检查点动按钮 SB3，及接触器 KM3 的线圈是否断路。

表 7-1 CA6140 车床的主要电气元件

符　号	名　称	数　量	用　途
M1	主轴电动机	1	主传动用
M2	冷却泵电动机	1	输送冷却液用
M3	快速移动电动机	1	溜板快速移动用
FR1	热继电器	1	M1 的过载保护
FR2	热继电器	1	M2 的过载保护
FU1	熔断器	3	总电路短路保护
FU2	熔断器	3	M2、M3 及主电路短路保护
FU3	熔断器	1	照明电路保护
FU4	熔断器	1	指示灯电路保护
FU5	熔断器	1	控制电路
KM	交流接触器	3	控制 M
SB1	按钮	1	停止 M1
SB2	按钮	1	启动 M1
SB3	按钮	1	启动 M3
HL	信号灯	1	照明
QS1	断路器	1	电源引入
TC	控制变压器	1	—

二、技能实训

1. 实训器材

实训器材包括常用电工工具、万用表、CA6140 车床模拟电气控制柜。

2. 实训内容及要求

1) 实训步骤及要求

(1) 在教师指导下对车床进行操作，了解车床的各种工作状态及操作方法。

(2) 在教师指导下，参照电气原理图和电气安装接线图，熟悉车床电气元件的分布位置和走线情况。

(3) 学生检修故障练习时，教师必须现场密切观察学生操作，随时做好采取应急措施的准备。

(4) 教师进行检修示范。用通电实验方法发现故障现象，进行故障分析，并在电气原理图中用虚线标出最小的故障范围。

(5) 按图排除 CA6140 普通车床主电路或控制电路中人为设置的两个电气自然故障点。

2) 操作注意事项

(1) 在教师指导下操作，安全第一。设备通电后，严禁在电器侧随意扳动电器件。进行排除故障训练时，尽量采用不带电检修。若带电检修，则必须有指导教师在现场监护。

(2) 操作时用力不要过大，速度不宜过快；操作频率不宜过于频繁。

(3) 实习结束后，应拔出电源插头，将各开关置分断位。

(4) 做好实习记录。

3. 技能考核

按要求完成故障现象处理报告(见表 7-2)。

表 7-2 故障现象处理报告

机床名称	
故障现象一	
分析故障现象及处理办法	
故障处理	
故障现象二	
分析故障现象及处理办法	
故障处理	

技能考核评价标准与评分细则如表 7-3 所示。

表 7-3 CA6140 车床电气线路故障分析与处理实训评价标准与评分细则

	评价内容	配分	考 核 点	得分
职业素养与操作规范(20分)	工作准备	10	清点器件、仪表、电工工具、电动机,并摆放整齐。穿戴好劳动防护用品。工具准备少一项扣 2 分,工具摆放不整齐扣 5 分,没有穿戴劳动防护用品扣 10 分	
	6S 规范	10	① 操作过程中及作业完成后,工具、仪表、元器件、设备等摆放不整齐扣 2 分。 ② 考试迟到、考核过程中做与考试无关的事、不服从考场安排酌情扣 10 分以内;考核过程舞弊,取消考试资格,成绩计 0 分。 ③ 作业过程出现违反安全用电规范的,每处扣 2 分。 ④ 作业完成后未清理、清扫工作现场扣 5 分	
作品(80分)	操作 CA6140 车床柜,观察故障现象	10	观察 CA6140 车床故障现象并写出故障现象。两个故障现象,若不正确,每个扣 5 分	
	故障处理步骤及方法	10	① 采用正确合理的方法步骤进行故障处理。方法步骤不合理扣 2~5 分,操作处理过程不正确、不规范扣 1~5 分。 ② 熟练操作机床,掌握正确的工作原理。操作不正确扣 2 分;不能正确识图扣 1~5 分;不正确选择并使用工具、仪表扣 5 分;线路处理后的外观很乱,按情况扣 1~5 分	
作品(80分)	写出故障分析及处理方法	20	写出故障原因及正确处理方法。故障现象分析正确,每个得 10 分;故障分析不正确,每个扣 1~6 分;处理方法不正确,每个扣 1~4 分(根据分析内容环节准确率而定)	
	排除故障	40	使用正确方法排除故障,每个得 18 分;故障点正确,每个得 2 分	
	工时		50 分钟	

三、思考与练习

(1) 在 CA6140 车床中,若主轴电动机 M1 只能点动,则可能的故障原因是什么?

(2) CA6140 车床电气控制线路中具有哪些保护环节?

(3) 假设在 CA6140 车床电源开关合上后,操作任何开关所有器件都不能工作,分析一下故障原因,如何快速地检测到故障点?

(4) 两人一组,一人在 CA6140 车床模拟电气控制柜上设置故障,由另一人练习排除故障,相互交替。

项目 7.2 Z3040 摇臂钻床线路分析与故障排除

学习目标

1. 能读懂 Z3040 摇臂钻床的电气控制原理图及接线图。

2. 熟悉 Z3040 摇臂钻床的各种工作状态及操作方法。

3. 熟悉 Z3040 摇臂钻床电气元件的分布位置和走线情况。

4. 能分析、检修、排除 Z3040 摇臂钻床的电路及电气故障。

一、知识链接

1. Z3040 摇臂钻床的结构

Z3040 摇臂钻床是在 Z35 摇臂钻床基础上的更新产品。它取消了 Z35 汇流环的供电方式，改为直接由机床底座进线，由外立柱顶部引出再进入摇臂后面的电气壁龛；对内外立柱、主箱及摇臂的夹紧放松和其他一些环节，采用了先进的液压技术。钻床是一种孔加工机床，可用来进行钻孔、扩孔、铰孔、攻丝及修刮端面等多种形式的加工。在各种钻床中，摇臂钻床操作方便、灵活，适用范围广，具有典型性，特别适于单件或批量生产中加工多孔的大型零件。图 7-3 所示为 Z3040 摇臂钻床示意图，其由主轴箱、摇臂、工作台、底座、内外立柱等组成。

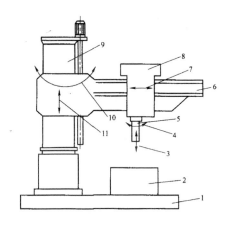

图 7-3　Z3040 摇臂钻床示意图

1—底座；　2—工作台；3—主轴纵向进给；4—主轴旋转主运动；5—主轴；6—摇臂；
7—主轴箱沿摇臂径向运动；8—主轴箱；9—内外立柱；10—摇臂回转运动；11—摇臂垂直移动

2. Z3040 摇臂钻床的运动情况

Z3040 摇臂钻床具有两套液压控制系统，即操纵机构液压系统和夹紧机构液压系统。前者安装在主轴箱内，用以实现主轴正反转、停车制动、空档、预选及变速；后者安装在摇臂背后的电器盒下部，用以夹紧松开主轴箱、摇臂及立柱。

1）操纵机构液压系统

操作机构液压系统压力油由主轴电动机拖动齿轮泵供给。主轴电动机转动后，由操作手柄控制，使压力油作不同的分配，获得不同的动作。操作手柄有五个位置："空挡"、"变速"、"正转"、"反转"、"停车"。

2）夹紧机构液压系统

夹紧机构液压系统压力油由液压泵电动机拖动液压泵供给，实现主轴箱、立柱和摇臂的松开与夹紧。其中主轴箱和立柱的松开与夹紧由一个油路控制，摇臂的松开与夹紧由另一个油路控制，这两个油路均由电磁阀操纵。主轴箱和立柱的夹紧与松开由液压泵电动机点动就可实现。摇臂的夹紧与松开与摇臂的升降控制有关。

主运动：主轴的旋转运动。

进给运动：主轴的纵向进给。

辅助运动：摇臂沿外立柱垂直移动；主轴箱沿摇臂长度方向移动；摇臂与外立柱一起绕内立柱回转运动。

3. Z3040 摇臂钻床电气线路分析

Z3040 摇臂钻床电气原理如图 7-4 所示。

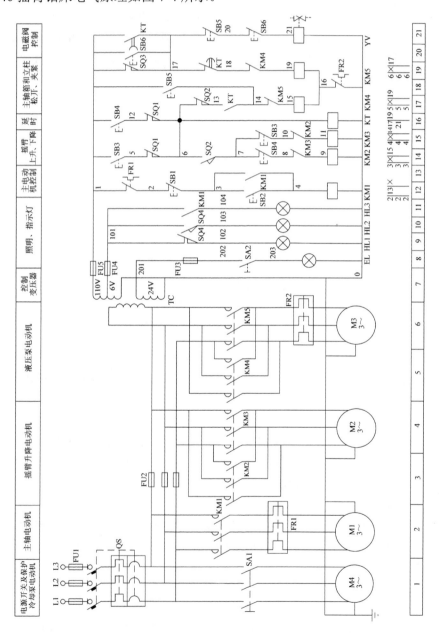

图 7-4 Z3040 摇臂钻床电气原理图

1) 主电路分析

M1 为单方向旋转，由接触器 KM1 控制，主轴的正反转则由机床液压系统操纵机构配合正反转摩擦离合器实现，并由热继电器 FR1 作电动机长期过载保护。M2 由正、反转接触器 KM2、KM3 控制实现正反转。控制电路保证，在操纵摇臂升降时，首先使液压泵电动机启动旋转，供出压力油，经液压系统将摇臂松开，然后才使电动机 M2 启动，拖动摇臂上升或下降。当移动到位后，保证 M2 先停下，再自动通过液压系统将摇臂夹紧，最后液压泵电动机才停下。M2 为短时工作，不设长期过载保护。M3 由接触器 KM4、KM5 实现正反转控制，并有热继电器 FR2 作长期过载保护。M4 电动机容量小，仅 0.125kW，由开关 SA1 控制。

2) 控制电路分析

由变压器 TC 将 380V 交流电压降为 110V，作为控制电源。指示灯电源为 6.3V。

(1) 主轴电动机的控制：按下启动按钮 SB2，接触器 KM1 吸合并自锁，主轴电动机 M1 启动并运转。按下停止按钮 SB1，接触器 KM1 释放，主轴电动机 M1 停转。

(2) 摇臂升降电动机的控制：控制电路要保证在摇臂升降时，先使液压泵电动机启动运转，供出压力油，经液压系统将摇臂松开，然后才使摇臂升降电动机 M2 启动，拖动摇臂上升或下降。当移动到位后，又要保证 M2 先停下，再通过液压系统将摇臂夹紧，最后液压泵电动机 M3 停转。

(3) 主轴箱和立柱松开与夹紧的控制：主轴箱和立柱的松开或夹紧是同时进行的。按松开按钮 SB5，接触器 KM4 通电，液压泵电动机 M3 正转。与摇臂松开不同，这时电磁阀 YV 并不通电，压力油进入主轴箱松开油缸和立柱松开油缸，推动松紧机构使主轴箱和立柱松开。行程开关 SQ4 不受压，其常闭触头闭合，指示灯 HL1 亮，表示主轴箱和立柱松开。

3) 电气控制原理图分析

合上电源开关 QS，按下主轴电动机 M1 的启动按钮 SB2，接触器 KM1 线圈通电吸合，主触头 KM1 闭合，M1 启动运转，指示灯 HL3 亮，此时可进行钻削加工。若在加工的过程中，钻头和工件之间的位置需要调整，可通过摇臂的升降来实现。

若使摇臂上升，按下上升点动按钮 SB3，时间继电器 KT 线圈通电，触头 KT(1-17)、KT(13-14)立即闭合，使电磁阀 YV 和 KM4 线圈同时通电，液压泵电动机 M3 启动正转，拖动液压泵送出压力油，并经二位六通阀进入松开油腔，推动活塞和菱形块，将摇臂松开。同时，活塞杆通过弹簧片压上行程开关 SQ2，发出松臂信号，即触头 SQ2(6-7)闭合，SQ2(6-13)断开，使 KM2 通电，KM4 断电，于是电动机 M3 停止旋转，油泵停止供油，摇臂维持松开状态。同时 M2 启动正转，带动摇臂上升。当摇臂上升到所需位置时，松开按钮 SB3，KM2 和 KT 线圈断电，电动机 M2 停止运转，摇臂停止上升。但由于触头 KT(17-18)经 1～3s 延时闭合，触头 KT(1-17)经同样延时断开，所以 KT 线圈断电经过 1～3s 后，KM5 线圈通电，电磁阀 YV 断电。此时电动机 M3 反向启动，拖动液压泵，供出压力油，并经二位六通阀进入摇臂夹紧油腔，向反方向推动活塞和菱形块，将摇臂夹紧。同时，活塞杆通过弹簧片压下行程开关 SQ3，使触头 SQ3(1-17)断开，使 KM5 断电，液压泵电动机 M3 停止运转，摇臂夹紧完成。

若使摇臂下降，按下点动按钮 SB4，时间继电器 KT 线圈通电，触头 KT(1-17)、

KT(13-14)立即闭合，使电磁阀 YV、KM4 线圈同时通电，液压泵电动机 M3 启动正转，拖动液压泵送出压力油，并经二位六通阀进入松开油腔，推动活塞和菱形块，将摇臂松开。同时，活塞杆通过弹簧片压上行程开关 SQ2，发出松臂信号，即触头 SQ2(6-7)闭合，SQ2(6-13)断开，使 KM3 通电，KM4 断电。于是电动机 M3 停止旋转，油泵停止供油，摇臂维持松开状态。同时 M2 启动反转，带动摇臂下降。当摇臂下降到所需位置时，松开按钮 SB4，KM3 和 KT 线圈断电，电动机 M2 停止运转，摇臂停止下降。但由于触头 KT(17-18)经 1~3s 延时闭合，触头 KT(1-17)经同样延时断开，所以 KT 线圈断电经过 1~3s 后，KM5 线圈通电，电磁阀 YV 断电。此时电动机 M3 反向启动，拖动液压泵，供出压力油，并经二位六通阀进入摇臂夹紧油腔，向反方向推动活塞和菱形块，将摇臂夹紧。同时，活塞杆通过弹簧片压下行程开关 SQ3，使触头 SQ3(1-17)断开，使 KM5 断电，液压泵电动机 M3 停止运转，摇臂夹紧完成。

如果摇臂上升或下降到极限位置时，限位开关 SQ1 的两对常闭触头应作相应的动作；以切断对应上升或下降的接触器 KM2、KM3 通电回路，使 M2 停止运转，摇臂停止移动，实现极限位置的保护。

此外，主轴箱和立柱的夹紧或松开是同时进行的。按下松开按钮 SB5，KM4 线圈通电吸合，电动机 M3 启动正转，拖动液压泵，送出压力油，压力油经二位六通阀进入主轴箱松开油腔与立柱松开油腔，推动活塞和菱形块，使主轴箱和立柱松开。按下夹紧按钮 SB6，KM5 线圈通电吸合，电动机 M3 启动反转，拖动液压泵，送出压力油，压力油经二位六通阀进入主轴箱夹紧油腔与立柱夹紧油腔，推动活塞和菱形块，使主轴箱和立柱夹紧。主轴箱和立柱夹紧与松开的过程中，电磁阀 YV 处于断电状态；同时通过行程开关 SQ4 控制指示灯发出信号，当主轴箱与立柱松开时，SQ4 不受压，触头 SQ4(101-102)闭合，HL1 亮，表示确已松开，可移动主轴箱或立柱。当夹紧时，将压下 SQ4，触头 SQ4(101-102)断开，触头 SQ4(101-103)闭合，HL2 亮，可进行切削加工。通常机床安装后，接通电源，利用主轴箱和立柱的夹紧、松开来检查电源相序，电源相序确定后，再调整电动机 M2 的接线。

Z3040 摇臂钻床的主要电气元件如表 7-4 所示。

表 7-4 Z3040 摇臂钻床的主要电气元件

序　号	符　号	名称及用途
1	EL	照明灯
2	M1	主轴电动机
3	M2	摇臂升降电动机
4	M3	液压泵电动机
5	M4	冷却泵电动机
6	QS	电源开关
7	SA1	液压泵电动机转换开关
8	SB1	主轴停止按钮
9	SB3	摇臂上升按钮
10	SB4	摇臂下降按钮

序　号	符　号	名称及用途
11	SB2、HL3	主轴电动机启动按钮及指示灯
12	SB5、HL1	主轴箱和立柱松开按钮及指示灯
13	SB6、HL2	主轴箱和立柱夹紧按钮及指示灯
14	SQ1	摇臂升降限位行程开关
15	SQ2、SQ3	摇臂松开、夹紧行程开关
16	SQ4	主轴箱与立柱松开或夹紧行程开关
17	YV	电磁阀
18	TC	变压器

4. Z3040 摇臂钻床电气线路常见故障分析

(1) 故障现象：主轴电动机不能启动。

原因分析：启动按钮 SB2 或停止按钮 SB1 损坏或接触不良；接触器 KM1 线圈断线、接线脱落，及主触头接触不良或接线脱落；热继电器 FR1 动作过；熔断器 FU1 的熔断丝烧断，这些情况都可能引起主轴电动机不能启动，应逐项检查排除。

(2) 故障现象：主轴电动机不能停止。

原因分析：主要是由于接触器 KM1 的主触头熔焊造成，断开电源后更换接触器 KM1 的主触头即可。

(3) 故障现象：摇臂不能上升或下降。

原因分析：由摇臂上升或下降的电气动作过程可知，摇臂移动的前提是摇臂完全松开，此时活塞杆通过弹簧片压下行程开关 SQ2，电动机 M3 停止运转，电动机 M2 启动运转，带动摇臂的上升或下降。若 SQ2 的安装位置不当或发生偏移，这样摇臂虽然完全松开，但活塞杆仍压不上 SQ2，致使摇臂不能移动；有时电动机 M3 的电源相序接反，此时按下摇臂上升或下降按钮 SB3 或 SB4，电动机 M3 反转，使摇臂夹紧，更压不上 SQ2，摇臂也不会上升或下降。有时也会因液压系统发生故障，使摇臂没有完全松开，活塞杆压不上 SQ2。如果 SQ2 在摇臂松开后已动作，而摇臂不能上升或下降，则有可能由这些原因引起：按钮 SB3、SB4 的常闭触头损坏或接线脱落；接触器 KM2、KM3 线圈损坏或接线脱落，KM2、KM3 的触头损坏或接线脱落。应根据具体情况逐项检查，直到故障排除。

(4) 故障现象：摇臂移动后夹不紧。

原因分析：主要原因是由于信号开关 SQ3 安装位置不当或松动移位，过早地被活塞杆压上动作，使液压泵电动机 M3 在摇臂尚未充分夹紧时就停止运转。

(5) 故障现象：液压泵电动机不能启动。

原因分析：主要原因可能有：熔断器 FU2 熔丝已烧断；热继电器 FR2 已动作过；接触器 KM4 或 KM5 的线圈损坏或接线脱落，及其主触头损坏或接线脱落；时间继电器 KT 的线圈损坏或接线脱落，及其相关的触头损坏或接线脱落。应逐项检查，直到故障排除。

(6) 故障现象：液压系统不能正常工作。

原因分析：有时电气控制系统工作正常，而液压系统中的电磁阀芯卡住或油路堵塞，导致液压系统不能正常工作，也可能造成摇臂无法移动、主轴箱和立柱不能松开与夹紧。

二、技能实训

1. 实训器材

实训器材包括常用电工工具、万用表、Z3040 摇臂钻床模拟电气控制柜。

2. 实训内容及要求

1) 实训步骤及要求

(1) 在教师指导下对 Z3040 摇臂钻床进行操作，了解 Z3040 摇臂钻床的各种工作状态及操作方法。

(2) 在教师指导下，参照电气原理图和电气安装接线图，熟悉摇臂钻床电气元件的分布位置和走线情况。

(3) 按图排除 Z3040 摇臂钻床主电路或控制电路中人为设置的两个电气自然故障点。

2) 操作注意要求

(1) 在教师指导下操作。设备通电后，严禁在电器侧随意扳动电器件。进行排故训练时，尽量采用不带电检修。若带电检修，则必须有指导教师在现场监护。

(2) 操作时用力不要过大，速度不宜过快；操作频率不宜过于频繁。

(3) 实习结束后，应拔出电源插头，将各开关置分断位。

(4) 做好实习记录。

3. 技能考核

按要求完成故障现象处理报告(见表 7-2)。

技能考核评价标准与评分细则如表 7-5 所示。

表 7-5　Z3040 摇臂钻床电气线路故障分析与处理实训评价标准与评分细则

评价内容		配分	考核点	得分
职业素养与操作规范(20分)	工作准备	10	清点器件、仪表、电工工具、电动机，并摆放整齐。穿戴好劳动防护用品。工具准备少一项扣 2 分，工具摆放不整齐扣 5 分，没有穿戴劳动防护用品扣 10 分	
	6S 规范	10	① 操作过程中及作业完成后，工具、仪表、元器件、设备等摆放不整齐扣 2 分。 ② 考试迟到、考核过程中做与考试无关的事、不服从考场安排酌情扣 10 分以内；考核过程舞弊，取消考试资格，成绩计 0 分。 ③ 作业过程出现违反安全用电规范的，每处扣 2 分。 ④ 作业完成后未清理、清扫工作现场扣 5 分	
作品(80分)	操作 Z3040 摇臂钻床柜，观察故障现象	10	操作 Z3040 摇臂钻床柜，观察故障现象，并写出故障现象。两个故障现象，若不正确，每个扣 5 分	

续表

评价内容	配分	考 核 点	得分
作品 (80分)	故障处理步骤及方法	10	① 采用正确合理的方法步骤进行故障处理。方法步骤不合理扣2~5分，操作处理过程不正确、不规范扣1~5分。 ② 熟练操作机床，掌握正确的工作原理。操作不正确扣2分；不能正确识图扣1~5分；不正确选择并使用工具、仪表扣5分；进行继电器控制系统故障的分析与处理，操作不规范、动作不熟练扣2~5分；线路处理后的外观很乱，按情况扣1~5分	
	写出故障分析及处理方法	20	写出故障原因及正确处理方法。故障现象分析正确，每个得10分；故障分析不正确，每个扣1~6分；处理方法不正确，每个扣1~4分(根据分析内容环节准确率而定)	
	排除故障	40	使用正确方法排除故障，每个得18分；故障点正确，每个得2分	
	工时		50分钟	

三、思考与练习

(1) Z3040 摇臂钻床在摇臂升降的过程中，液压泵电动机和摇臂升降电动机应如何配合工作？并以摇臂上升为例叙述电路的工作情况。

(2) Z3040 摇臂钻床修理后，若摇臂升降电动机的三相电源相序接反，会发生什么事故？

(3) 在 Z3040 摇臂钻床中，各行程开关的作用是什么？结合电路工作情况进行说明。

(4) 两人一组，一人在 Z3040 摇臂钻床模拟电气控制柜上设置故障，由另一人练习排除故障，相互交替。

项目 7.3　X62W 万能铣床线路分析与故障排除

学习目标

1. 能读懂 X62W 万能铣床的电气控制原理图及接线图。
2. 熟悉 X62W 万能铣床的各种工作状态及操作方法。
3. 熟悉 X62W 万能铣床电气元件的分布位置和走线情况。
4. 能分析、检修、排除 X62W 万能铣床的电路及电气故障。

一、知识链接

1. X62W 万能铣床的主要结构及运动形式

X62W 万能铣床的结构如图 7-5 所示，它主要由床身、主轴、刀杆、悬梁、工作台、回转盘、溜板、升降台、底座等几部分组成。在床身的前面有垂直导轨，升降台可沿着它上下移动。在升降台上面的水平导轨上，装有可在平行主轴轴线方向移动(前后移动)的溜板。溜板上部有可转动的回转盘，工作台就在溜板上部回转盘上的导轨上作垂直于主轴轴线方向的移动(左右移动)。工作台上有 T 形槽，用来固定工件。这样，安装在工作台上的工件就可以在三个坐标上的六个方向调整位置或进给。

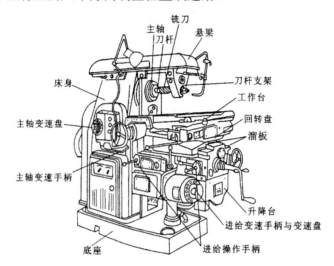

图 7-5　X62W 万能铣床结构图

此外，由于回转盘相对于溜板可绕中心轴线左右转过一个角度，因此工作台在水平面上除了能平行或垂直主轴线方向进给外，还能在倾斜方向进给，以加工螺旋槽，故称万能铣床。铣床主轴带动铣刀的旋转运动是主运动；铣床工作台的前后(横向)、左右(纵向)和上下(垂直)六个方向的运动是进给运动；铣床其他的运动，如工作台的旋转运动则属于辅助运动。

2. X62W 万能铣床电气线路分析

X62W 万能铣床电气原理如图 7-6 所示。

1)　电气原理图分析

X62W 万能铣床共用三台异步电动机拖动，它们分别是主轴电动机 M1、进给电动机 M2 和冷却泵电动机 M3。X62W 万能铣床的电路如图 7-6 所示，该线路分为主电路、控制电路和照明电路三部分。

2)　主电路分析

主轴电动机 M1 拖动主轴带动铣刀进行铣削加工，通过组合开关 SA3 来实现正反转；进给电动机 M2 通过操纵手柄和机械离合器的配合拖动工作台前后、左右、上下六个方向的进给运动和快速移动，其正反转由接触器 KM3、KM4 来实现；冷却泵电动机 M3 供应切削液，且当 M1 启动后，用手动开关 QS2 控制。三台电动机共用熔断器 FU1 作短路保护，三台电动机分别用热继电器 FR1、FR2、FR3 作过载保护。

3)　控制电路分析

控制电路的电源由控制变压器 TC 输出 110V 电压供电。

(1)　主轴电动机 M1 的控制。

主轴电动机 M1 采用两地控制方式，SB1 和 SB2 是两组启动按钮，SB5 和 SB6 是两组停止按钮。KM1 是主轴电动机 M1 的启动接触器，YC1 是主轴制动用的电磁离合器，SQ1 是主轴变速时瞬时点动的位置开关。

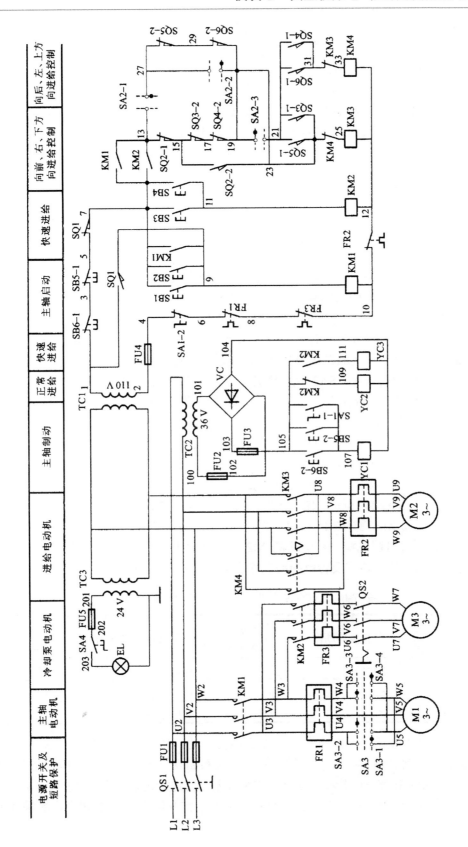

图 7-6　X62W 万能铣床电气原理图

主轴电动机 M1 启动前，应首先选择好主轴的转速，然后合上电源开关 QS1，再把主轴换向开关 SA3 扳到所需要的转向。按下启动按钮 SB1(或 SB2)，接触器 KM1 线圈得电，KM1 主触头和自锁触头闭合，主轴电动机 M1 启动运转，KM1 常开辅助触头(9-10)闭合，为工作台进给电路提供了电源。按下停止按钮 SB5(或 SB6)，SB5-1(或 SB6-1)常闭触头分断，接触器 KM1 线圈失电，KM1 触头复位，电动机 M1 断电惯性运转，SB5-2(或 SB6-2)常开触头闭合，接通电磁离合器 YC1，主轴电动机 M1 制动停转。

主轴换铣刀时将转换开关 SA1 扳向换刀位置，这时常开触头 SA1-1 闭合，电磁离合器 YC1 线圈得电，主轴处于制动状态以便换刀；同时常闭触头 SA1-2 断开，切断了控制电路，保证了人身安全。

主轴变速时，利用变速手柄与冲动位置开关 SQ1，通过 M1 点动，使齿轮系统产生一次抖动，以便于齿轮顺利啮合，且变速前应先停车。

(2) 进给电动机 M2 的控制。

工作台的进给运动在主轴启动后方可进行。工作台的进给可在三个坐标的六个方向运动，进给运动是通过两个操作手柄和机械联动机构控制相应的位置开关使进给电动机 M2 正转或反转来实现的，并且六个方向的运动是联锁的，不能同时接通。

当需要圆形工作台旋转时，将开关 SA2 扳到接通位置，这时触头 SA2-1 和 SA2-3 断开，触头 SA2-2 闭合，使接触器 KM3 得电，电动机 M2 启动，通过一根专用轴带动圆形工作台做旋转运动。转换开关 SA2 扳到断开位置，这时触头 SA2-1 和 SA2-3 闭合，触头 SA2-2 断开，以保证工作台在六个方向的进给运动，因为圆形工作台的旋转运动和六个方向的进给运动也是联锁的。

工作台的左右进给运动由左右进给操作手柄控制。操作手柄与位置开关 SQ5 和 SQ6 联动，有左、中、右三个位置，其控制关系如表 7-6 所示。当手柄扳向中间位置时，位置开关 SQ5 和 SQ6 均未被压合，进给控制电路处于断开状态；当手柄扳向左或右位置时，手柄压下位置开关 SQ5 或 SQ6，使常闭触头 SQ5-2 或 SQ6-2 分断，常开触头 SQ5-1 或 SQ6-1 闭合，接触器 KM3 或 KM4 得电动作，电动机 M2 正转或反转。由于在 SQ5 或 SQ6 被压合的同时，通过机械机构已将电动机 M2 的传动链与工作台下面的左右进给丝杠相搭合，所以电动机 M2 的正转或反转就拖动工作台向左或向右运动。

表 7-6 工作台左右进给手柄位置及其控制关系

手柄位置	位置开关动作	接触器动作	电动机 M2 转向	传动链搭合丝杠	工作台运动方向
左	SQ5	KM3	正转	左右进给丝杠	向左
中	—	—	停止	—	停止
右	SQ6	KM4	反转	左右进给丝杠	向右

工作台的上下和前后进给运动是由一个手柄控制的。该手柄与位置开关 SQ3 和 SQ4 联动，有上、下、前、后、中 5 个位置，其控制关系如表 7-7 所示。当手柄扳至中间位置时，位置开关 SQ3 和 SQ4 均未被压合，工作台无任何进给运动；当手柄扳至下或前位置时，手柄压下位置开关 SQ3 使常闭触头 SQ3-2 分断，常开触头 SQ3-1 闭合，接触器 KM3

得电动作，电动机 M2 正转，带动着工作台向下或向前运动；当手柄扳向上或后时，手柄压下位置开关 SQ4，使常闭触头 SQ4-2 分断，常开触头 SQ4-1 闭合，接触器 KM4 得电动作，电动机 M2 反转，带动着工作台向上或向后运动。

表 7-7　工作台上、下、中、前、后进给手柄位置及其控制关系

手柄位置	位置开关动作	接触器动作	电动机 M2 转向	传动链搭合丝杠	工作台运动方向
上	SQ4	KM4	反转	上下进给丝杠	向上
下	SQ3	KM3	正转	上下进给丝杠	向下
中	—	—	停止	—	停止
前	SQ3	KM3	正转	前后进给丝杠	向前
后	SQ4	KM4	反转	前后进给丝杠	向后

当两个操作手柄被置定于某一进给方向后，只能压下四个位置开关 SQ3、SQ4、SQ5、SQ6 中的一个开关，接通电动机 M2 正转或反转电路，同时通过机械机构将电动机的传动链与三根丝杠(左右丝杠、上下丝杠、前后丝杠)中的一根(只能是一根)丝杠相搭合，拖动工作台沿选定的进给方向运动，而不会沿其他方向运动。

左右进给手柄与上下前后进给手柄实行了联锁控制，如当把左右进给手柄扳向左时，若又将另一个进给手柄扳到向下进给方向，则位置开关 SQ5 和 SQ3 均被压下，触头 SQ5-2 和 SQ3-2 均分断，断开了接触器 KM3 和 KM4 的通路，电动机 M2 只能停转，保证了操作安全。

六个进给方向的快速移动是通过两个进给操作手柄和快速移动按钮配合实现的。安装好工件后，扳动进给操作手柄选定进给方向，按下快速移动按钮 SB3 或 SB4(两地控制)，接触器 KM2 得电，KM2 常闭触头分断，电磁离合器 YC2 失电，将齿轮传动链与进给丝杠分离；KM2 两对常开触头闭合，一对使电磁离合器 YC3 得电，将电动机 M2 与进给丝杠直接搭合；另一对使接触器 KM3 或 KM4 得电动作，电动机 M2 得电正转或反转，带动工作台沿选定的方向快速移动。由于工作台的快速移动采用的是点动控制，故松开 SB3 或 SB4 时，快速移动停止。

进给变速时与主轴变速时相同，利用变速盘与冲动位置开关 SQ2 使 M1 产生瞬时点动，齿轮系统顺利啮合。

3. X62W 万能铣床常见故障分析

X62W 万能铣床常见故障分析如表 7-8 所示。

表 7-8　X62W 万能铣床常见故障分析

故障现象	可能原因	处理方法
主轴停车时无制动作用	① 速度继电器损坏。 ② 速度继电器与电动机轴连接的螺钉松动或弹性连接件打滑。 ③ 速度继电器触头调节过紧	① 更换速度继电器。 ② 调整紧固螺钉。 ③ 调整至 300 转/分以上触头闭合

续表

故障现象	可能原因	处理方法
变速无冲动过程	① 行程开关 SQ6 或 SQ7 损坏。 ② 变速机构的顶销未碰上行程开关	① 更换行程开关。 ② 重新装配使变速手柄拉至极限位置时刚好压住行程开关
工作台各个方向均不能进给	① 未启动主轴电动机 M1。 ② 接触器 KM1 常开触头闭合不良。 ③ 电动机 M2 接线松脱	① 先启动 M1。 ② 调整或更换触头。 ③ 紧固好电动机接线
工作台一个方向不能进给	① 相应的行程开关损坏或接触不良。 ② 操纵手柄传动机构磨损，不能压合相应的行程开关。 ③ 行程开关 SQ6 损坏	① 更换行程开关。 ② 修检及调整传动机构行程。 ③ SQ6 损坏将使工作台不能向左或向右进给，更换行程开关
工作台不能快速进给	① 牵引电磁铁动铁芯卡死。 ② 离合器摩擦片间隙调整不当。 ③ 电磁铁线圈烧毁	① 调整电磁吸力不能过大。 ② 重新调整电磁铁机构。 ③ 重绕线圈或更换
主轴停车后短时反转	速度继电器调整不当	适当调紧动触头弹簧，使触头适时分断

二、技能实训

1. 实训器材

实训器材包括常用电工工具、万用表、X62W 万能铣床模拟电气控制柜。

2. 实训内容及要求

1) 实训步骤及要求

(1) 熟悉 X62W 万能铣床的主要结构和运动形式，了解铣床各种工作状态及操作手柄的作用。

(2) 熟悉 X62W 万能铣床电气元件的安装位置、走线情况，以及操作手柄处于不同位置时，位置开关的工作状态和运动部件的工作情况。

(3) 根据条件，在 X62W 万能铣床模拟电气控制柜上人为设置故障，由教师边讲解边示范检修，直至故障排除。

(4) 按图排除 X62W 万能铣床主电路或控制电路中人为设置的两个电气自然故障点。

2) 操作注意事项

(1) 检修前应认真阅读电路图，掌握各个环节的原理及应用，并认真、仔细地观察教师的示范检修。

(2) 由于铣床的电气控制与机械结构的配合十分紧密，因此在出现故障时应首先判别是机械故障还是电气故障。

(3) 在修复故障时，要注意造成故障的原因，以免再次发生同一故障。

(4) 做好实习记录。

3. 技能考核

按要求完成故障现象处理报告(见表 7-2)。

技能考核评价标准与评分细则如表 7-9 所示。

表 7-9 X62W 万能铣床故障分析与处理实训评价标准与评分细则

评价内容		配分	考 核 点	得分
职业素养与操作规范(20分)	工作准备	10	清点器件、仪表、电工工具、电动机,并摆放整齐。穿戴好劳动防护用品。工具准备少一项扣 2 分,工具摆放不整齐扣 5 分,没有穿戴劳动防护用品扣 10 分	
	6S 规范	10	① 操作过程中及作业完成后,工具、仪表、元器件、设备等摆放不整齐扣 2 分。 ② 考试迟到、考核过程中做与考试无关的事、不服从考场安排酌情扣 10 分以内;考核过程舞弊,取消考试资格,成绩计 0 分。 ③ 作业过程出现违反安全用电规范的,每处扣 2 分。 ④ 作业完成后未清理、清扫工作现场扣 5 分	
作品(80分)	操作 X62W 铣床柜,观察故障现象	10	操作铣床柜观察故障现象并写出故障现象。两个故障现象,若不正确,每个扣 5 分	
	故障处理步骤及方法	10	① 采用正确合理的方法步骤进行故障处理。方法步骤不合理扣 2~5 分,操作处理过程不正确、不规范扣 1~5 分。 ② 熟练操作机床,掌握正确的工作原理。操作不正确扣 2 分;不能正确识图扣 1~5 分;不正确选择并使用工具、仪表扣 5 分;进行继电器控制系统故障的分析与处理,操作不规范、动作不熟练扣 2~5 分;线路处理后的外观很乱,按情况扣 1~5 分	
	写出故障分析及处理方法	20	写出故障原因及正确处理方法。故障现象分析正确,每个得 10 分;故障分析不正确,每个扣 1~6 分;处理方法不正确,每个扣 1~4 分(根据分析内容环节准确率而定)	
	排除故障	40	使用正确方法排除故障,每个得 18 分;故障点正确,每个得 2 分	
工时			50 分钟	

三、思考与练习

(1) X62W 万能铣床电路中有哪些互锁与保护?它们是如何实现的?

(2) X62W 万能铣床电路中,电磁离合器 YC1、YC2、YC3 的作用是什么?

(3) X62W 万能铣床变速能否在主轴停止或主轴旋转时进行?为什么?

(4) 两人一组，一人在 X62W 万能铣床模拟电气控制柜上设置故障，由另一人练习排除故障，相互交替。

项目 7.4　M7120 磨床电气控制线路的分析与故障排除

1. 能读懂 M7120 磨床的电气控制原理图及接线图。
2. 熟悉 M7120 磨床的各种工作状态及操作方法。
3. 熟悉 M7120 磨床电气元件的分布位置和走线情况。
4. 能分析、检修、排除 M7120 磨床的电路及电气故障。

一、知识链接

1. M7120 磨床的结构

M7120 平面磨床的结构如图 7-7 所示，其由床身、工作台、电磁吸盘、砂轮箱、滑座、立柱等部分组成。

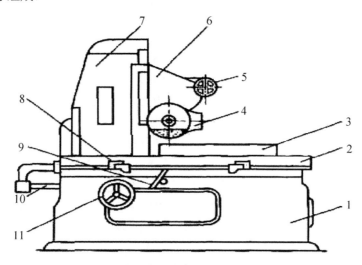

图 7-7　M7120 平面磨床结构图

1—床身；2—工作台；3—电磁吸盘；4—砂轮箱；5—砂轮箱横向移动手轮；
6—滑座；7—立柱；8—工作台换向撞块；9—工作台往复运动换向手柄；
10—活塞杆；11—砂轮箱垂直进刀手轮

(1) 床身：其中装有液压传动装置，以使矩形工作台作往复运动(纵向)。
(2) 工作台：表面是 T 形槽，用来安装电磁吸盘，以吸持工件或直接安装大型工件。
(3) 电磁吸盘：夹紧工件。
(4) 砂轮箱：沿滑座水平导轨作横向运动。
(5) 滑座：可在立柱导轨上作上下移动。

2. M7120 磨床的控制要求

根据磨床的结构可知它的几种运动形式：主运动是砂轮的旋转运动；垂直进给，即滑座在立柱上的上下运动；槽向进给，即砂轮箱在滑座上的水平运动；纵向进给，即工作台沿床身的往复运动。

平面磨床采用电动机拖动，所需电动机有砂轮电动机、液压电动机、冷却泵电动机、砂轮升降电动机，其拖动控制要求如下。

(1) 砂轮、液压泵、冷却泵三台电动机都只要求单方向旋转。砂轮升降电动机需双向旋转。

(2) 冷却泵电动机应伴随砂轮电动机的启动而启动。

(3) 在正常加工中，若电磁吸盘的吸力不足或消失时，砂轮电动机与液压泵电动机应立即停止工作，以防工件被砂轮切向力打飞而发生人身和设备事故。

(4) 电磁吸盘励磁线圈具有吸牢工件的正向励磁、松开工件的断开励磁以及抵消剩磁便于取下工件的反向励磁控制环节。

(5) 具有完善的保护环节，包括：各电路的短路保护，各电动机的长期过载保护，零压、欠电压保护，电磁吸盘吸力不足的欠电流保护，以及线圈断开时产生高电压而危及电路中其他电气设备的过压保护。

(6) 具有机床安全照明电路与工件去磁的控制环节。

3. M7120 磨床电气线路分析

M7120 平面磨床电气原理如图 7-8 所示。

1) 主电路分析

M1 为液压泵电动机，由 KM1 控制；M2 为砂轮电动机，由 KM2 控制；M3 为冷却泵电动机，在砂轮启动后同时启动；M4 为砂轮升降电动机，由 KM3、KM4 分别控制其的正转和反转。

2) 指示、照明电路分析

HL1～HL5 为指示灯，工作电压均为 6V，也由变压器 TC 供电。其中，HL1 为控制电路指示灯，HL2 为液压泵电动机运行指示灯，HL3 为砂轮电动机及冷却泵电动机运转指示灯，HL4 为砂轮升降电动机运行指示灯，HL5 为电磁吸盘工作(充磁或退磁)指示灯。

将电源开关 QS 合上后，控制变压器输出电压，电源指示 HL 亮，照明灯 EL 由开关 SA 控制，将 SA 闭合，照明灯亮，将 SA 断开，照明灯灭。

3) 液压泵电动机和砂轮电动机的控制

合上电源开关 QS 后，控制变压器输出的交流电压经桥式整流变成直流电压，使继电器 KUD 吸合，其触头 KUD(4-0)闭合，为液压泵电动机和砂轮电机启动做好准备。

按下按钮 SB2，KM1 吸合，液压泵电机运转；按下按钮 SB1，KM1 释放，液压泵电动机停止。

按下按钮 SA4，KM2 吸合，砂轮电动机启动，同时冷却泵电动机也启动；按下按钮 SB5，KM2 释放，砂轮电动机、冷却泵电动机均停止。当欠电压、零压时，KUD 不能吸合，其触头(4-0)断开，KM1、KM2 断开，M1、M2 停止工作。

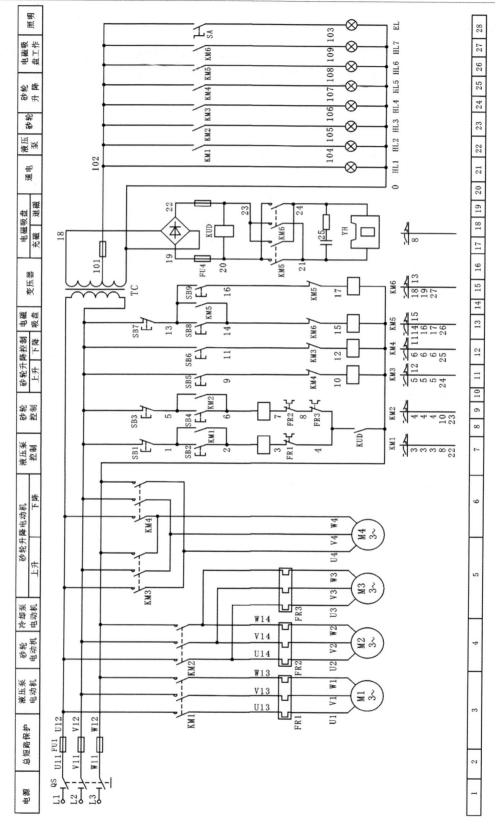

图 7-8 M7120 平面磨床电气原理图

4) 砂轮升降电动机的控制

砂轮箱的升和降都是点动控制，分别由 SB5、SB6 来完成。

按下 SB5，KM3 吸合，砂轮升降电动机正转，砂轮箱上升；松开 SB5，砂轮升降电动机停止。

按下 SB6，KM4 吸合，砂轮升降电动机反转，砂轮箱下降；松开 SB6，砂轮升降电动机停止。

5) 充磁控制

按下 SB8，KM5 吸合并自锁，其主触头闭合，电磁吸盘 YH 线圈得电进行充磁并吸住工件，同时其辅助触头 KM5(16-1)断开，使 KM6 不可能闭合。

6) 退磁控制

在磨削加工完成之后，按下 SB7，切断电磁吸盘 YH 上的直流电源，由于吸盘和工件上均有剩磁，因此要对吸盘和工件进行去磁。

按下点动按钮 SB9，接触器 KM6 吸合，其主触头闭合，电磁吸盘通入反向直流电流，使吸盘和工件去磁。在去磁时，为防止因时间过长而使工作台反向磁化，再次将工件吸位，去磁控制应采用点动控制。

4. M7120 磨床常见故障分析

(1) 故障现象：磨床砂轮电动机不能启动。

原因分析：

① 电源无电压或电压缺相，热继电器 FR2 和 FR3 动作后未复位。

② 欠电压继电器动作或触头接触不上。

③ 停止按钮 SB4 常闭触头接触不良或启动按钮 SB3 按下后触头接触不上。控制线路线头脱落或有接触不良处等。

(2) 故障现象：砂轮电动机运转后，冷却泵电动机不启动。

原因分析：

① 冷却泵电动机引入线插座接触不良或断线。

② 冷却泵电动机线圈已烧断等。

(3) 故障现象：砂轮升降电动机不能工作运转。

原因分析：

① 控制回路有线头脱落或断线处。

② 砂轮升降电动机卡死。

③ 砂轮升降电动机线圈烧毁等。

(4) 故障现象：砂轮升降电动机只能上升而不能下降或只能下降而不能上升。

原因分析：

① 点动按钮 SB5 或 SB6 按下后接点接触不良。

② 接触器 KM3 或 KM4 互锁辅助触头接触不良或未复位等。

(5) 故障现象：液压泵电动机不能启动。

原因分析：

① 电源无电压或熔断器 FU1 熔断数相。

② 热继电器 FR1 动作或接触不良。

③ 控制按钮 SB1 或 SB2 接触不良或控制线路断线。

④ 接触器 KM1 线圈烧毁或接触器动作机构不灵活、卡死等。

(6) 故障现象：磨床电磁工作台操作后不工作，接触器不吸合。

原因分析：

① 控制按钮的启动按钮 SB7 和停止按钮 SB8 触头接触不良。

② 控制线路有断线处或接头有松脱现象。

③ 接触器 KM5 线圈断线或烧断。

(7) 故障现象：磨床电磁铁工作台工作，但不能退磁。

原因分析：

① 按钮 SB9 按下后不能闭合。

② 接触器 KM6 线圈的互锁点 KM5 常闭触头未闭合等。

(8) 故障现象：工作台有直流电压输出，但电磁吸盘不工作。

原因分析：电磁工作台线圈烧毁，插座接触不良或松脱等。

二、技能实训

1. 实训器材

实训器材包括常用电工工具、万用表、M7120 磨床模拟电气控制柜。

2. 实训内容及要求

1) 实训步骤及要求

(1) 熟悉 M7120 磨床的主要结构和运动形式。

(2) 熟悉 M7120 磨床电气元件的安装位置、走线情况。

(3) 根据条件，在 M7120 磨床模拟电气控制柜上人为设置故障，由教师边讲解边示范检修，直至故障排除。

(4) 按图排除 M7120 磨床主电路或控制电路中人为设置的两个电气自然故障点。

2) 操作注意事项

(1) 检修前应认真阅读电路图，掌握各个环节的原理及应用，并认真、仔细地观察教师的示范检修。

(2) 由于磨床的电气控制与机械结构的配合十分紧密，因此在出现故障时应首先判别是机械故障还是电气故障。

(3) 在修复故障时，要注意造成故障的原因，以免再次发生同一故障。

(4) 做好实习记录。

3. 技能考核

按要求完成故障现象处理报告(见表 7-2)。

技能考核评价标准与评分细则如表 7-10 所示。

表 7-10　M7120 磨床故障分析与处理实训评价标准与评分细则

	评价内容	配分	考 核 点	得分
职业素养与操作规范(20分)	工作准备	10	清点器件、仪表、电工工具、电动机,并摆放整齐。穿戴好劳动防护用品。工具准备少一项扣 2 分,工具摆放不整齐扣 5 分,没有穿戴劳动防护用品扣 10 分	
	6S 规范	10	① 操作过程中及作业完成后,工具、仪表、元器件、设备等摆放不整齐扣 2 分。 ② 考试迟到、考核过程中做与考试无关的事、不服从考场安排酌情扣 10 分以内;考核过程舞弊,取消考试资格,成绩计 0 分。 ③ 作业过程出现违反安全用电规范的,每处扣 2 分。 ④ 作业完成后未清理、清扫工作现场扣 5 分	
作品(80分)	操作 M7120 磨床柜,观察故障现象	10	操作 M7120 磨床柜,观察故障现象并写出故障现象。两个故障现象,若不正确,每个扣 5 分	
	故障处理步骤及方法	10	① 采用正确合理的方法步骤进行故障处理。方法步骤不合理扣 2～5 分,操作处理过程不正确规范扣 1～5 分。 ② 熟练操作机床,掌握正确的工作原理。操作不正确扣 2 分;不能正确识图扣 1～5 分;不正确选择并使用工具、仪表扣 5 分;进行继电器控制系统故障的分析与处理,操作不规范、动作不熟练扣 2～5 分;线路处理后的外观很乱,按情况扣 1～5 分	
	写出故障分析及处理方法	20	写出故障原因及正确处理方法。故障现象分析正确,每个得 10 分;故障分析不正确,每个扣 1～6 分;处理方法不正确,每个扣 1～4 分(根据分析内容环节准确率而定)	
	排除故障	40	使用正确方法排除故障,每个得 18 分;故障点正确,每个得 2 分	
	工时		50 分钟	

三、思考与练习

(1) M7120 磨床电路中电磁吸盘的作用是什么?

(2) 结合 M7120 磨床电路图简述充磁和去磁的过程。

(3) M7120 磨床电路中砂轮电动机的升降是怎样控制的?

(4) 砂轮电动机不能正常启动,及砂轮电动机在运转后冷却泵电动机不启动的故障原因有可能是什么?

(5) 两人一组,一人在 M7120 磨床模拟电气控制柜上设置故障,由另一人练习排故,相互交替。

项目 7.5　T68 镗床电气控制线路的分析与故障排除

学习目标

1. 能读懂 T68 镗床的电气控制原理图及接线图。
2. 熟悉 T68 镗床的各种工作状态及操作方法。
3. 熟悉 T68 镗床电气元件的分布位置和走线情况。
4. 能分析、检修、排除 T68 镗床的电路及电气故障。

一、知识链接

1. T68 镗床的结构及运动情况

T68 镗床的结构如图 7-9 所示。

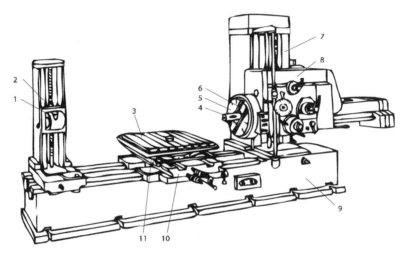

图 7-9　T68 镗床结构图

1—支承架；2—后立柱；3—工作台；4—主轴；5—平旋盘；
6—径向刀架；7—前立柱；8—主轴箱；9—床身；10—下滑座；11—上滑座

床身由整体的铸件制成，在它的一端装着固定不动的前立柱，在前立柱的垂直导轨上装有主轴箱，它可上下移动，并由悬挂在前立柱空心部分内的对重来平衡，在主轴箱上集中了主轴部件、变速箱、进给箱与操纵机构等部件。切削刀具安装在主轴前端的锥孔里，或装在平旋盘的径向刀架上，在工作过程中，主轴一面旋转，一面沿轴向作进给运动。平旋盘只能旋转，装在它上面的径向刀架可以在垂直于主轴轴线方向的径向作进给运动，平旋盘主轴是空心轴，主轴穿过其中空部分，通过各自的传动链传动，因此可独立转动，在大部分工作情况下使用主轴加工，只有在用车刀切削端面时才使用平旋盘。

后立柱上的支承架用来夹持装夹在主轴上的主轴杆的末端，它可以随主轴箱同时升降，因而两者的轴心线始终在同一直线上，后立柱可沿床身导轨在主轴轴线方向上调整位置。

安装工件的工作台安放在床身中部的导轨上，工件可与工作台一起随下滑座或上滑座作纵向或横向移动。这样，配合主轴箱的垂直移动，工作台的横向、纵向移动和回转，就可加工工件上一系列与轴心线相互平行或垂直的孔。

2. T68 镗床电气线路分析

1）　主电路分析

T68 镗床主电路原理图如图 7-10 所示。

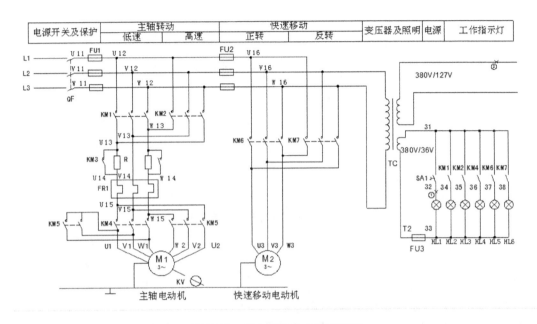

图 7-10　T68 镗床主电路原理图

电动机 M1 由五只接触器控制，其中 KM1、KM2 为电动机正、反转接触器，KM3 为制动电阻短接接触器，KM4 为低速运转接触器，KM5 为高速运转接触器。主轴电动机正反转停车时，均由速度继电器 KV 控制，实现反接制动。另外还设有短路保护和过载保护。

电动机 M2 由接触器 KM6、KM7 实现正反转控制，设有短路保护，因快速移动为点动控制，所以 M2 为短时运行，无须过载保护。

2）　控制电路分析

T68 镗床控制电路原理如图 7-11 所示。

（1）主轴电动机的正、反向启动控制：合上电源开关 QF，电源指示灯 HL1 亮，表示电源接通。将旋钮开关 SA1 由关断状态打向开通状态，照明指示灯亮。调整好工作台和主轴箱的位置后，便可开动主轴电动机 M1 拖动主轴或平旋盘正反转启动运行。电路由正、反转启动按钮 SB2、SB3，正反转中间继电器 KA1、KA2 和正反转接触器 KM1、KM2 等构成主轴电动机启动控制环节。另设有高、低速选择手柄，选择高速或低速运行。当要求主轴低速运行时，将速度选择手柄置于低速挡，此时与速度选择手柄有联动关系的行程开关 SQ 不受压，触头 SQ(11-13)断开。要使电动机正转运行，可按下正转启动按钮 SB2，中间继电器 KA1 通电并自锁，触头 KA1(8-9)断开了 KA2 电路；触头 KA1(12-7)闭合，使 KM3 线圈通电(SQ3、SQ4 正常工作时处于受压状态，因此常开触头是闭合的)，限流电阻 R 被短接；KA1(14-18)闭合，使 KM1、KM4 相继通电。电动机 M1 在△接法下启动并以低速运行。

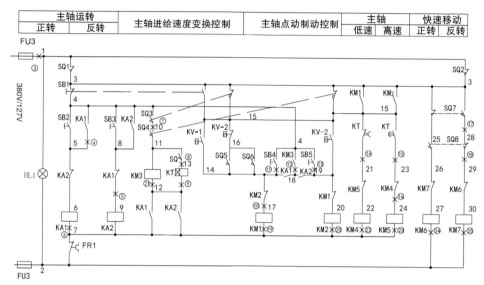

图 7-11　T68 镗床控制电路原理图

若将速度选择手柄置于高速挡，经联动机构将行程开关 SQ 压下，触头 SQ(11-13)闭合。这样，在 KM3 通电的同时，时间继电器 KT 也通电。于是，电动机 M1 在低速△接法启动并经一定时限后，因 KT 通电延时断开的触头 KT(15-21)断开，使 KM4 断电；触头 KT(15-23)延时闭合，使 KM5 通电。从而使电动机 M1 由低速△接法自动换接成 YY 接法，构成了双速电动机高速运转时的加速控制环节，即电动机按低速挡启动再自动换接成高速挡运转的自动控制。

根据上述分析可知：

① 主轴电动机 M1 的正反转控制是由按钮操作，通过正反转中间继电器使 KM3 通电，将限流电阻 R 短接，这就构成 M1 的全电压启动。

② M1 高速启动是由速度选择机构压合行程开关 SQ 来接通时间继电器 KT，从而实现由低速启动自动换接成高速运转的控制。

③ 与 M1 联动的速度继电器 KV，在电动机正反转时，都有对应的触头 KV-1 或 KV-2 的动合触头闭合，为正反转停车时的反接制动做准备。

(2) 主轴电动机的点动控制：主轴电动机由正、反转点动按钮 SB4、SB5，接触器 KM1、KM2 和低速接触器 KM4 构成正反转低速点动控制环节，实现低速点动调整。点动控制时，由于 KM3 未通电，所以电动机串入电阻接成△接法低速启动，点动按钮松开后，电动机自然停车，若此时电动机转速较高，则可按下停车按钮 SB1，但要按到底，以实现反接制动，实现迅速停车。

(3) 主轴电动机的停车与制动：主轴电动机 M1 在运行中可按下停止按钮 SB1，来实现主轴电动机的停车与反接制动(当将 SB1 按到底时)。由 SB1、KV、KM1、KM2 和 KM3 构成主轴电动机正反转反接制动控制环节。

以主轴电动机运行在低速正转状态为例，此时 KA1、KM1、KM3、KM4 均通电吸合，速度继电器 KV-2(15-19)闭合，为正转反接制动做准备。当停车时，按下 SB1，触头 SB1(3-4)断开，KA1、KM3 断电释放，使主轴电动机定子串入限流电阻，触头 KA1(14-18)、KM3(4-18)断开，使 KM1 断电，切断主轴电动机正向电源。而 KM1 触头 (19-20)闭合，使 KM2 通电，其触头(3-15)闭合，使 KM4 继续保持通电，于是主轴电动机进行反接制动。当电动机转速降低到 KV 释放值时，触头 KV(15-19)释放，使 KM2、KM4 相继断电，反接制动结束。

若主轴电动机已运行在高速正转状态，当按下 SB1 后，立即使 KA1、KM3、KT 断电，再使 KM1 断电，KM2 通电，同时 KM5 断电，KM4 通电。于是主轴电动机串入限流电阻，接成△接法，进行反接制动，直至 KV 释放，反接制动结束。

(4) 主运动与进给运动变速控制：这是通过变速操纵盘改变传动链的传动比来实现的。电气上要求电动机先制动，然后在低速状态下实现机械换挡，接着再启动。行程开关 SQ3、SQ4 起到速度变换时使电动机制动、启动的作用，SQ5、SQ6 则起到冲动啮合齿轮的作用。

(5) 主轴箱、工作台快速移动控制：为缩短辅助时间，提高生产率，由快速电动机 M2 经传动机构拖动主轴箱和工作台作各种快速移动。运动部件及其运动方向的预选由装设在工作台前方的操纵手柄进行，而控制则用主轴箱上的快速操作手柄控制。当扳动快速操作手柄时，将相应压合行程开关 SQ7 或 SQ8，接触器 KM6 或 KM7 通电，实现 M2 的正反转，再通过相应的传动机构，使操纵手柄预选的运动部件按选定方向快速移动。当主轴箱上的快速移动操作手柄复位时，行程开关 SQ8 或 SQ7 不再受压，KM6 或 KM7 断电释放，M2 停止旋转，快速移动结束。

(6) 机床的联锁保护：如当工作台或主轴箱自动进给时，不允许主轴或平旋盘刀架进行自动进给，否则将发生事故，为此设置了两个联锁保护行程开关 SQ1 和 SQ2。其中 SQ1 是工作台和主轴箱自动进给手柄联动的行程开关，SQ2 是与主轴和平旋盘刀架自动进给手柄联动的行程开关。将 SQ1、SQ2 常闭触头并联后串接在控制电路中，若扳动两个自动进给手柄，将使触头 SQ1(1-3)与 SQ2(1-3)断开，切断控制电路，使主轴电动机停止，快速移动电动机也不能启动，实现联锁保护。

二、技能实训

1. 实训器材

实训器材包括：常用电工工具、万用表、T68 镗床模拟电气控制柜。

2. 实训内容及要求

1) 实训步骤及要求
(1) 熟悉 T68 镗床的主要结构和运动形式。
(2) 熟悉 T68 镗床电气元件的安装位置、走线情况。
(3) 根据条件，在 T68 镗床模拟电气控制柜上人为设置故障，由教师边讲解边示范检修，直至故障排除。

(4) 按图排除 T68 镗床主电路或控制电路中人为设置的两个电气自然故障点。

2) 操作注意事项

(1) 检修前应认真阅读电路图，掌握各个环节的原理及应用，并认真、仔细地观察教师的示范检修。

(2) 由于磨床的电气控制与机械结构的配合十分紧密，因此在出现故障时应首先判别是机械故障还是电气故障。

(3) 在修复故障时，要注意造成故障的原因，以免再次发生同一故障。

(4) 做好实习记录。

3. 技能考核

按要求完成故障现象处理报告(见表 7-2)。

技能考核评价标准与评分细则如表 7-11 所示。

表 7-11　T68 镗床控制线路故障分析与处理实训评价标准与评分细则

评价内容		配分	考 核 点	得分
职业素养与操作规范 (20分)	工作准备	10	清点器件、仪表、电工工具、电动机，并摆放整齐。穿戴好劳动防护用品。工具准备少一项扣 2 分，工具摆放不整齐扣 5 分，没有穿戴劳动防护用品扣 10 分	
	6S 规范	10	① 操作过程中及作业完成后，工具、仪表、元器件、设备等摆放不整齐扣 2 分。 ② 考试迟到、考核过程中做与考试无关的事、不服从考场安排酌情扣 10 分以内；考核过程舞弊，取消考试资格，成绩计 0 分。 ③ 作业过程出现违反安全用电规范的，每处扣 2 分。 ④ 作业完成后未清理、清扫工作现场扣 5 分	
作品 (80分)	操作 T68 镗床柜，观察故障现象	10	操作 T68 镗床柜，观察故障现象，并写出故障现象。两个故障现象，若不正确，每个扣 5 分	
	故障处理步骤及方法	10	① 采用正确合理的方法步骤进行故障处理。方法步骤不合理扣 2~5 分，操作处理过程不正确规范扣 1~5 分。 ② 熟练操作机床，掌握正确的工作原理。操作不正确扣 2 分；不能正确识图扣 1~5 分；不正确选择并使用工具、仪表扣 5 分；进行继电器控制系统故障的分析与处理，操作不规范、动作不熟练扣 2~5 分；线路处理后的外观很乱，按情况扣 1~5 分	
	写出故障分析及处理方法	20	写出故障原因及正确处理方法。故障现象分析正确，每个得 10 分；故障分析不正确，每个扣 1~6 分；处理方法不正确，每个扣 1~4 分(根据分析内容环节准确率而定)	
	排除故障	40	使用正确方法排除故障，每个得 18 分；故障点正确，每个得 2 分	
工时			50 分钟	

三、思考与练习

(1) 在 T68 镗床中，若主轴不能反向运行，则可能的故障原因是什么？

(2) T68 镗床中主轴不能正常工作，只能点动，试分析其故障原因。

(3) T68 镗床中主轴不能快速正向移动，试分析其故障原因。

(4) 两人一组，一人在 T68 镗床模拟电气控制柜上设置故障，由另一人练习排除故障，相互交替。

附录 常用电气图形符号

图 例	名 称	备 注	图 例	名 称	备注
	双绕组	形式1		电源自动切换箱(屏)	
	变压器	形式2		隔离开关	
	三绕组	形式1		接触器(在非动作位置触头断开)	
	变压器	形式2			
	电流互感器	形式1		断路器	
	脉冲变压器	形式2			
	电压互感器	形式1 形式2		熔断器一般符号	
	屏、台、箱柜一般符号			熔断器式开关	
	动力或动力—照明配电箱			熔断器式隔离开关	
	照明配电箱(屏)			避雷器	
	事故照明配电箱(屏)		MDF	总配线架	
	室内分线盒		IDF	中间配线架	
	室外分线盒			壁龛交接箱	
	球型灯			单极开关(暗装)	
	顶棚灯			双极开关	
	花灯			双极开关(暗装)	
	弯灯			三极开关	
	荧光灯			三极开关(暗装)	
	三管荧光灯			单相插座	
5	五管荧光灯			暗装	

图　例	名　称	备　注	图　例	名　称	备注
	壁灯			密闭(防水)单相插座	
	广照型灯(配照型灯)			防爆单相插座	
	防水防尘灯			带保护接点插座	
	开关一般符号			带接地插孔的单相插座(暗装)	
	单极开关			带接地插孔的密闭(防水)单相插座	
	指示式电压表			带接地插孔的防爆单相插座	
	功率因数表			带接地插孔的三相插座	
	有功电能表(瓦时计)			带接地插孔的三相插座(暗装)	
	电信插座的一般符号可用以下的文字或符号区别不同插座：TP—电话；FX—传真；M—传声器；FM—调频；TV—电视　——扬声器			插座箱(板)	
	单极限时开关			指示式电流表	
	调光器			匹配终端	
	钥匙开关			传声器一般符号	
	电铃			扬声器一般符号	
	天线一般符号			感烟探测器	
	放大器一般符号			感光火灾探测器	
	两路分配器一般符号			气体火灾探测器(点式)	
	三路分配器			缆式线型定温探测器	
	四路分配器			感温探测器	

续表

图 例	名 称	备 注	图 例	名 称	备 注
	电线、电缆、母线、传输通路一般符号 三根导线 三根导线 n 根导线		Y	手动火灾报警按钮	
	接地装置 (1)有接地极 (2)无接地极			水流指示器	
F	电话线路		★	火灾报警控制器	
V	视频线路			火灾报警电话机(对讲电话机)	
B	广播线路		EEL	应急疏散指示标志灯	
	消火栓		EL	应急疏散照明灯	

参 考 文 献

[1] 杜贵明,张森林. 电机与电气控制[M]. 武汉:华中科技大学出版社,2010.

[2] 熊幸明. 电工电子技能训练[M]. 北京:电子工业出版社,2004.

[3] 刘涛. 电工技能训练[M]. 北京:电子工业出版社,2004.

[4] 祖国建. 电气控制与PLC[M]. 武汉:华中科技大学出版社,2010.

[5] 施振金. 电机与电气控制[M]. 北京:人民邮电出版社,2007.

[6] 许翏,王淑英. 电气控制与PLC[M]. 北京:机械工业出版社,2005.

[7] 阮友德. 电气控制实训教程[M]. 北京:人民邮电出版社,2006.

[8] 王炳实. 机床电气控制技术[M]. 北京:机械工业出版社,2004.